방재계획론
Disaster Prevention Plan

방재계획론

CONTENTS

Chapter 01

지역 방재계획론

Chapter 02 위기관리론

주민의 자발적인 방재활동

Chapter 04

재해를 극복하기 위하여

역 · 저자 서문

우선 본 방재계획론을 번역 출판함에 있어 흔쾌히 수락하여 주신 일본 교토대학 방재연구소 네분 집필자 교수님들에게 깊은 감사의 마음을 전한다.

교토대학방재연구소는 일본에서 뛰어난 학문의 연구뿐 만이 아니라, 특히 자연재해의 방재분야연구에서 독보적인 실적을 쌓아가고 있는 연구소이다.

이 책(1~4장)의 집필 성격은

비교적 자연재해가 빈번히 발생되어 경우에 따라 매우 심각한 피해 상황을 당하고 있는 일본국내에서 발생되는 재해에 대하여 이들의 원인분석, 대책, 방재계획 등이 서술되어있다. 이 책은 연구된 성과나 사례 등을 각종 세미나등을 통하여 자국민에게 인식시키고, 따라서 인명과 재산 등의 안전과 감재를 도모코져 집필된 것이라 생각한다.

본 역자(신기철)는 최근 우리나라도 지구환경 변화가 빠르게 변화하고 있고 이에 따라 특히 자연재해의 발생 양상이 다양하여지고, 또한 인간 생활의 터전인 도시규모가 확장되고 산업시설 등이 대형화 됨에 따라, 여기에 비례하여 재해의 규모가 점차 커지고 있는 상황에 놓여있다고 생각하고 있다. 이에 대하여 본 책의 번역 출간의 목적은 방재 선진국의 방재계획을 충분히 참고, 고려하여 자연재해로부터 보다 안전한 우리나라의 『국가재난안전망』을 구축, 운영함에 보탬이 되었으면 하는 바램이다.

이 책의 5장은 현재 경상북도 환동해지역본부장(직전 경상북도 재난안전실장)을 역임하고 있는 김남일 본부장의 현직에서의 업무경험과 국내외 현장 경험을 토대로 집필되었다. 따라서 본 번역책에서는 언급되지 않은 우리나라의 방재현실을 감안하여 자연재해에 대한 정책상의 미비점과 이에 대한 개선책 등이 현실감있게 서술되어있다. 특히 읍면동 커뮤니티 방재론의 중요성 등에 대하여 강조되어 있으며, 우리나라 방재업무 전반의 운영에 크게 기여될 것으로 생각된다.

제6장은 본 번역책의 역자의 저술 부분이며, 자연재해 중 지진이나 쓰나미, 산사태 등을 발생 시키는 원인 즉 지각의 구조적 운동에 대하여 기본적인 이해를 돕기 위해, 지구과학의 기본사항과 지진 등과 관련된 재해 원인에 대하여 서술하였다. 우리가 재해를 당하였을 때는 대부분 재해의 결과에 대해서만 관심이 집중되는 경향이 있는데, 이는 재해를 예방하고 감재를 도모하여야 한다는 차원에서는 반드시 재고되어야 할 것이다. 따라서 방재 계획을 수립하고 실천함에 있어 사전에 자연재해의 원인을 숙지하면, 차후 방재대책이나 방재계획안을 수립, 운영함에 있어 많은 도움이 될 것으로 생각된다.

2019년 7월30일

신기철·김남일

서 문

교토대학 방재연구소에서는 1990년부터 공개강좌를 1년에 한번 씩 개최하여 방재학에 관한 연구성과를 사회에 넓게 활용할 수 있도록 노력하고 있다. 공개강좌를 열기에 앞서 참가자의 이해에 도움이 될 수 있도록 사전에 발간논문집을 작성해 왔다. 2000년에 방재연구소 창립 50주년을 맞이하여 그 기념사업의 일환으로서 이들을 편집해서 풍수해편, 지진 재해편, 토사재해편, 종합방재편 4권의 책으로 합쳐 출판하게 되었다. 이미 그 시점에서도 과거 10년간의 큰 재해로서 1990년 운젠·후겐다케 분화 재해, 1993년 홋카이도 남서앞바다지진·해일재해, 1995년 한신·아와지대지진, 1999년 태풍 18호 고조재해, 2000년 우수산 분화재해나 도카이호우 등을 경험하였고 최근 해외에서도 대규모의 재해가 빈번히 발생하고 있다. 따라서 이들 재해를 교훈삼아 최근의 연구성과를 중점적으로 추가하여 발간논문의 원고를 전면적으로 다시 고쳐 쓰기로 하였다. 저자는 원칙적으로 당시의 강연자였지만 내용면에 있어 덧붙인 부분에 대해서는, 연구소의 교수들이 추천한 가장 적절한 분들이 집필하여 준 것이다. 이 집필·편집 작업에는 약 2년이 소요되었다.

공개강좌에서의 강연 및 발간논문의 기술내용은 학술적으로 수준 높은 것이지만 본 방재계획론은 일반인을 대상으로 하는 것으로, 공개강좌의 취지에 맞게 쉽게 이해할 수 있도록 하는 것을 기본으로 하였다. 구체적인 수식 등을 가능하면 사용하지 않고 현상의 해석을 시도하였다. 이 책 시리즈의 집필에 임해서도 이러한 방침들을 이어나가 그 특징을 살려서 편집하기로 하였다. 따라서 기술된 내용은 일반인, 대학·대학원생으로부터 정부·지자체 방재담당자, 기업의 위기관리 담당자, 방재 연구자에 이르기까지 폭넓은 독자의 요구에 따른 것이다.

21세기에 들어서도 자연적 현상인 지구 온난화나 환태평양지진·화산대의 활발한 활동 등과 사회적 현상인 도시의 대규모화에 부응하여, 일본은 물론 세계적으로도 재해의 다발화·대규모화·복잡화·광역화가 더욱더 현저해지고 있다. 이러한 재해 환경 속에서, 모든 사람들이 바라는 「안전·안심」 사회의 실현을 위해 이 책이 조금이라도 공헌이 될 수 있으면 다행이라고 생각한다.

교토대학 방재연구소 창립50주년 기념출판위원회

위원장 河田 惠昭

자연재해를 방지·경감하기 위해서는 호우나 지진 등 재해의 원인이 되는, 자연현상의 메커니즘을 올바르게 이해하고 예측하는 연구가 중요하다는 것은 말할 것도 없다. 그러나 그 것만으로는 충분치 않다. 재해에 대해 어떻게 대비하며 재해가 발생한 후에도 어떻게 잘 대처하여야 하는가를 우리인간과 사회의 측면에서 연구되어야 한다.

방재학에서는 자연재해를 「유인」과 「소인」 2종류의 조합으로 보고 있다. 유인은 재해를 발생시키는 원인을 말한다. 호우나 지진 등 자연현상의 크기(외력)가 재해를 발생시키는 유인이 된다. 한편 소인은 사회 환경이 외력에 대해 피해받기 쉬운 것을 나타낸다. 인구나 자산이 집중되어 있는 대도시는 그만큼 재해를 받기 쉬운 소인을 많이 가지고 있다. 자연재해로 인한 피해를 경감시키기 위해서는 유인이 되는 외력에 대해 깊이 이해하여야 하고, 소인에 해당하는 사람이나 사회의 구조를 잘 이해하여 사회가 지니고 있는 방재력을 높일 필요가 있다.

본 책에서는 이 후자의 부분에 초점을 맞추었다. 사람과 사회의 측면에서 최근까지 감재에 대해 서술한 공개강좌 발간논문 9회분을 재구성하여 4장으로 요약하였다. 제4권의 키워드는 재해대책·방재활동·위기관리·리스크 매니지먼트·크라이시스 매니지먼트 그리고 종합방재이다.

본 방재계획론을 통해서 방재의 종합성을 잘 이해하고, 자연재해의 방지·경감방안에 대해 대책을 강구할 때 참고자료로서 유용한 역할을 할 수 있으면 하는 바람이다.

지역 방재계획론

일본전국
각 지역에 있어서
방재활동의
현황

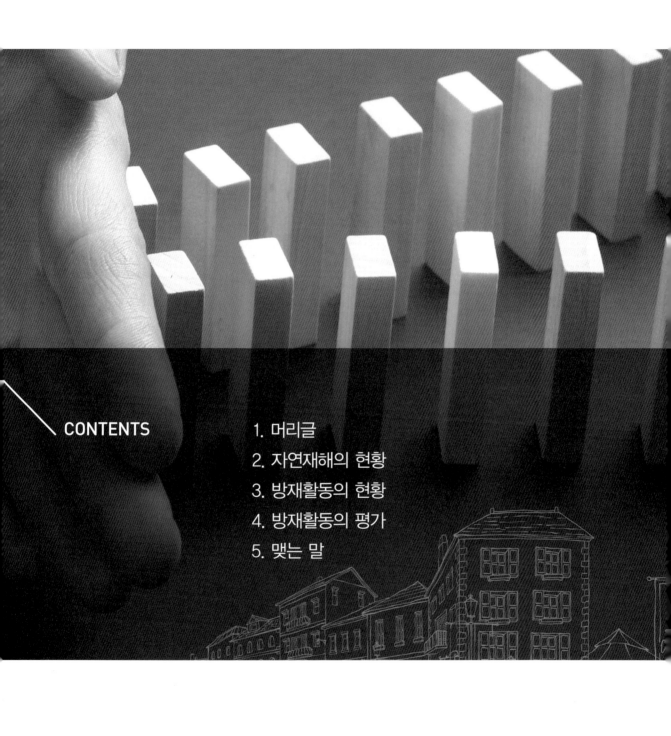

CONTENTS

01
/
머 리 글

일본은 6월 상순부터 7월 중순에 걸쳐 장마전선이 활발하게 활동하고 큰비가 자주 내린다. 또한 7월부터 10월에 걸쳐서는 태풍이 많이 발생하며 폭풍우나 많은 비가 자주 내리게 된다. 겨울에는 시베리아대륙에서 한랭전선이 발달하여 동해 쪽 지역은 대설에 휩쓸리기 쉽다. 더욱이 환태평양지진·화산대에 속하기 때문에 에너지양에서 볼 때 세계에서 발생하는 지진의 약 10%가 일본 주변에서 일어나고 있고, 화산분화에 있어서도 세계의 약 10%에 해당하는 70여 개의 활화산이 분포되어 분화나 군발지진이라고 하는 화산성 이상현상이 각지에서 발생되고 있다.

이와 같이 일본에서는 자연재해를 발생시키는 원인이 되는 태풍·호우·대설·지진·분화 등이 많은데다가, 지형이 복잡하고 급경사이며 지질상태도 취약하여 자연재해에 대해 원래 취약한 성질(소인)을 가지고 있다. 그러므로 "재해는 잊을 만하면 찾아온다."라기보다 오히려 "재해는 잊지 않고 찾아온다."라고 할 수 있는 상황이다.

여기서는 주로 수해를 대상으로 하는 방재활동을 언급하지만 한마디로 수해는 홍수재해, 토사재해, 고조·해일(쓰나미 포함)재해라고 하는 여러 종류가 있다. 또한 홍수재해는 하천수가 제방 안쪽에 넘치는 외수범람과 제방 안쪽에 내린 비가 하천으로 배출되지 않고 넘치게 되는 내수재해로 분리되고, 토사재해는 산이나 비탈면이 무너지는 사면붕괴, 개천에 쌓인 퇴적물이 물과 함께 흘러나가는 토석류, 경사지의 지반이 하나가 되어 미끄러지는 현상 등으로 구분할 수 있다. 또한 고조는 태풍 등이 통과할 때 해수면이 태풍의 중심부로 빨려 올라가는 현상이며, 쓰나미는 지진 등으로 인해 해저 면이 융기 또는 침하되었을 때 발생한 파도가 육지로 밀려드는 현상이다.

최근의 수해 경향을 보면 치수사업이 본격화됨에 따라, 1959년 이세만 태풍 이후부터는 초대형 태풍으로 인한 피해가 줄어들었고 또한 전국적으로 대하천의 범람도 감소하였다. 하지만 중소하천의 범람은 아직도 많이 발생하고 있으며 도시지역에서의 내수범람이나 산간지역의 사면붕괴·토석류 등 토사재해가 여전히 빈발, 각지에서 큰 피해가 일어나고 있다. 특히 토사재해는 돌발적으로 발생하고 피해규모도 파괴력이 크기 때문에 많은 사상자가 발생한다. 최근의 조사에 의하면 수해로 인한 사망자·행방불명자 중 토사재해에 의한 것이 약 80% 가까이 차지하고 있다.

이러한 수해의 상황은 지금 시작된 것이 아니며 일본의 역사는 어떤 면에서는 「물과의 싸움」이라고 볼 수 있다. 농경이 시작된 야요이 시대 이후 항상 홍수에 시달려 왔으며 일본에서의 본격적인 치수공사는 진도쿠왕 시대의 만다 제방이 시작이라고 하지만, 그 후 헤이안·가마쿠라·무로마치 시대에 걸쳐 오랫동안 대규모 공사는 거의 이루어지지 않았으며 다시 활발해진 것은 전국시대 이후이다. 다케다신겐 시대의 신겐 제방이나 도요토미히데요시 시대의 다이가쿠 제방 등이 그 사례이고, 각각 독자적인 공법이 적용되었다. 에도 시대로 접어들어 많은 치수전문가가 나타나 치수공사가 전국 각지에서 많이 실시되었다. 메이지 시대에 들어서는 유럽과 미국의 선진기술을 도입한 근대적인 하천공사가 활발하게 실시되었지만 전란이 확대됨에 따라 공사가 정체되었으며, 국토의 황폐화가 진행된 1945년의 종전 후 국토의 보전과 개발을 목표로 본격적인 공사가 시작되어 여러 번에 걸친 사업계획을 통해 현재에 이르고 있다.

　이 기간 일본은 고도의 경제성장으로 국민들의 생활은 현저하게 향상되었지만, 치수공사는 상당히 지연되어 수해의 발생을 방지하는 단계에 이르지 못하고 아직까지도 일본 각지에서 피해가 속출하고 있다. 특히 최근 도시화의 진전에 따라 홍수범람지역에 인구와 자산이 집중되고 급경사지나 계곡부근 등 수해위험지역에 주택 건설이 진행되고 있어, 잠재적인 침수재해의 위험성을 안고 있으며 토사재해위험이 현저하게 나타나고 있는 등 치수사업의 진전이 급선무가 되고 있다. 그러나 현재의 치수시설의 정비 상황을 보면 대하천의 경우에는 현재계획의 달성률은 62%로서 비교적 잘 정비되고 있지만, 중소하천의 경우에는 34%이고 특히 토사재해에 대해서는 20%인 낮은 정비율에 머무르고 있다. 이러한 낮은 정비율은 현재의 고도화 사회와 비교하면 대비가 미온적이어서 국민들은 수해의 위험과 동거한다고 할 수 있다.

　재해방지라는 것은 방재시설을 정비하여 재해의 발생 그 자체를 방지하는 것이 기본이지만 여기에는 막대한 비용과 많은 시간이 필요하기 때문에, 현재의 과제로서는 방재시설의 정비를 진행하면서 재해 시에는 위험지역 내의 주민을 미리 피난시키는 등의 적절한 대응을 실시하여, 우선적으로 인적 피해를 방지 또는 경감시키는 것이 중요하다.

　재해 시에 주민들이 적절한 대응을 하기 위해서는 평상시에 각 지역의 방재조직은 위험장소나 피난장소를 지정하여 지역주민들에게 철저하게 주지시키고, 또한 주민을 대상으로 수시로 방재훈련을 실시하고 나아가서 자주방재조직을 육성하여 재해에 대비하는 것이 중요하다. 더구나 경보예비시스템을 확립하여 재해 시에 적절한 대응을 지시할 수 있도록 하는 것이 필요하다.

　한편 주민들도 재해에 대한 위험성을 인식하여 재해 시를 대비한 비상용품을 준비하고, 재해발생이 예측된 경우에는 즉시 적절한 대응을 실행하여야만 한다.

　이 책에서는 평상시에 그 지역의 방재활동을 바탕으로 문부성과학연구비 중점연구 (1) 재해 시의 피난·경보예비시스템의 향상에 관한 연구(연구대표자 : 도쿄대학교수·廣井 修)의 일환으로 실시한 앙케이트 조사에 의거하여 일본 각 지역에 대한 자연재해 및 재해활동의 상황을 나타냄과 동시에, 방재활동에 관한 여러 가지 문제점을 지적하고 더욱이 편차치 방법을 이용하여 각 지역별로 방재활동의 비교평가를 실시하였다.

그리고 이 앙케이트 조사는 일본 전국 3,261개의 지역을 대상으로 각 지역(시, 정, 촌–시군읍면)장 앞으로 회신을 부탁하여 실제의 기록을 방재담당자가 작성한 것이었다. 조사용지의 발송 및 회신은 대부분 우편으로, 일부는 FAX로 실시되었고 조사는 1992년 1월 30일에 시작하여 동년 6월 8일 마감하였다.

앙케이트 조사의 회수상황은 [표 1–1]에 나타나 있듯이 총 회수된 곳은 2,461개소, 전국평균의 회수율은 75.5%이다. 또한 각 지방별로 회수율을 보면 가장 높은 곳은 아이치 현 93.2%이었고 다음으로 가나가와 현 91.1%, 나라 현 87.2%이다. 반대로 회수율이 가장 낮은 곳은 돗토리 현 61.5%이고 오이타 현 62.1%, 야마구치 현 64.3% 등의 순서이다.

🔖 표 1-1 | 일본 전국 시, 정, 촌의 방재활동 실태조사 – 회수상황

도도부현	시,정,촌수	회수량	회수율	순위	도도부현	시,정,촌수	회수량	회수율	순위	도도부현	시,정,촌수	회수량	회수율	순위
1 홋카이도	212	163	76.9	16	17 이시카와	41	27	65.9	44	33 오카야마	78	59	75.6	19
2 아오모리	67	50	74.6	24	18 후쿠이	35	30	85.7	7	34 히로시마	86	64	74.4	25
3 이와테	60	52	86.7	5	19 야마나시	64	45	70.3	33	35 야마구치	56	36	64.3	45
4 미야기	71	48	67.6	39	20 나가노	121	101	83.5	9	36 도쿠시마	50	38	76.0	18
5 아키타	69	55	79.7	13	21 기후	99	86	86.9	4	37 가가와	43	32	74.4	25
6 야마가타	44	33	75.0	21	22 시즈오카	74	64	86.5	6	38 에히메	70	54	77.1	15
7 후쿠시마	90	61	67.8	38	23 아이치	88	82	93.2	1	39 고우치	53	36	67.9	37
8 이바라키	88	58	65.9	43	24 미에	69	49	71.0	32	40 후쿠오카	97	65	67.0	40
9 도치기	49	35	71.4	30	25 시가	50	33	66.0	42	41 사가	49	37	75.5	20
10 군마	70	56	80.0	12	26 교토	44	37	84.1	8	42 나가사키	79	57	72.2	28
11 사이타마	92	75	81.5	10	27 오오사카	44	33	75.0	21	43 구마모토	94	74	78.7	14
12 치바	80	61	76.3	17	28 효고	91	61	67.0	40	44 오이타	58	36	62.1	46
13 도쿄	64	48	75.0	21	29 나라	47	41	87.2	3	45 미야자키	44	30	68.2	36
14 가나가와	37	34	91.9	2	30 와카야마	50	35	70.0	34	46 가고시마	96	71	74.0	27
15 니이가타	112	91	81.3	11	31 돗토리	39	24	61.5	47	47 오키나와	53	38	71.7	29
16 도야마	35	25	71.4	30	32 시마네	59	41	69.5	35					

02

자연재해의 현황

1 **자연재해의 발생**

전술한 바와 같이 일본에서는 해마다 각지에서 각종의 재해가 발생하여 다수의 인명과 재산이 소실되고 있다. 〈그림 1-1〉에 나타난 것처럼 본 조사에서도 1945년 이후에 자연재해가 발생한 지역이 전국평균 89%나 되는 높은 비율이다. 이것을 각 지방별로 보면 가장 많은 곳은 도야마 현이 100%이고 조사에 응한 지역 전체에서 어떤 형태로든 자연재해가 일어나고 있다. 또한 가장 적은 곳은 도쿠시마 현이 71%이지만 발생률 그 자체로서는 지극히 높은 편이며, "일본에서는 전국 어느 곳이나 자연재해가 발생하고 있다."는 것이 확실하다.

〈그림 1-2〉는 자연재해가 발생한 지역을 대상으로 자연재해의 종류를 조사한 것이며, 태풍이 92%로 가장 많고, 호우 81%가 다음이다. 이것은 태풍 또는 호우 어느 쪽이든 풍수해로 볼 때 풍수해는 99%가 각 지역에서 발생하였다는 것이다. 다음으로 많은 것이 대설 27%, 지진 25%이며 풍수해, 대설, 지진이 일본의 3대 자연재해라고 할 수

있다. 또한 그 외의 자연재해로서 냉해, 한발, 회오리바람 등 여러 가지가 있으며 이들을 합친 발생률은 21%이다.

그림 1-1 **자연재해의 발생현황(대상: 일본 시, 정, 촌 2,461)**

더구나 각 지방별로 보면 풍수해는 매우 높지만 대설과 지진에 있어서는 지방차가 커서 대설은 후쿠이 현 96%, 시마네 현 90%, 도야마 현 80%로 기록된다. 지진은 아오모리 현과 미야기 현이 85%로 가장 높으며 지바 현 77%가 뒤따르고 있다.

2 피난권고 · 지시의 발령

자연재해를 대상으로 지금까지 피난권고·지시가 발령된 적이 있는 지역은 아주 많으며, 〈그림 1-3〉에 나타난 것처럼 전국평균 55%로서 반을 넘고 있다. 이것을 각 지방별로 보면 가장 많은 곳은 가가와 현이 84%이고, 효고 현 77%, 돗토리 현 75%가 뒤를 잇고 있으며, 반대로 적은 곳은 사이타마 현과 도야마 현 24%, 군마 현 38% 등이다.

〈그림 1-4〉는 피난권고·지시가 발령된 지역에서 발령대상이 되는 자연재해의 종류를 표시한 것이며, 호우 68%와 태풍 57%가 압도적으로 많고 이 두 종류를 풍수해로 표시하면 91%로 올라가게 된다. 풍수해 이외는 대설과 해일이 4%, 지진과 고조가 3%로서 어느 것이나 아주 적다.

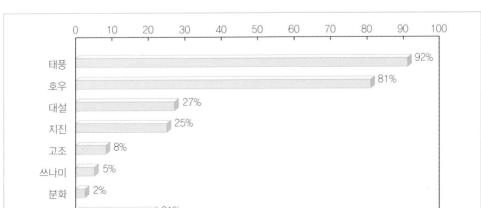

그림 1-2　발생재해의 종류(대상: 재해발생 시, 정, 촌 2,195) 복수선택

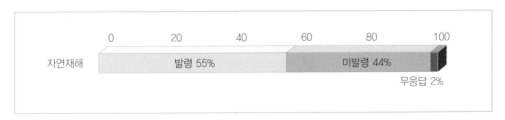

그림 1-3　피난권고·지시의 현황(대상: 일본 시, 정, 촌 2,461)

　이와 같이 풍수를 대상으로 한 피난권고·지시가 많은 것은 〈그림 1-2〉에서와 같이 풍수해의 발생 그 자체가 많은 것은 물론이고, 기상예비경보 등 풍수해의 발생을 어느 정도 미리 예측할 수 있기 때문이라고 생각된다.

　'피난권고·지시의 전달방법'을 보면 〈그림 1-5〉에 표시된 것처럼 홍보차량에 의한 전달방법이 54%로 가장 많지만 구두전달 47%, 전화 29%, 경종·사이렌 27%, 유선방송 22%, 방재무선 21%로서 각종의 방법이 병용되고 있다.

　재해 시에는 전기·전화·도로 등의 라이프라인(Life line)이 단절되는 경우가 다수 생겨나기 때문에 이들을 통한 전달방법은 이용될 수 없는 경우가 발생한다. 또한 구두 전달방법은 작은 범위로 한정되며, 경종·사이렌 사용은 신호방법을 모르는 주민들이 대부분이기 때문에 이들의 이용에는 모두 문제가 있다.

그림 1-4　피난권고·지시의 대상재해(대상: 피난발령 시, 정, 촌 1,351) -복수선택

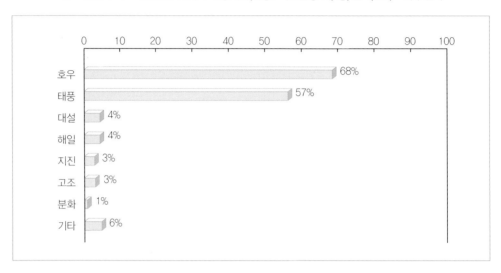

그림 1-5　피난권고·지시의 전달방법(대상: 피난발령 시, 정, 촌 1,351) -복수선택

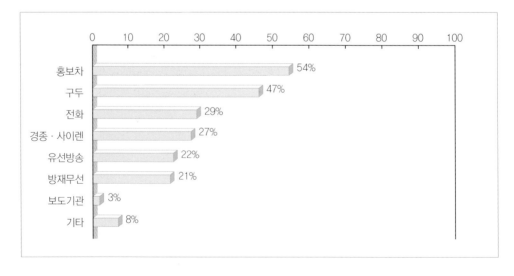

여기에 비해 방재무선은 1983년의 산인 지방 수해 때 보여주듯이, 재해 시의 정보전달방법으로서는 매우 효과적이므로 주민과 직결된 방재무선의 정비가 절실히 요망된다.

이상과 같이 일본에서는 자연재해를 대상으로 한 피난권고·지시 그 자체는 자주 발령되고 있지만, 극히 일부의 예외를 제하고는 인적 피해를 방지하기 위한 효과적인 피난권고·지시가 된 사례는 적다. 이것은 피난권고·지시의 대부분이 피해발생 후에 발령되고 또한 주민 개개인까지 전달이 잘 되지 않았던 적이 많았기 때문이며, 발령시기 및 전달방법에 대한 개선이 급선무이다.

최근 들어서 재해에 대한 경보예비시스템의 중요성이 인식되면서 각 지역에서 경보예비시스템에 대한 검토·설치 등을 하게 되었지만, 아직 충분하지 못한 점이 많으므로 경보예비시스템 확립을 위해 많은 노력이 필요하다.

03

/

방재활동의 현황

1 방재계획의 중점재해

지역의 방재계획에서 대상이 되는 각종 재해 중 특히 중점을 두는 재해로서는, 〈그림 1-6〉에 표시된 것처럼 태풍이 97%로 가장 많고 그다음이 호우 94%, 지진 67%, 대설 29%, 고조 23%, 해일 21% 순으로 나와 있다. 즉, 태풍 또는 호우 어느 것이라도 풍수해로 본다면 99%가 되므로 거의 대부분의 지역이 중요시하고 있다.

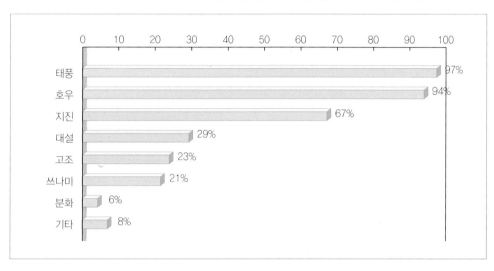

그림 1-6 방재계획의 대상재해(대상: 일본 시, 정, 촌 2,461) -복수선택

태풍 97%
호우 94%
지진 67%
대설 29%
고조 23%
쓰나미 21%
분화 6%
기타 8%

  방재계획의 중점재해를 〈그림 1-2〉에 실제로 일어난 재해와 비교해 보면, 태풍과 호우에 있어서는 발생빈도가 높으므로 잘 대응하고 있지만, 지진에 대해서는 그만큼 피해를 입지 않음에도 불구하고 중점을 두고 있다. 그 이유는 지진은 만일 발생했을 경우에 피해가 극심하다고 예상되며 더구나 매스컴 등에서 관심이 높기 때문이라고 생각된다. 예를 들면 가나가와 현에서는 지진을 중요재해로 정한 지역이 100%에 이르고 시즈오카 현에서도 95%로 되어 있듯이 도카이 지진의 경계구역에서 이 경향이 특히 현저하다.

2 방재계획의 철저한 주지(홍보)

1. 수해위험지역

일본에는 홍수재해를 비롯하여 토사재해나 고조·해일재해 등 수해의 위험지역이 수 없이 존재하고 수해위험지역이 없는 지역은 없다고 생각한다. 〈그림 1-7〉에 표시된 것처럼 수해위험지역을 지정하고 있는 지역은 80%, 그렇지 않는 지역이 18%이지만 이것이 수해에 대한 안전성을 의미하는 것인지는 불분명하다.

그림 1-7 수해위험지역의 지정(대상: 일본 시, 정, 촌 2,461)

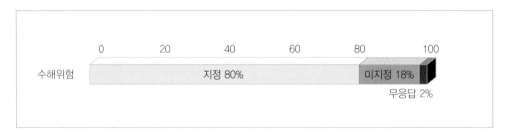

그림 1-8 수해위험지역의 종류(대상: 수해위험지지정 시, 정, 촌 1,978) – 복수선택

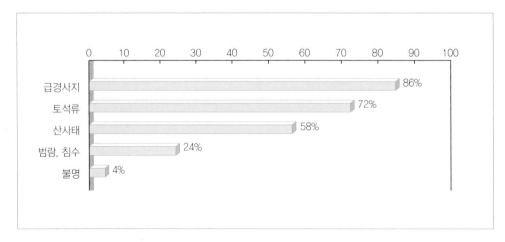

〈그림 1-8〉은 수해위험지역으로 지정되어 있는 지역에 대해 위험지역의 종류를 조사한 것이며, 급경사지 붕괴위험지역으로 지정되어 있는 곳이 86%로 가장 많고, 토석류 발생 위험계곡 72%, 산사태 위험지역 58%의 순위이다. 또한 홍수범람에 동반되는 침수위험지역으로 지정하고 있는 지역은 24%로 많지 않지만, 과거의 피해상황과 비교하면 홍수범람의 두려움을 간과하는 경향이 느껴진다.

또한 수해위험지역을 지정하고 있는 지역이 그것을 주민들에게 어느 정도만큼 알려주고 있는지를 표시한 〈그림 1-9〉를 보면, 주지시키고 있는 지역은 65%뿐이고 그렇지 못한 곳 16%, 무응답이 19%로서 수해위험지역의 철저한 주지가 충분히 이루어지지 않고 있다. 현실적인 문제로서 위험지역의 공표에는 '지가가 떨어진다', '이미지가 나빠진다'라는 이유로 주민들 사이에서도 반발이 있는 등 많은 문제가 있지만, 수해가 발생한 경우 위험지역의 주민들이 적절한 대응을 하기 위해서는, 우선 기본적으로 위험지역이 어떤 것이라는 것을 잘 인식시키고 나아가서 위험지역 주지에 더욱 더 노력을 해야 한다.

그림 1-9 수해위험지역의 홍보(대상: 수해위험지 지정 시, 정, 촌, 1,978)

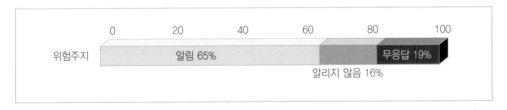

더구나 수해위험지정지역의 주지방법을 표시한 〈그림 1-10〉에 의하면, 지역 내 회의나 자치회의 간부들을 통해 전달되는 '기타'가 59%로 가장 많고 홍보지나 게시판 등 직접 주민들에게 알리는 방법은 모두 30% 정도로 많지 않다. 이런 면에서도 주지에 대한 철저함이 부족하다고 할 수밖에 없으며 수해위험지역의 지정 및 주지에 대해 긴급한 개선과 보다 더 많은 노력이 요망된다.

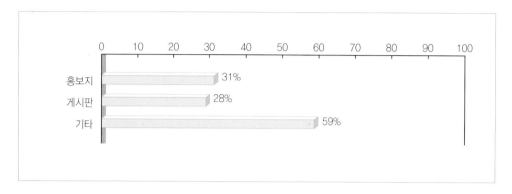

그림 1-10 수해위험지역의 홍보방법(대상: 수해위험지 지정 시, 정, 촌 1,281) −복수선택

그림 1-11 피난장소의 지정(대상: 일본 시, 정, 촌 2,461)

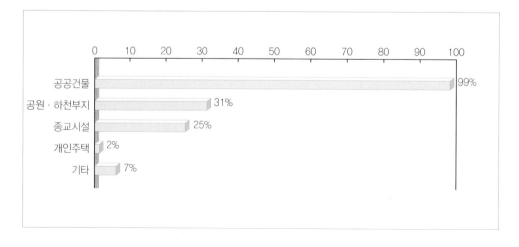

그림 1-12 피난장소의 종류(대상: 피난장소지정 시, 정, 촌 2,380) −복수선택

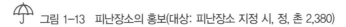

그림 1-13 피난장소의 홍보(대상: 피난장소 지정 시, 정, 촌 2,380)

그림 1-14 피난장소의 주지방법(대상: 피난장소 주지 시, 정, 촌 1,330) -복수선택

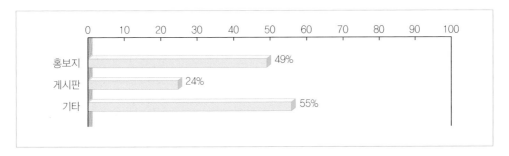

2. 피난장소

자연재해에 대비하여 주민의 피난장소를 지정하고 있는 지역은 〈그림 1-11〉에서와 같이 97%에 이르고 있고, 거의 대부분의 지역에서 피난장소가 지정되어 있는 것을 알 수 있다.

피난장소를 지정하고 있는 지역은 어떠한 장소를 지정하고 있는가를 표시한 것이 〈그림 1-12〉이고, 마을회관이나 학교 등 공적인 건물이 99%로 가장 많고, 공원이나 하천부지 등 광장이 31%, 종교시설 등이 25%이지만, 광장은 수해 시의 피난장소로는 적당하지 않고 이동 시 시간이 많이 걸리지 않는 가까운 피난장소의 설정이 요구된다.

피난장소를 지정하고 있는 지역의 주민들에게의 주지율은 〈그림 1-13〉에 표시된 것처럼 56%의 낮은 수준에 머물러 있고 충분하게 주지되어 있지 않은 상황이다. 피난장소를 지정하여도 그것을 주민들에게 잘 알려주지 않으면 재해 시에는 소용이 없고 철저한 주지(홍보)에 대해 많은 노력이 필요하다.

피난장소를 주민들에게 알려주고 있는 각 지역의 주지방법을 표시한 〈그림 1-14〉에 의하면, 마을모임이나 지자체 회의 임원들을 통해서라는 '기타'가 55%로 가장 많고 홍보지는 49%, 게시판은 24%로 나타나고 있다.

3. 재해정보의 전달

인적 피해를 방지·경감하기 위해서는 적절한 피난을 실행시킬 필요가 있지만 관련 주민들에게 피난권고·지시의 전달이 특히 중요하다. 이를 위해 1.2절에서 서술한 바와 같이 각 지역 모두 경보예비시스템의 확립에 노력하고 있지만 실제로는 충분치 못한 점이 많다.

〈그림 1-15〉에 표시된 피난권고·지시의 전계획을 보면, 홍보차량이 가장 많은 83%, 그다음 방재무선이 51%, 경종·사이렌이 42%, 전화 40%, 구두전달 31%, 유선방송이 29%로 나타나 있다. 이것을 〈그림 1-5〉에 표시된 지금까지의 전달방법과 비교하면, 방재무선이 급격히 신장된 것으로 나타나 있고 그 정비가 진행되고 있다는 것을 알 수 있다.

경종·사이렌에 의한 피난신호는 각 지방마다 정해져 있지만 대부분의 지역에서는 [표1-2]에 나타난 전달방식을 이용하고 있다. 경종은 난타, 사이렌은 1분 취명하고 5초 중지하는 반복방법이 피난신호이다. 그러나 [표 1-3] 및 [표 1-4]에 표시된 것처럼 일부 도, 도, 부, 현(시, 도)에서는 그 외의 신호를 사용하고 있다. 경종·사이렌의 신호방법에 대해서는 각 지방마다 오래전부터의 전통적인 요소가 섞여있기 때문에 전국적인 통일을 도모하기에는 어려움도 있지만, 주민의 이동이 많은 현재로서는 시급한 통일이 필요하다.

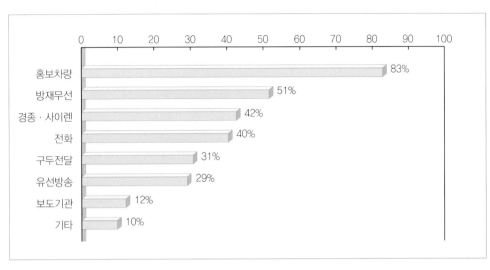

그림 1-15 피난권고·지시의 전달계획(대상: 일본 시, 정, 촌 2,461) −복수선택

그러면 이와 같은 경종·사이렌에 의한 피난 신호방법을 알고 있는 주민은 얼마만큼 있을 것인가. 일부 관계자를 제외하고 일반주민들은 거의 대부분 모르고 있는 것이 현실이지만 지역에서는 정보전달에 노력을 하고 있는 것인가.

〈그림 1-16〉은 경종·사이렌의 피난신호의 주지현황을 표시한 것이고 신호를 이용하는 지역의 58%가 주민들에게 신호방법을 주지시키고 있으며, 그 외 지역은 경종·사이렌에 의한 피난신호를 이용하려는 데도 불구하고 신호방법이 제대로 주지되고 있지 있다.

또한 주지하고 있는 지역에서도 그 주지방법을 보면 〈그림 1-17〉에 표시한 것처럼, 가장 많은 것은 '기타'의 59%이고 홍보지는 43%, 게시판은 8%뿐이며 주민들에게 교육이 잘 되어 있다고는 볼 수 없다. 따라서 신호방법의 주지방법에 대해서도 재검토가 필요하다.

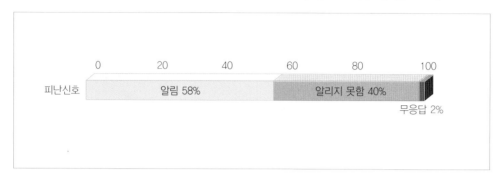

그림 1-16   경종·사이렌에 의한 피난신호의 주지(대상: 신호이용 시, 정, 촌 104)

그림 1-17   피난신호의 주지 방법(대상: 신호이용 시, 정, 촌 606) - 복수선택

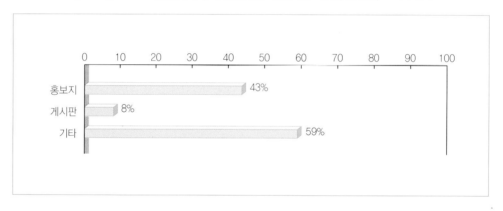

표 1-2 수해방지법 제13조의 수방신호(전달)

	경종	사이렌
제1신호(경계수위)	1점타	5초 / 15초, 5초 / 15초
제2신호(단원출동)	3점타	5초 / 6초, 5초 / 6초
제3신호(주민출동)	4점타	10초 / 5초, 10초 / 5초
제4신호(주민피난)	난타	1분 / 5초, 1분 / 5초

표 1-3 도, 도, 부, 현의 수방신호(경종)   ☆ 예시와 동일 ★ 예시안 외

지역	경계수역	단원출동	주민출동	주민피난	해제
예시안	1점타	3점타	4점타	난타	무타
☆홋카이도					
☆아오모리					
★이와데	1~4점타	3점타	무타	난타	
☆미야기					
★아키타	1~4점타	3점타	무타	난타	
☆후쿠시마					
☆도치기					
★군마	무타	3점타	무타	난타	
☆사이타마					
☆치바					
★도쿄	무타	2~1점타	무타	4점타, 난타	
☆가나가와					
★니이가타	무타	4점타	2~3점타	무타	
★도야마	1~4점타	3점타	무타	난타	
☆이시가와					
★후쿠이	1점타	3점타	무타	난타	
☆야마가타					
☆이바라키					
☆야마나시					
☆나가노					
☆기후					
☆시즈오카					
★아이치	무타	3점타	무타	난타	
★미애	1점타	1~2점타	4점타	난타	
☆시가					
☆교토					
☆오오사카					
☆효고					
☆나라					
☆와카야마					
★돗토리	무타	3~1점타	무타	5점타	
☆시마내					
★오카야마	4점타	2~3점타	6점타	난타	
☆히로시마					
☆야마구치					
★도쿠시마	1점타	3점타	4~6점타	난타	
☆가가와					
☆애히메					
★고치	1점타	3점타	무타	난타	
☆후쿠오카					
☆사가					
☆나가사키					
☆구마모토					
★오이타	1점타	2-4-4점타	4점타	난타	
☆미야자키					
☆가고시마					
☆오키나와					

 표 1-4 도, 도, 부, 현의 수방신호(사이렌)   ☆ 예시와 동일 ★ 예시안 외

지역	경계수역	단원출동	주민출동	주민피난	해제
예시	5-15- 5-15	5-6- 5-6	10- 5-10-5	60- 5-60- 5	−
☆홋카이도	5-15- 5-15	5- 6- 5- 6	10- 5- 10- 5	60- 5- 60- 5	
☆아오모리	5-15- 5-15	5- 6- 5- 6	10- 5- 10- 5	60- 5- 60- 5	
★이와데	60 -- 60 --	3 -2-10 -2	——	3- 2- 3- 2	
☆미야기	5-15- 5-15	5- 6- 5- 6	10- 5- 10- 5	60- 5- 60- 5	
★아키타	30 -6-30 -6	5- 6- 5- 6	——	3- 2- 3- 2	
☆야마가타	5-15- 5-15	5- 6- 5- 6	10- 5- 10- 5	60- 5- 60- 5	
☆후쿠시마	5-15- 5-15	5- 6- 5- 6	10- 5- 10- 5	60- 5- 60- 5	
☆이바라키	5-15- 5-15	5- 6- 5- 6	10- 5- 10- 5	60- 5- 60- 5	
☆도치기	5-15- 5-15	5- 6- 5- 6	10- 5- 10- 5	60- 5- 60- 5	
★군마	——	5- 6- 5- 6	——	3- 2- 3- 2	
☆사이타마	5-15- 5-15	5- 6- 5- 6	10- 5- 10- 5	60- 5- 60- 5	
☆치바	5-15- 5-15	5- 6- 5- 6	10- 5- 10- 5	60- 5- 60- 5	
★도쿄	——	5- 6- 5- 6	——	20-10-20-10	
☆가나가와	5-15- 5-15	5- 6- 5- 6	10- 5- 10- 5	60- 5- 60- 5	
★니이가타		2- 3-15- 3	2-3-2-3-15		
★도야마	30 -6-30 -6	5- 6- 5- 6		5- 2- 5- 2	
☆이시가와		5- 6- 5- 6	10- 5- 10- 5	60- 5- 60- 5	
★후쿠이					
☆야마나시	5-15- 5-15	5- 6- 5- 6	10- 5- 10- 5	60- 5- 60- 5	
☆나가노	5-15- 5-15	5- 6- 5- 6	10- 5- 10- 5	60- 5- 60- 5	
☆기후	5-15- 5-15	5- 6- 5- 6	10- 5- 10- 5	60- 5- 60- 5	
☆시즈오카	5-15- 5-15	5- 6- 5- 6	10- 5- 10- 5	60- 5- 60- 5	
★아이치		5- 6- 5- 6		3- 2- 3- 2	
☆미애	5-15- 5-15	5- 6- 5- 6	10- 5- 10- 5	60- 5- 60- 5	——
★시가	5-10- 5-10	7- 7- 7- 7	10- 5- 10- 5	30- 3- 30- 3	
☆교토	5-15- 5-15	5- 6- 5- 6	10- 5- 10- 5	60- 5- 60- 5	
☆오오사카	5-15- 5-15	5- 6- 5- 6	10- 5- 10- 5	60- 5- 60- 5	
☆효고	5-15- 5-15	5- 6- 5- 6	10- 5- 10- 5	60- 5- 60- 5	
☆나라	5-15- 5-15	5- 6- 5- 6	10- 5- 10- 5	60- 5- 60- 5	
★와카야마	5-10- 5-10	5- 5- 5- 5	10- 5- 10- 5	60- 5- 60- 5	
★돗토리	——	10-10-10-10	——	30-30-30-30	
☆시마내	5-15- 5-15	5- 6- 5- 6	10- 5- 10- 5	60- 5- 60- 5	
★오카야마	8- 4- 8- 4	2- 2- 2- 2	5- 2- 5- 2	15- 2- 15- 2	30…30…
☆히로시마	5-15- 5-15	5- 6- 5- 6	10- 5- 10- 5	60- 5- 60- 5	
★야마구치	5-15- 5-15	15- 5-15- 5	30- 5- 30- 5	60- 5- 60- 5	
★도쿠시마	5-15- 5-15	5- 6- 5- 6	15- 5/ 5- 5	60- 5- 60- 5	
☆가가와	5-15- 5-15	5- 6- 5- 6	10- 5- 10- 5	60- 5- 60- 5	
☆애히메	5-15- 5-15	5- 6- 5- 6	10- 5- 10- 5	60- 5- 60- 5	
★고치	30 -6-30 -6	3- 3-10- 3	——	3- 1- 3- 1	60……
☆후쿠오카	5-15- 5-15	5- 6- 5- 6	10- 5- 10- 5	60- 5- 60- 5	
☆사가	5-15- 5-15	5- 6- 5- 6	10- 5- 10- 5	60- 5- 60- 5	
☆나가사키	5-15- 5-15	5- 6- 5- 6	10- 5- 10- 5	60- 5- 60- 5	
☆구마모토	5-15- 5-15	5- 6- 5- 6	10- 5- 10- 5	60- 5- 60- 5	
★오이타	5-15- 5-15	3- 6- 5- 6	10- 5- 10- 5	60- 5- 60- 5	
☆미야자키	5-15- 5-15	5- 6- 5- 6	10- 5- 10- 5	60- 5- 60- 5	
☆가고시마	5-15- 5-15	5- 6- 5- 6	10- 5- 10- 5	60- 5- 60- 5	
☆오키나와	5-15- 5-15	5- 6- 5- 6	10- 5- 10- 5	60- 5- 60- 5	

3 방재훈련의 실시

재해발생 시에 주민들에게 적절한 대응을 실행시키기 위해서는 평상시의 훈련이 중요한 것은 새삼 지적할 필요도 없다. 방재관계자를 대상으로 한 방재훈련은 법적 의무로서 잘 실시되어 있지만 일반주민들을 대상으로 한 방재훈련은 소홀히 하기 쉽다.

〈그림 1-18〉은 일반주민을 대상으로 방재훈련의 실시상황을 나타낸 것이며, 실시하고 있는 지역은 불과 14%이고, 실시하고 있지 않는 것이 85%로 압도적 다수를 차지하고 있다.

피난훈련을 실시하고 있는 지역에서 주민들의 참가율을 보면 〈그림 1-19〉에 표시한 것처럼, '10% 이상'은 26%이고 '10% 미만'이 36%를 차지하고 있다. 더구나 무응답이 38%나 되어 방재훈련의 실태조차 파악되지 못한 지역이 많다는 것을 알 수 있다. 또 〈그림 1-20〉에 표시한 방재훈련의 실시횟수를 보면 1년에 '1회 이하'가 81%로 대부분이며 '2회 이상'이 10%로 효과적인 피난훈련이 실시되고 있다고는 볼 수 없다.

그림 1-18 피난훈련의 실시(대상: 일본 시, 정, 촌 2,461)

그림1-19 피난훈련의 참가율(대상: 피난훈련 실시 시, 정, 촌 350)

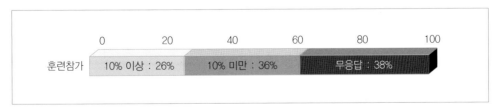

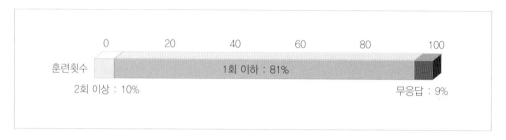

그림 1-20 피난훈련의 실시횟수(대상: 피난훈련을 실시 시, 정, 촌 350)

4 자주방재조직의 육성

재해발생 시에 주민들이 적절하게 대응함과 동시에 주민자주방재조직이 효과적으로 활동하여 온 것이, 지금까지 많은 사례를 통하여 실증되고 있고 앞으로도 각 지역에 있어 그 조직의 육성을 위한 노력이 요망된다.

자주방재조직의 존재현황을 나타낸 〈그림 1-22〉에 의하면, 조직이 있는 지역은 55%로 반수를 넘으며, 또 자주방재조직이 있는 지역의 조직률도 〈그림 1-22〉에 표시된 것처럼 '10% 이상'이 67%를 차지하므로, 자주방재조직은 인적 피해를 방지·경감하는 동시에 재해의 대응을 적절하게 하기 위한 보완적인 행동이기는 하지만, 공공기관의 역할을 경감하기 위한 것은 아니다.

그림 1-21 자주방재조직의 존재(전체 시, 정, 촌 2,461)

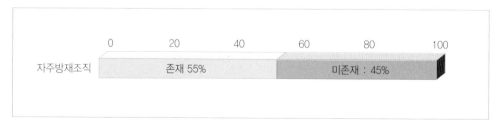

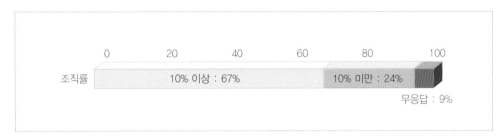

그림 1-22　자주방재조직의 조직률(자주방재조직 존재 시, 정, 촌 1,350)

04
/
방재활동의 평가

1 방재활동의 상황

수해위험지역의 지시 및 알림, 피난장소의 지정 및 알림, 경종·사이렌에 의한 피난신호의 이용과 알림, 방재훈련의 실시 및 자주방재조직의 현황에 대한, 각각의 도, 도, 부, 현(시, 도)별의 조사결과를 [표 1-5]에 나타냈다. 그러나 [표 1-5]에서는 방재정보의 주지율을 비롯한 비율은 모두 일본 전국 각지에서의 비율로 산정되어 있다. 더구나 전국에 대한 비율과 각각 도, 도, 부, 현(시, 도)에 대한 비율의 평균치가 다른 것은, 각 지역의 특성에 대한 가중치를 고려하고 아니고의 차이이다.

[표 1-5]에서와 같이 수해위험의 지정률은 전국평균 80.4%로 높지만 각 지방마다의 편차가 크고, 가장 높은 와카야마 현은 97.1%, 가장 낮은 사이타마 현은 30.6%로 나와 있다. 또 수해위험 지역의 주민들에게 있어 주지율은 전국평균 52.1%로 떨어지고, 각 지방별로 보아도 가장 높은 구마모토 현은 82.4%, 가장 낮은 사이타마 현은 16.0%로 편차가 더욱 크다.

피난장소의 지정률은 전국평균이 96.7%로 높으며, 가장 높은 미야기 현 등 14개의 현은 100%, 가장 낮은 후쿠이 현도 80.0%를 나타내고 있다. 그러나 주지율은 전국평균이 54.0%로 낮고, 가장 높은 가나가와 현은 85.3%이지만 가장 낮은 사가 현은 24.3%로 상호 편차가 크게 나타난다.

경종·사이렌에 인한 피난신호의 이용률은 전국평균이 42.3%로 반수를 밑돌고 있고, 가장 높은 구마모토 현은 58.1%, 가장 낮은 치바 현은 19.7%로 나타나 있다. 피난신호의 주지율도 전국평균 24.6%로 낮고, 가장 높은 구마모토 현도 55.4%, 가장 낮은 치바 현은 겨우 6.6%로 그 차이가 크다.

이상은 3종의 방재정보에 관한 것이지만 방재훈련의 실시와 자주방재조직의 상황에 대해 살펴보면 다음과 같다. 방재훈련의 실시율은 전국평균 14.2%로 낮고 각 지방별로 가장 높은 시가 현도 33.3%이고 가장 낮은 오키나와 현은 0.0%로 전혀 실시되지 않고 있는 상황이다. 일반주민을 참석시켜 실시하는 방재훈련은 각종 재해를 최소화하는 데 매우 중요한 훈련이지만, 앞에서 본 바와 같이 방재훈련을 실시하고 있는 지역에서도 주민들의 참석률이나 실시횟수를 보면 효과적인 방재훈련이 실시되고 있는 것이 아니라고 생각되며, 방재훈련계획 그 자체를 재검토하여야 할 필요가 있을 것이다.

자주방재조직이 존재하고 있는 비율은 전국평균이 54.9%이지만, 가나가와 현이나 시즈오카 현은 100%를 보이고 있는 등 높은 비율의 지역도 많다. 그러나 오키나와 현은 10.5%로 낮고 각 지방마다의 편차가 크다. 재해 시에는 개개의 주민들에게까지 행정조직의 지원이 미치지 않는 것이 많고 주민 자신의 판단에 의해 행동을 하는 것이 요구된다. 따라서 구체적인 자주방재조직을 만들어서, 만일의 경우에는 지역주민들이 서로 협조하는 것이 중요하고 평상시에 협조방법에 대한 교육과 행정당국의 노력이 요망된다.

표 1-5 도, 도, 부, 현의 방재활동현황

| 도도부현 | 방재정보 | | | | | | 방재훈련 실시 | 지방조직 존재 |
| | 수해위험지 | | 피난장소 | | 피난신호 | | | |
	지정	주지	지정	주지	이용	주지		
전국	80.4%	52.1%	96.7%	54.0%	42.3%	24.6%	14.2%	54.9%
홋카이도	83.5	41.1	96.3	57.7	49.1	29.4	27.5	35.6
아오모리	72.0	38.0	98.0	40.0	36.0	26.0	10.0	46.0
이와데	82.7	50.0	98.1	55.8	57.7	40.4	17.3	88.5
미야기	83.3	68.8	100.0	62.5	54.2	29.2	29.2	77.1
아키타	87.3	54.5	96.4	54.5	49.1	38.2	7.3	80.0
야마가타	90.9	60.6	97.0	54.5	57.6	30.3	9.1	75.8
후쿠시마	83.6	63.9	96.7	55.7	44.3	27.9	18.0	83.6
이바라키	51.7	22.4	100.0	31.0	29.3	10.3	8.6	46.6
도치기	85.7	31.4	100.0	42.9	54.3	25.7	5.7	42.9
군마	71.4	44.6	96.4	51.8	53.6	17.9	7.1	42.9
사이타마	30.6	16.0	100.0	58.7	30.7	8.0	12.0	53.3
치바	83.6	45.9	98.4	65.6	19.7	6.6	19.7	47.5
도쿄	37.5	16.7	95.8	72.9	22.9	10.4	2.1	81.3
가나가와	73.5	61.8	100.0	85.3	32.4	11.8	5.9	100.0
니이가타	80.2	47.3	95.6	50.5	39.6	17.6	4.4	37.4
도야마	72.0	44.0	100.0	28.0	32.0	16.0	8.0	44.0
이시가와	88.8	59.3	100.0	44.4	48.1	37.0	3.7	77.8
후쿠이	73.3	53.3	80.0	46.7	46.7	20.0	13.3	73.3
야마나시	84.4	53.3	93.3	62.2	37.8	22.2	24.4	97.8
나가노	88.1	66.3	95.0	48.5	41.6	22.8	18.8	59.4
기후	86.0	53.5	96.5	50.0	40.7	27.9	20.9	65.1
시즈오카	82.8	53.1	92.2	59.4	54.7	34.4	9.4	100.0
아이치	59.7	37.8	98.8	68.3	42.7	29.3	32.9	67.1
미애	81.6	65.3	98.0	67.3	46.9	38.8	32.7	77.6

도도부현	방재정보						방재훈련 실시	지방조직 존재
	수해위험지		피난장소		피난신호			
	지정	주지	지정	주지	이용	주지		
시가	75.8	48.5	87.9	42.4	51.5	15.2	33.3	98.9
교토	89.2	43.2	91.9	51.4	56.8	37.8	8.1	40.5
오오사카	69.7	27.3	97.0	63.6	51.5	27.3	30.3	51.5
효고	83.6	52.5	98.4	62.3	27.9	14.8	13.1	39.3
나라	78.0	43.9	97.6	51.2	39.0	19.5	19.5	34.1
와카야마	97.9	62.9	100.0	54.3	48.6	22.9	17.1	31.4
돗토리	95.8	66.7	91.6	58.3	20.8	12.5	12.5	91.7
시마내	92.7	53.7	95.1	58.5	34.1	19.5	2.4	51.2
오카야마	89.8	64.4	98.3	54.2	37.3	27.1	8.5	72.9
히로시마	93.8	70.3	98.4	45.3	45.3	25.0	4.7	35.9
야마구치	97.2	61.1	100.0	38.9	50.4	19.4	27.8	52.8
도쿠시마	86.8	55.3	100.0	57.9	31.6	21.1	7.9	50.0
가가와	87.5	71.9	100.0	65.6	46.9	31.3	3.1	31.3
애히메	92.6	79.6	92.5	50.0	48.1	31.5	5.6	18.5
고치	91.7	61.1	97.2	55.6	41.7	22.2	13.9	33.3
후쿠오카	83.1	52.3	96.9	46.2	40.0	23.1	4.6	35.4
사가	75.7	45.9	89.2	24.3	43.2	16.2	2.7	13.5
나가사키	91.2	63.2	100.0	54.4	35.1	24.6	10.5	47.4
구마모토	95.9	82.4	100.0	67.6	58.1	55.4	9.5	25.7
오이타	94.4	63.9	97.2	44.4	33.3	19.4	2.8	69.4
미야자키	96.7	76.7	100.0	56.7	56.7	33.3	23.3	76.7
가고시마	80.3	53.5	98.6	52.1	43.7	25.4	15.5	50.7
오키나와	52.6	34.2	84.2	36.8	21.1	7.9	0.0	10.5
평균값	81.0	52.8	96.5	53.3	42.2	24.1	13.3	56.5
표준편차	14.4	14.9	4.2	11.3	10.4	9.7	9.2	23.3

2 종합평가

앞에서 서술한 바와 같이 본 조사에서 다룬 방재활동은 항목마다의 편차가 크며 단순평균으로 종합평가를 하기 위해서는 문제가 많다. 이것 때문에 교육통계의 분야에서 잘 사용하는 편차치의 방법을 적용하여 각각의 도, 도, 부, 현(시, 도) 간의 방재활동의 비교를 하게 된다. 더구나 표준치의 계산법은 지금 대상으로 하는 분포의 평균치를 v, 표준편차를 σ로 하면, 원래의 값 x에 대한 편차치 y는

$$y = \frac{x-m}{\sigma} \times 10 + 50$$

로 계산된다. v의 분포는 평균치가 50, 표준편차가 10이 되기 때문에 하나의 분포중의 각 수치의 상대적인 분포를 v에서 알 수 있다. 동시에 여러 분포에 대한 비교가 쉬워지게 된다.

여기서 방재정보의 주지활동에 대해 [표 1-5]에 나타난 3종의 주지율을 각각 편차값으로 환산하고, 그 평균값을 정보활동 정도의 척도로 하였다. 그리고 방재훈련의 실시율 및 자주방재조직의 설치 운영률을 각각 편차치로 환산하여, 훈련활동의 정도, 육성활동 정도의 척도로 하였다. 그리고 이들 세 가지 값의 척도를 평균해서 얻은 편차값을 종합적인 방재활동 정도의 척도로 하였다.

이상의 평가방법은 어디까지나 본조사결과를 어떤 형태로도 보기 쉽게 할 수 있도록 계획한 것이고, 반드시 실태를 정확하게 나타낸 것이라고는 할 수 없는 부분도 있지만 평가결과에는 납득되는 점이 많다. 하나의 참고자료로서 앞으로의 방재계획에 유용하게 활용할 수 있을 것으로 생각된다.

05

맺는 말

「전국지역의 방재활동에 관한 실태조사」의 결과를 이용해서 자연재해의 현황 및 방재활동의 현황을 밝힘과 동시에, 편차치의 방법에 따라 방재활동의 정도를 평가하고 각 지역을 비교하였다. 여기서 얻은 주요한 성과를 보면 다음과 같다.

(1) 1945년 이후에 여타의 자연재해가 발생한 지역은 89%로 아주 높게 나타나며 가장 많은 것이 태풍이나 호우로 인한 풍수해이고, 그 다음으로 대설, 지진의 순이다. 또 자연재해를 대상으로 피난권고·지시가 발령된 지역은 55%로 과반이 넘는다. 거의 풍수해를 대상으로 한 것이고 전달에는 홍보차량, 구두전달, 전화 등 여러 방법을 사용하고 있다.

(2) 수해위험지는 전국 각 지역에 분포하고 있지만 위험지로 되어 있는 곳은 80%이고 지정된 위험지역을 주민들에게 알려주고 있는 곳은 그중 65%뿐이어서, 결국 철저한 주지가 제대로 실시되고 있지 못한 상태이다.

(3) 피난장소를 지정하고 있는 지역은 97%로 높지만 주민들에게 알려진 것은 그중

56%뿐이고, 역시 철저한 주지가 제대로 실시되고 있지 못하다.

(4) 피난권고·지시의 전달방법으로서 가장 많이 이용하고 있는 것은 홍보용 차량으로 83%의 지역이 이용되었다. 다음으로 방재무선 51%, 경종·사이렌이 42%로 되어 있지만, 경보·사이렌에 의한 피난신호의 식별방법 등을 알고 있는 것은 그중 58%뿐이다.

(5) 주민들을 참석시켜서 방재훈련을 실시하고 있는 지역은 14%이고, 주민들의 참석율 및 실시횟수를 보아도 효과적인 방재훈련이 실시되고 있지 않기 때문에 개선과 대처방안이 필요하다.

(6) 재해 시에는 자주방재조직이 큰 역할을 다하고 있으며 자주방재조직이 있는 지역은 55%로 반을 넘고 주민들의 참석률도 높아 자주방재조직의 육성은 상당히 진행되고 있다.

(7) 편차치의 방법을 이용해서 평가한 방재활동 정도의 비교가 가장 높은 곳이 미에 현이고 그 뒤가 이바라키 현 순이며, 가장 낮은 곳은 오키나와 현이고 사가 현, 이바라키 현은 낮은 수준이다.

재해 시에 적절한 대응방안을 선택하고 피해를 방지·경감시키기 위해서는 평상시 교육과 훈련 등의 대응이 기본이다. 이 때문에 지자체별로 각 마을의 방재조직은 방재계획을 수립하여, 주민 개개인에게 주지(홍보)를 철저히 할 필요가 있다. 본 조사에 의하면 특히 주지의 면에서 충분하지 않았고, 개선해야 할 점이 적지 않았다는 것이 지적되고 있다.

마지막으로 본 조사에 협조해주신 관계자 분들에게 심심한 사의를 표함과 동시에 본 조사가 앞으로의 방재계획에 유용하게 활용될 수 있을 것을 기대한다.

방재계획론

위기
관리론

안전 /
안심할 수 있는
사회를 위하여

CONTENTS

01

최근의 위기관리로부터 학습

1   부적절한 위기관리의 사례

1995년 3월 하순의 어느 날 오후 학내위원회를 마치고 저녁 무렵 요시다 캠퍼스에서 우지의 방재연구소로 차를 운전하여 가는 도중 난젠지 근처에서 차량정체를 만나게 되었다. 평상시에도 저녁 때에는 국도 1호선의 케리아게 부근은 밀리지만 그때는 전혀 차가 줄지 않고 있었다. 뒤에 알았지만 이 대정체의 원인은 일주일 전에 일어났던 지하철 사린(독극물)사건으로 인한 전국일제의 교통검문 때문이었다. 그러나 사건발생 직후도 아니고 일주일이나 지난 뒤에는 검문의 효과는 없다고 생각하는 것이 일반적이다. 명료하지 못한 의사결정, 애매한 직무집행 평가 등이 그 근거이다. 즉, 위기관리가 서툴다고 생각할 수밖에 없다.

2000년 6월 유키지루시 우유 중독사건이 발생하였고, 결국 13,000명이 넘는 환자가 발생되었다. 사건 직후 회사 측의 기자회견을 텔레비전으로 봤지만, 식품기업 책임자의 회견이라고는 전혀 믿을 수 없는 사회적 책임과 양심도 없는 허술한 내용이었다.

그 후의 조사에서 전체적인 식품관리체제의 허술함이 드러나면서 기업으로서의 존재조차 위태롭게 되어 버렸고, 수년에 걸친 수익의 감소, 구조조정은 소비자가 내린 경고였다. 리콜대상을 계속 은폐하여 왔던 미쯔비시 자동차공업도 이와 같은 사태를 피할 수 없었다.

이들에게 공통으로 보여지는 점은, 현장에 있어서 위기관리가 제대로 실시되지 않았다는 사실이다. 전자는 경찰의 조직과 운용실태가 사회의 변모나 안전에 따라가지 못하고 있다는 것이 원인이고, 후자는 경영시스템만이 미국스타일이었고 이를 지원하는 위기관리시스템이 전혀 없었다는 것이 문제였다. 미국의 경우, 불경기 때에 구조조정의 대상이 되는 것은 미숙련 노동자인 젊은이다. 일본의 경우엔, 인건비의 관점에서 숙련 노동자가 구조조정의 대상으로 되고 있다. 이 때문에 미국에서는 불경기가 되면 젊은이의 범죄가 늘어나고 사회가 불안전해지는 것에 비해, 일본에서는 그런 일은 일어나지 않지만 그 대신 현장에서의 위기관리가 어려워지고 있다. 사회의 베테랑이 이렇게까지 경시를 받음으로써, 심한 표현을 하면 지금까지 일본 사회에 존재하고 있던 생활의 지혜가 대부분 없어져 버리는 것이 아닐까 하는 우려가 생기는 것은, 생활의 지혜가 없는 곳에서는 적절한 위기관리가 불가능할 것으로 생각되기 때문이다.

2 위기관리의 기본

2000년 9월 이틀에 걸쳐 도카이지방에 전대미문의 호우가 내렸고 대규모 하천 범람 재해가 발생하였다. 특히 니시비와지마 지역은 거의 대부분 침수가 되었고 당연히 건물 1층은 대부분 물에 잠겨버렸다. 전 주민 17,000명에게 피난권고가 내려 9,000명이 피난을 하였으며, 관할 행정청 건물도 실내 깊숙이까지 침수가 되었고 전 직원 대부분이 재해를 입었다. 재해피해 규모는 한신·아와지 대지진의 지자체 피해와는 비교할 수 없지만, 여기서는 특히 가구와 전자제품이 많은 수해를 입었다.

과거 20년을 돌이켜보면 그동안 니시비와지마의 어디에선가 땅 밑까지의 침수가 있어 왔으며 유수시설은 지금도 제 기능을 하고 있다. 그 때문에 많은 주민들은 이번의 호우에서도 '또 땅 밑 어디선가 침수가 일어나고 있다.'라고 생각하였을 것이다. 그런데 이번에는 신강의 좌측 제방이 범람하였다. 순간적으로 1미터가 넘는 침수가 발생되어 긴박하게 2층으로 대피하게 되었다. 「지진」을 대비해 담요나 식량이 비축되어 있던 지역사무소 창고도 수몰이 되었지만, 행정당국이나 주민들은 소규모의 「익숙해진 침수」가 늘 있어서 설마 이런 대규모의 재해는 일어나지 않는다고 믿고 있었던 것이고, 이 믿음을 재해가 곧바로 엄습한 것이다. 도로에 흘러나와 있던 수많은 가구나 전자제품은 갑자기 건물 내부까지 침수가 덮쳤던 것을 나타낸 증거이다(표 2-1).

표 2-1   동해 호우 재해시, 아이치현 니시비와면의 위기관리 문제점

1. 불균형한 치수안전도에 놓인 홍수 상습지대
2. 주민에게 있어 예상치 못한 침수(수해마을 대부분 건물침수와 약 1만 대의 차량수몰)
3. 행정기관(시, 군, 구, 읍, 면 사무소 등), 비축창고, 피난처의 수몰
4. 홍수에 취약한 하천부지 등에 급격한 도시화 조성
5. 하천유역의 급격한 도시화(1950년: 10%, 1992년: 58%, 현재 8개 도시(84만 명 거주)
6. 내수홍수가 아닌 제방범람의 발생
7. 자조, 상조, 공조(공적 기관)의 비율에 대한 주민 측의 오해

1999년 태풍18호가 덮친 야츠시로의 연안지역 행정사무소 건물의 외벽유리는 날아온 물질로 인해 많이 파손되고 강풍에 의해 건물 내부는 참담한 결과를 맞이하였다. 이 정도 상황에서는 재해대책본부도 바로 수습에 나서지는 못하였다. 이러한 상황을 고려하면, 태풍상습지대에 있는 방재관계기관(예 소방서, 경찰서) 건물외벽은 강화유리나 망입구조 유리로 설치되어 있는지 우려되며, 또한 태풍상습지대라는 인식에 대한 판단도 부족하다고 생각한다.

위기관리의 기본은 어떠한 방법으로도 "재해에 대한 위험부담을 경감시켜야 한다."라는 것이다. 재해의 발생과 상황파악, 피해발생 시나리오에 대한 미흡한 상상력과 사고는 그 자체가 이미 재해다. 그리고 자연재해의 방재·재해의 최소화는 다음의 세 부분으로 구성되고 있다. 뒤에 설명하지만, ① 재해가 발생하는 원인의 인식, ② 취약한 부분에 대한 인식, ③ 대책 및 대처방법의 인식 등이다. 이 구체적인 사례는 2.2 쓰나미 편에서 구체적으로 기술한다. 또한 방재체계의 기본은 자기의 생명은 자기가 지키고, 마을의 안전은 서로 지키고, 지역의 인프라정비는 협력체계 연대로 진행을 한다는 것이다. 즉 자조, 상조, 공조(공적 기관)라고 할 수 있다.*

> * 주민들은 공조에 큰 기대를 하고 실제는 자조가 중심이라는 것을 인식하고 있다.

3 고령사회로의 진행에 따른 영향

한신·아와지 대지진재해 이후, 1998부터 2000년 사이 집중적으로 풍수해가 전국적으로 발생되었다. 여기서 눈에 띄는 것은 고령자의 희생이다. 사회복지시설 등 재해약자 관련시설 약 139,000의 13%가 토사재해의 위험지 또는 주의구역에 입지되어 있다는 점에서도, 향후 재해약자 특히 고령자가 희생이 될 가능성이 크다. 그리고 밀집지역에서도 특히 고령화가 진행되고 있는 현실이다. 그런 곳은, 마을로 통하는 도로가 토사재해로 막혀버리거나 또한 간이수도시설이 하천이나 계곡의 범람 등으로 피해를 입게 되면 고립되어버리고, 공적인 구조 없이는 최소한의 생활조차 불가능한 상태로 되기가 쉽다. 방재헬리콥터의 주된 업무가 음료수나 식량의 배급에만 바쁘게 쫓기는 상황이 계속 될 것이고, 이런 경우에 더욱 더 큰 규모의 재해가 발생하게 되면 행정은 업무수행에 있어서 상당한 압박을 받을 것이다.

구체적인 자조노력으로서 일주일 정도 고립되는 것을 가정하여 우선 지하수를 이용할 수 있도록 하는 것, 옥외에서 취사할 수 있도록 연료 등을 준비하는 것, 물이나 보존식량의 비축, 자동차 라디오를 듣기 위해 자동차 연료탱크를 항상 충분히 채워두는 것, 이웃주민 간에 안부확인의 방법 등을 미리 정해 놓는 것이 필요하다. 방재에 있어서 자조 노력의 필요성은 겉치레만으로는 결코 용납이 되지 않는다. 고령자는 사회적약자가 아니라는 것을 본인은 더욱 더 인식하여야 한다. 이러한 상황을 대비하여 행정당국은 평상시 홍보가 필요하다. 「재난지에 식은 도시락을 급식하는 행정의 냉정한처신」이라고 신문과 매스컴의 기사거리가 되더라도, 행정담당자는 비상시에는 고령자들에게 긴급 상황이라는 인식으로 참는 것이 당연하다라고 설득할 수 있어야만 한다.

4 재해감소를 위한 공공사업비의 선행투자

현재 위기관리학이라고 하는 학문의 체계가 있는 것은 아니다. 있다고 하면 위기관리론이고 극단적으로 즉흥적 위기관리라고 소개하고 있는 연구자도 적지 않다. 재해의위기관리 실천을 통해서야만이 충분한 성과를 기대할 수 있는 것이다. 왜냐하면 재해대응의 대상은 결국은 사람이기 때문이다. 예를 들면 1996년의 토요하마 터널붕괴사고의 문제점은 현장과 삿포로의 홋카이도 개발국, 도쿄 건설국의 3자간의 의사소통 시스템이 원만하지 못했다는 점이고, 그것은 재해대책본부장의 인선 잘못이 문제의 발단이 되었다.

1999년 JR(일본철도) 하카타역 앞 지하상가·지하공간 침수사고의 경우에도, 재해대책본부장 자리는 그 지역의 시장이 맡아야만 했다. 즉, 인명손실 재해나 사고 시에는 그 조직의 책임자가 재해대책본부장이 되어야 한다. 그런 이유로 사고에 있어 가장 중요한주민들의 피난계획이 없었다. 더구나 원자력과 관련된 중대사고의 경우, 일본에서는 사고가 발생하지 않는다는 국민에 대한 정부의 인식교육 방침에 중요한 잘못이 있다. 이것은 초고속전철인 신칸센에도 통하는 이야기다.

결국 재해는 갑자기 거대한 피해가 발생하는 것이 아니라, 반드시 전조현상이 있기 마련이므로 방심하지 말고 예의 주시하여야 한다. 1999년에 고조피해를 일으킨 구마모토 현 후지비 지역에서는 1991년 태풍19호의 영향으로 고조로 인한 큰 침수가 일어난 적이 있으며, 사전에 대책을 강구하였으면 그와 같은 비극은 일어나지 않았을 것이다.

5 실효성의 향상

대부분의 큰 재해는 결과는 그렇게 되었지만, 처음부터 거대한 재해가 반드시 발생하는 것은 아니다. 항공기사고가 작은 과오에서 시작하는 것과 비슷하다. 따라서 예방하고 최소화할 수 있는 그 기회를 놓치지 말아야 할 것이다. 그러기 위해서는 사전과 사후에 일어나는 사고에 대한 철저한 준비가 필요하며, 즉 어떤 메커니즘을 가지고 어디서 피해가 발생하고 그 대책을 어떻게 할 것인가에 대해 상상력을 구사하고 대책에 몰두하여야 한다. 이것은 '재해의 인식', '취약한 부분에 대한 인식', '대책방법의 인식'이라는 세 부분으로 통합이 된다. 이를테면 우리 지역에서는 어떤 재해가 일어날 수 있을까를 사전에 면밀히 조사하고 분석, 대책이 마련되어야 한다. 한 예로서 행정당국의 경우, 1999년의 야츠시로 해협이나 세토나이 해협의 고조재해 때처럼 '천재지변, 자연재해'라는 말로 책임을 회피하기 쉽지만, 그것은 행정담당자의 업무수행의 태만이라고 볼 수 있다.

과거의 여러 자료들을 조사 분석을 하다보면 얼마든지 재해 예방자료를 찾을 수 있다. 메이지시대 이후의 예를 들면 피해가 있었던 재해만을 고려한 「지역방재계획」이 그것이다. 그러나 이것은 충분치 않은 것이고, 1854년 안세이 남쪽해협 지진 쓰나미는 세토나이해협 각지에 큰 피해를 가져왔다. 그런데 세토나이해협에 접해 있는 토와 시의 대책수준으로, 2035년경까지 발생할 가능성이 아주 높은 난카이 지진대책을 강구하려

고 하는 곳은 일부 지자체뿐이다.

　이전에 각 지역의 크고 작은 재해에 대한 조사가 전국적으로 활발하게 편찬된 시기가 있었고, 거기에는 확실하게 과거에 일어났던 큰 재해가 기록되어 있다. 그러나 현재의 방재관계자들은 자료의 중요성을 이해하지 못하고 있으며, 만들기에 만족하고 있는 지자체가 대부분일 것이다. 태풍의 상습지대에 위치하고 있는데도 불구하고 대형 유리창(강화유리나 망입유리가 사용되고 있지 않은)의 멋진 지자체 청사가 그 상징이다. 누구도 그러한 현실을 눈치채지 못하고 태풍으로 인한 끔찍한 모습을 보고서야 깨닫는 경우가 허다하다.

02

일본의
재해외력과 그 방재대책의 현황

1 지진

난카이지진과 도카이지진은 플레이트 경계형 지진이기 때문에, 주기적으로 지진이 일어나고 있고 규모 8 이상의 지진이 발생하기도 한다. 반면 내륙직하형 지진일 경우 현재 지진발생에 대한 예지는 불가능하며, 발생할 경우의 최대 지진 규모에 준해 피해규모의 예측작업이 행해지고 있다. 그러나 실제로 지진이 발생하였을 때의 피해규모는 매우 크기 때문에, 실제로 사전에 대응하는 시책은 재정 등 여러 이유로 완벽하게는 실시되고 있지 않다. 이와 같이 지자체의 대응은 물론 재난지역의 피해경감 대책과 결부되는 구체적인 대책은 일부를 제외하고 아직 실시가 미비하다고 볼 수 있다.

2 쓰나미

일본에서의 쓰나미는 플레이트 경계형 지진에 따라 발생하고 있다. 따라서 쓰나미를 최대지진규모로 설정한 피해규모의 예측이 실시되고 있지만, 문제는 근대 이후 쓰나미 피해를 경험하지 않는 지역에서의 쓰나미 방재대책이 소홀히 되고 있고, 행정당국의 피해 시나리오 설정에 대한 통찰도 부족하다. 더구나 난카이와 히가시난카이 지진의 경우, 규모가 그 이전보다는 작고 동시에 진원의 위치가 변화하고 있음에도 불구하고, 쓰나미의 크기는 물론 도달시간에 대해서도 이전과 같은 것처럼 착각하는 경향이 있다. 쓰나미는 행정당국의 종적행정 구조의 폐해로 각각 따로따로 실시되고 있으며 그 효과에 대한 종합적인 평가가 부족한 실정이다. 따라서 2003년 중에 고조와 동시에 위험예측 지도 매뉴얼이 정부에 의하여 정비를 서두르고 있다.

3 고조

오사카만, 도쿄만, 이세만의 고조 상습지대는 이세만 태풍급의 태풍이 과거의 최악 진로를 통과하는 상황을 가정하여, 조수위 편차를 계산하고 이것을 평균만조위에 더하여 계획고조를 구하였다. 그 외 아리아케해협 등에서는 과거에 고조를 일으킨 태풍코스에 그 지역부근을 통과한 이전의 최대태풍을 가정하여, 같은 방법으로 계획고조를 구하였다. 문제는 이세만태풍급 태풍의 내습확률이 명확하지는 않다는 것인데,『과거의 최악태풍진로』가 최근 컴퓨터 시뮬레이션 수법의 발달에 의해 최악이 아닌 것으로 나타난다는 점이다. 다시 말하면 이전 최악의 상황 그 자체의 생각이 객관적인 타당성에 있어서 검토되지 않은 채 사용되고 있다는 점이다. 기상청이 각각의 지역에 적용하고 있는 간이 고조 예측식도 이전의 자료에 의거한 것이고 적용에 한계가 있다고 생각된다.

4 　큰 너울

일기도에서 파랑예측을 실시하고 이것을 근거로 한 통계해석이 일반화되고 있다. 문제는, 파랑의 극한값(파고와 주기)을 발생시키는 일기도의 패턴을 누락시킬 우려가 있는 인위적인 과오가 포함될 가능성이 있거나, 큰 수심에서의 방파제 등의 설계법이 지금도 확립되어 있지 않기 때문에(각종 공법의 선택도 포함), 구조물의 피해가 발생할 수 있는 위험이 존재하는 것이다.

5 　해안침식

전형적인 사후대책 형이며 바꾸어 말하면 개발선행형의 대책이다. 특히 어항의 보수나 각종 해안시설의 건설에 따른 연안표사의 연속성 문제에 대해 이론적으로 확립한 침식대책공법이 확립되지 않고 있으며, 더욱이 기존의 공법에 대한 적용상의 한계가 있다는 것에 대해서는 대부분의 관계자가 이해를 못하고 있는 실정이다. 또한 최근 생태계의 보존에 있어서 개펄이나 조간대의 중요성이 인식되고 있어서, 미티게이션(mitigation)이 적용되고 있는 상황이지만 비용부담이 크고 시행착오가 많은 상태에 있다.

6 　홍 수

방법 그 자체는 확립되어 있지만 장기적인 기후형태의 존재나 이상기후 상태하에서는 수문량에 문제가 발생되기도 한다(만약 그렇다고 하면 극치통계해석이 불가능하게 됨). 또는 초과홍수대책과 그 사고방식의 확립과 전국의 2,719곳이나 되는 2급 하천의 관리방법이나 하수도 처리 등에 관계되는 내수범람대비의 대책 등에 대하여, 급히 검토해야 할 필요가 있다. 현행의 법체계에서는 유역에 대한 종합적인 치수 방식을 추진함에는 실효성이 부족한 상태이다. 또한 2001년의 수해방지법 개정에 따라 위험물 해저드 지도의 정비가 법적으로 의무화되었다.

7 태풍

일본은 지형이 해안부에서 갑자기 험준한 산지로 변화되는 등 복잡하고, 더욱이 그 평면적인 스케일이 태풍의 스케일에 비해 작기 때문에, 태풍이 육지에 접근한 경우 바람구역의 시간과 공간 예측에 많은 어려움이 있다. 그 때문에 고조에 대한 수치예지의 정확도는 좋지 않은 결과를 나타내기도 한다. 이와 같이 태풍진로예측의 정밀도는 최근 향상되고 있지만 바람이나 비에 대한 예측은 그 수준에 도달하지 못하고 있는 실정이다. 내습태풍의 규모에 대해서도 확률적으로 다루는 방법이 거의 실시되지 않고 있다.

8 토사재해

토사재해에 있어서는 "재해는 시대적으로 반복된다."는 사실을 대부분 잊어버리는 경향이 있다. 더욱이 도시화에 따른 개발지역의 확대는, 재해 취약성이 큰 산림주변이나 홍수 범람원 쪽으로 확대되고 있고 피해를 입을 확률도 동시에 증가하고 있다. 1999년의 히로시마 토석류재해는 그 전형으로 볼 수 있다. 사방댐 등으로 인한 하드웨어적인 방재에는 한계가 있고, 그것을 주민들이 이해를 못하는 경우 대피가 늦어지고 오히려 인적 피해가 커지게 되는 문제가 발생하게 된다. 그 한 예로서 1997년 가고시마 현 이즈미 시의 하리바라강의 토석류재해는 사전에 예상된 것보다 2배 이상의 토석류가 발생하여, 사방댐으로서는 막을 수가 없었고 인적 피해가 순식간에 증대하였다. 이러한 재해에 관련하여 최근 해저드 지도의 작성이 전 국가적으로 진행되고 있다.

9 화산분화

세계의 활화산 중 가장 단주기로 분화활동을 계속하고 있는 화산의 하나가 필리핀의 마옹화산이며 과거 300년간에 걸쳐 약 8년마다 반복을 계속하고 있다. 그러나 일본의 화산에서는 이와 같은 예는 없지만 수십 년에서 수백 년마다 반복되는 화산이 많다. 전자는 사쿠라지마, 후자는 운젠후겐다케를 들 수 있다. 화산활동이 다발하는 지역에는 해저드지도가 작성되는 것이 보통이고, 여기에 분화 직전에 땅속 마그마 통로를 따라 마그마가 상승할 때 일어나는 화산성 미소지진의 해석을 더하여 화산분화 예측을 하고 있다.

1992년의 필리핀 피나츠보 화산분화 재해 시에 성공한 사례가 있으며, 이와 같은 해석방법은 그 후 파푸아 뉴기니의 라바울에서도 성공하였고 분화 직전 예측에 상당히 정밀한 수준으로 접근하였다. 2000년 3월의 우수산 분화의 예지 성공은 과거에 분화 직전 화산성지진이 발생하였다는 것을 이용한 성과이다. 여전히 미야게지마의 오야마 화산의 분화 이후에도 대량의 유독가스 용출이 계속되고 있는 것처럼 일본의 화산은 활발히 활동하고 있지만, 홋카이도의 오타루마에야마, 코마가다케, 이와테 현의 이와테 산, 후쿠시마 현의 반다이산, 나가노 현의 아사마산, 가고시마 현의 카이몬다케 등 분화의 전조가 나타나고 있다. 또한 소분화가 발생한 화산은 적지 않고 전국적으로 요주의상태가 계속되고 있으며, 더구나 현재 일본에는 108개의 활화산(기상청의 정의로는 현재 활동 중 또는 과거 10,000년간에 분화한 증거가 있는 화산)이 존재하고 있다.

10 도시재해

도시재해는 인구의 절대수와 인구밀도에 따라 피해의 크기가 결정된다. 따라서 사전대책의 유무가 피해상황을 좌우한다. 예를 들면 최악의 경우가 한신·아와지 대지진이었고 불의의 습격에 의한 경우이다. 피해규모의 변화는 발생 시간대, 요일 등의 외부조건, 즉 인간이 지배할 수 없는 조건으로 결정된다. 한신·아와지 대지진 이후 각 지자체에서 지진방재에 몰두하여 왔고, 이것은 지자체의 지진대책에 대한 상당한 개선으로 작용하였다. 따라서 일본은 지진 규모의 크기, 진원과 도시와의 거리, 인구규모에 따라 인적 피해가 결정되는 현재의 상황에는 당분간 변함이 없을 것으로 생각된다.

03

방재정보

1 재해감소에 기여하는 정보처리

도시 지진재해로 대혼란이 일어나고 있는 동안의 기본과제는 다음의 6개 항목이다. ① 인명구조 ② 소화, 광역연소 저지 ③ 대피 ④ 재해의료의 실시 ⑤ 물류망의 확보 ⑥ 2차 재해의 방지이다. 대규모 지진재해에서는 일차적으로 인명구조의 역할은 이웃주민들이다. 다만, 주민들은 자신의 주변 피해상황 외에는 판단할 수 없는 한계가 있다는 것을 충분히 이해하여야 한다. 그 외의 공적인 섹터(sector)에 대한 인명구조 활동과 상술한 기본과제를 원활하게 대처하기 위해서는, 정보에 관한 개괄적인 파악, 수집, 해석, 공유 등에 대한 신속한 대응이 있어야 한다.

이것은 지진재해뿐만 아니라 홍수나 토사재해에도 적용된다. 예를 들어 1998년과 99년에 일본전역에서 다발한 홍수범람 재해 시에, 많은 지자체에서는 피난권고의 발령이 늦어지거나 또는 발령을 내리지 못하였다. 이것은 정확한 사전정보와 그것을 판단할 수 있는 방재관계자가 없었다는 사실이 큰 원인이었다. 하카타의 지하상가 침수나 신주쿠의 지하공간 수몰로 희생자가 발생하였지만, 그 후에야 이 분야의 방재필요성이 행정기관에 겨우 인식이 됐다는 것이 현실이다. 또한 홍수·토사재해의 경우 고령자의 주거에서 이재민이 급증하는 사례가 있고, 이 사실 역시 사전정보의 중요성을 분명히 암시하고 있다.

재해에 대한 응급대응이 잘 되기 위한 조건은

① 준비시간이 있다.

② 예산이 있다.

③ 법률이나 조례로써 문서화되어 있다.

④ 임무·역할분담이 확실하다.

⑤ 인원과 지휘자가 있다.

의 5개 항목이다. 이들 중 어느 하나라도 균형을 잃으면 위기관리를 수행하기 어렵게 될 것이고, 이에 대한 유연한 대응이야말로 위기관리라고 할 수 있다. 준비시간을 단축하기 위해서는, 훈련과 일의 흐름을 재검토하고 낭비를 줄이는 노력이 필요하다. 예산에 관해서는, 한신·아와지 대지진 재해 시에 지출된 비목과 경비를 해당 각 지자체가 명확히 파악하는 것이 우선 필요하다. 문서화되어 있는지에 대한 여부는, 그것이 문제가 된 것인지 또는 문제라고 생각하고 있다는 것인지에 따른다. 이후 나타날 수 있는 재난 시나리오, 이를테면 하천의 홍수·내수, 고조, 쓰나미(해일)에 의한 시가지 범람과 지하공간 수몰 등에 대해 사전 예방대책을 명문화하는 것이 중요할 것이다.

또한 정보 및 자료에서 본 지진재해 후 3개의 과제는

(1) 지진재해 직후 이에 대한 정보의 부족으로 유발되는 폐해

(2) 이재민이 필요로 하는 정보의 결여

(3) 재해 전에 시행해야 할 홍보·계몽활동의 부족

이다.

표 2-2 이재민이 필요로 하는 정보의 경역

구분	피해대상	생활정보	구조·구출	구호	복구(인프라)	복구(라이프라인)
지진재해 후 1~3일	• 지진의 규모, 발생장소 • 향후 여진의 예측 • 피해상황 • 재해정보 • 자신의 안전상태의 유무 • 위험지구의 정보	• 피난처, 안전장소의정보 • 자택의 상황 • 피해자 측에서의 정보 • 발신수단이 없음	• 가족, 지인의 안부 • 구조물자, 자재의 정보 • 부상자에 대한 구급병원정보 • 의료품에 관한 정보	• 식료품, 생활물 자의 상황 • 식수 및 긴급 생 활용수 보급장소 및 보급시간	• 피해상황 • 복구의 예상시기	• 피해상황 • 복구시기
					• 피해복구 정보	• 피해복구 정보
재해 후 3~7일		• 목욕서설정보 • 보험 • 사신의 처리 • 주택정보 • 임사사힘의 정보 • 영엽점포의 정보 • 은행, 금융기관의 정보 • 피해쓰레기 처리 • 애완동물 처리 • 직장, 학교의 정보	• 병원의 진료상황	• 구호활동의 내용, 장소 • 이후 구호활동 의 예상	• 교통규제 상황 • 교통체증 상황 • 피해복구 정보	• 피해복구 정보
재해 후 7일 이후		• 주업정보 • 중앙정부, 지자체의 향후대응			• 피해복구 정보	• 피해복구 정보
잠재적 요구사항	• 쓰나미 발생 유무 • 토사발생 및 피해에 위험성				• 댐, 발전소, 위험물 저장 소 등의 위험성 정보 • 제방 붕괴 여부의 정보	• 가스 저장소의 손상 유무 • 석유저장탱크의 손상 유무

우선 (1)의 원인으로

① 행정의 대응지연

② 재해규모의 늦장파악

③ 이재민의 초기행동의 혼란

④ 이재민에게 필요한 다양한 정보의 부족함에 따른 폐해

⑤ 구조·구출활동의 지연_(전화 회선의 폭주 등)

⑥ 교통정체의 발생

이다.

다음으로 (2)의 이재민이 필요로 하는 정보는 [표 2-2]와 같이 피해상황 직후부터 시간과 동시에 변하였다. 행정·언론 등으로 인한 정보수집·발신기능이 충분하지 못했기 때문에 이재민 정보요망의 변화에 따라갈 수가 없었다. 이들 정보부족 상황은 입소문, 홍보지, 회람판, PC통신 등으로 어느 정도 해소가 되었지만, 한 예로 가설주택이 선착순으로 결정된다는 헛소문 때문에 이른 아침부터 이재민들이 줄을 서는 상황이 발생되기도 하였다. 그리고 집이 전파된 이재민들은 지진재해 후 4일 이내에 집을 어떻게 할 것인지의 의사가 거의 결정되지만, 그전 시점에서는 행정에서 주택정보는 물론이고 가설주택에 대해서도 전혀 정보가 이재민 측에 전달되지 않았다.

더욱이 (3)에 관해서는, 만약 사전에 홍보·계몽활동 등이 있었다면 문제점을 해결할 수 있는 항목은 많았을 것으로 판단된다. 1998년과 99년에는 각지에서 수해가 발생하였고, 특히 도시에 살고 있는 시민들 중에서 수해방재활동은 각각의 도, 도, 부, 현*의 일이라고 착각하고 있는 사람이 압도적으로 많았다. 또한 지자체 전체에 걸쳐 지진방재에 지나치게 열의를 쏟기 때문에, 풍수해 대책에 대한 대비가 불충분하게 되는 경우가 많으며 이에 대한 피해가 확대되고 있다고 볼 수 있다.

* 도, 도, 부, 현은 우리나라의 시, 도, 군에 해당한다.

2　도시범람재해의 정보과제

　　일본에서는 어디서 제방이 무너질 것이라는 예측부분에 대해, 일부 하천에서 광섬유 센서를 이용해 실시간으로 정보를 취득하려는 노력이 최근 시작되었다. 실지상황에서는 한밤중에 제방이 무너져 범람이 시작되면, 시간이 꽤 경과하지 않으면 무너진 제방이 어디인지를 알 수가 없다. 중소하천에서는 수위의 상승이 너무나 빠르기 때문에 피난권고의 발령순서를 다시 검토하는 움직임이 있지만, 그 방법도 아직 결정되어 있지 않은 실정이다. 또한 호우 때에 지자체로 보내오는 주민들의 여러 가지 정보의 활용방법도 결정되어 있지 않다. 주민들이 보내준 '강이 넘치려고 한다'라는 사전정보의 진위를 확인하려고 발령이 늦어진 예나, 호우의 소음으로 정보전달 차량의 스피커 소리를 듣지 못하는 등 많은 문제점들이 나타나고 있다.

　　태풍의 내습 때에도 이와 같은 문제점이 나타날 수 있다. 언제 피난권고를 발령하면 좋을 것인지, 고조범람이 어디서 발생하고 있는 것인지, 폭풍우 때에 그런 정보를 주민들에게 전달하는 수단이 있는지 등이다. 예를 들면 1998년의 태풍18호가 내습한 우베시의 야마구치대학부속병원은 근처의 하천이 고조로 넘쳐서 지하는 물론 1층도 침수피해를 입었고, 지역의료 기간병원으로서의 기능이 장기간 정지되는 사태가 발생하기도 하였다. 다행히 진료 개시 전 오전 8시 전쯤부터 침수가 시작되었기 때문에 인적 피해의 발생만은 피할 수 있었다. 이 피해가 일어나기 전까지 이 병원은 시가지 범람에 대한 대응책을 강구하지 않고 있었는데, 바로 정보가 부족한 상태인 것이다.

　　그러면서도 정보를 제공하는 측만의 문제가 아니라는 점에서, 정보의 충실도에 어려움을 겪을 수 있다. 1998년의 아부쿠마 하천 범람재해 후 주민 앙케이트 조사에서는, 주민들의 47%가 피난 6시간 이상 전, 36%가 3시간 이상 전에 피난권고 발령을 희망하고 있었다. 그러나 이 합계 83%의 주민들은 대부분 피해를 당하였기 때문에 그렇게 주장할 수 있는 것이고, 피해 전 폭우가 심하지 않았을 때에 정말 그렇게 행동을 하는가에 대해서는 의문의 여지가 있다. 일본에서는 극히 이전부터 피난권고에 따르는 주민수가 대상지역 주민수의 10%를 밑도는 것이 보통이었다. 아이치 현에서도 2000년 도카이 호우 재해 당시에 약 58만 명의 주민들에게 피난권고를 했지만, 실제로 피난했던 사람은 약 10%인 6만여 명 정도였다.

3 정보의 개선책

정보에 대한 과제를 조금이라도 개선하고 보다 나은 목표를 위해 개선책을 제안하면 다음과 같다.

⑴ 데이터 수집체제의 정비 :

데이터 수집체계의 2중, 3중화가 필요하다. ① 편의점이나 주유소 등을 정보수집 장소에 추가한다. ② 지자체 직원이나 퇴직 토목기술자를 정보수집원으로 임명해서 지역 주민들에게 2차적인 정보를 제공한다. ③ 휴대전화 동영상 등 여러 형태의 동영상 정보제공을 한다.

⑵ 피해 예측시스템의 정비 :

초기 피해파악이 신속히 이루어지면 이에 따르는 물류지원이 신속하고 원활하게 이루어질 수 있고, 또한 방재지리 정보시스템이 유용하게 활용되어질 수 있다. 다만, 이것은 관공서에서 일상 업무에 활용하지 않으면 경제적인 유지관리를 할 수 없고, 평상시 익숙해지지 않으면 중요할 때 소용이 없다는 것을 한신·아와지 대지진의 경우에서 큰 교훈을 얻은 바 있다. 더구나 자위대(군대)는 독자적으로 피해상황에 대한 판단을 실시할 수 없기 때문에, 지자체는 파견요청을 염두에 두고 사전에 그와 관련한 정보를 제공하는 것이 필요하다.

⑶ 데이터 발신방법의 다중화와 각 미디어의 역할분담 :

이재민에게는 텔레비전이나 신문 등 각 미디어의 특징을 살린 데이터 발신의 정비와 역할분담을 통하여, 피해보도에서 방재보도로의 질적 전환을 시급히 실현해야 한다.

⑷ 정보시스템의 네트워크화 :

분산형·네트워크형의 시스템을 구축하고 관계기관이 공유하는 정보네트워크 시스템을 구축하고, 또한 센터기능을 원격지의 서브센터로서 지원하는 체제가 필요하다.

⑸ 재해정보의 공유화 :

행정, 라이프라인기업, 연구기관, 피해주민들 간에 같은 정보를 공유하는 것은 재해대응의 기본이다.

⑹ 광역방재협력체제의 강화 :

이웃 지자체 간만 아니라 원격지의 지자체와의 협조는 광역재해에서는 효과적으로 작용한다.

⑺ 이재민 정보의 일괄 입력과 관리 :

재난지역에서 실시간으로 이재민 정보를 컴퓨터에 입력하는 것은, 장래의 재해대응을 용이하게 하고 자원봉사 활동에 도움이 된다.

⑻ 방재에 관련된 지식의 보급 :

이것은 앞으로 특히 중요한 항목이고 다음의 내용으로 구성되고 있다. ① 학교교육의 장소를 활용한 방재교육의 실시 ② 재해위험구역, 상습구역의 명시 ③ 피난장소의 명시와 유도 ④ 주민들의 피난 시 행동 매뉴얼의 작성, 배부, 설명 등의 리스크 커뮤니케이션

⑼ 매스미디어(mass media)에 대한 크라이시스 커뮤니케이션에 의한 대응 :

이것은 재해 후 모든 과제에 대해 생각해야 하는 점이다. 특히 매스미디어에 대한 창구의 단일화는 꼭 필요하고, 동시에 재해대책본부나 재난지에서 자유로운 취재제한 또는 금지조치가 요망되고, 필요하다면 이에 대한 정보를 제공하는 시설 등을 개선할 필요가 있다.

4 지자체의 방재체제와 정보

다음과 같은 과제가 있다.

⑴ 정보의 수집 및 주민들에게 전달

    (i) 지역담당자의 자연재해에 대한 이해 : 자연재해에 대한 일반지식의 습득과 지역특성에 맞는 방재대책 상황에 대한 이해, 과거 재해이력의 파악·검증과 조직으로서의 노하우의 보존, 지방공공단체 간의 정보교류도 포함이 된다.

    (ii) 주민들에 대한 계몽 : 해저드 지도 만들기 참여와 그 이용의 필요성, 미디어의 적극적 활용, 강습회·설명회의 개최, 인터넷 홈페이지의 활용 등이 있다.

    (iii) 재해정보의 입수 수단의 충실·강화 : 지역 실정에 맞는 자세한 정보의 입수와 입수 과정의 다양화, 통신시스템의 다중화가 있다.

    (iv) 주민들에게 전달하는 수단의 정비·다양화 : 방재무선(특히 각 세대별 수신기) 등의 정비, 미디어(지역 방송, 케이블TV, 커뮤니티-FM, 라디오 등)와 연계하여 쉽게 이해할 수 있는 관련 문서

의 작성이 포함된다.

⑵ 방재기관의 체제정비

(i) 재해대책본부의 설치기준, 직원의 동원, 배치기준의 정비·명확화 : 재해대책본부의 설치기준의 명확화, 지역장 등 의사결정자 부재 시 업무 대리의 순위·절차의 명확화, 행정건물이 피해를 당한 경우에 대체시설 확보, 교통이 두절되어 대책회의 등에 참석이 불가능할 때의 대응방안의 명확화

(ii) 관계 직원 동원 시 전달수단의 정비

(iii) 방재기관 상호의 연락체계의 정비

(iv) 초등활동 역할분담의 명확화 가 있다.

⑶ 피해의 미연방지·확대방지

(i) 취약지구 경계순찰체계의 정비

(ii) 재난 발생 시 대피체계의 정비

가 포함된다.

⑷ 피해가 발생한 경우의 대책

(i) 필요한 기자재의 확보

(ii) 인접 지방공공단체 간의 지원체계의 정비

(iii) 의료 구호체계의 점검 및 정비

가있다.

⑸ 방재훈련

이전 방재훈련의 미숙함으로부터 얻은 교훈에 의거하여 개선책을 마련한다.

04
도시지진재해와 위기관리

1 지진재해에 대한 위기관리의 기본구조

재해 시의 위기관리는 재해 전의 리스크 매니지먼트와 재해 후의 크라이시스 매니지먼트로 구성된다.

〈그림 2-1〉은 위기관리가 나선형 구조(종래는 원형 구조였다)를 나타내고 있는 그림이다. 즉 한신·아와지 대지진재해의 경험에 입각하여 미국 연방재난관리청(FEMA)의 것을 수정한 것이고, 피해억제(Physical Mitigation, 물리적 감재 : 하드웨어로서의 방재구조물의 건설 등), 재해경감(Preparedness, 사전준비 : 넓은 의미의 소프트웨어로서의 재해정보의 충실, 휴먼웨어와 커맨드웨어를 포함), 대응(Response : 인명구조·구호 등) 및 복구·부흥(Recovery : 건축물·구조물의 재건, 내진보강 등)과 사회적 미티게이션(Social Mitigation : 도시환경의 회복과 주민의 인생, 생활, 커뮤니티의 재건)으로 나타낸다. 이에 대한 각각의 내용은 이후에 설명한다.

사회의 방재력 상승이란 것은 이와 같이 원형 구조가 아니라, 시간이 경과함에 따라 나선형으로 발전해 나가는 것으로 나타난다. 만약 완전히 닫힌 원형 구조라면 그것은 일본의 기본형 복구, 스프링과 같은 나선형이라면 재해대책기본법의 개량형 복구에 해당한다. 아쉽지만 이는 일반법이기 때문에 그 효력은 이전의 특별법에 비해서 매우 낮게 나타난다.

그림 2-1 　응급대응 매니지먼트의 나선형 구조

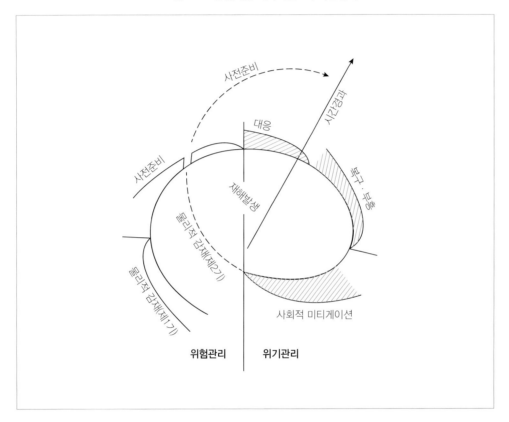

〈그림 2-2〉 (a) 및 (b)는 리스크 매니지먼트의 개념도이다. (b)에 나타낸 것처럼 가로축이 재해의 규모(Disaster Scale)를 세로축이 재해의 빈도(Frequency of Disaster Occurrence)라면, 이에 대한 관계는 경험적으로 우측 하향의 곡선에 가깝게 된다는 것을 알 수 있다. 가로축의 중간부에는 계획외력(Design Force)이 존재한다.

☂ **그림 2-2(a) 리스크 매니지먼트의 개념도**

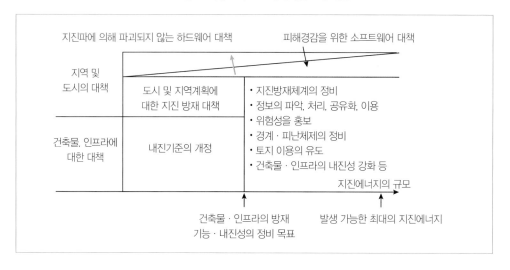

☂ **그림 2-2(b) 자연재해의 리스크 매니지먼트의 개념도**

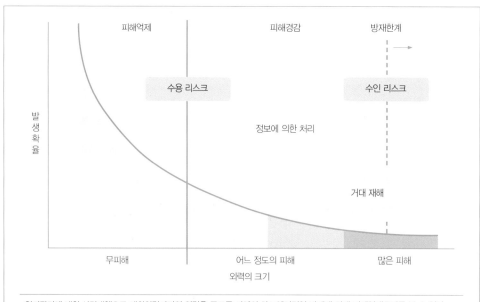

• 위기관리에 대한 사전대책으로 계획외력까지의 외력은 구조물 자체의 하드웨어적인 방재에 의해 피해억제효과를 볼 수 있다. 그러나 이것을 넘어서는 것 들에 대해서는, 정보 주체의 소프트웨어적인 방재에 의해 피해경감을 실현할 수 있다.
• 수용리스크란 전자가 기능을 발휘하지 못할 때 예상되는 물적 피해이며, 수인 리스크란 인적 피해가 상상을 초월하는 피해이다.

이것은 각각 예를 들면 기본 고수위유량, 계획고조, 계획해일, 설계지진동 등이 해당되고, 즉 재해대책에 있어서 예상되는 유인(직접적인 원인)의 크기이다. 이것을 넘는 규모는 초과 재해라고 부르며, 저빈도에서 극저빈도 재해로 이어져 오른쪽 끝 부근에 거대재해(Catastrophic Disaster)로 나타난다. (a)의 상부는『피해억제』와『피해경감』의 사업이 차지하는 비율을 나타내고 있으며,『피해억제』에서는 건축물·구조물의 내진기준의 개정이 중심으로 될 것이다. 예를 들어 한신·아와지 대지진 후에 토목학회가 제안한 2단계 설계방식은 여기에 해당된다. 한편 지역·도시에 대한 대책으로는 고베시가 제안하고 있는 다각분산형의 도시구조 등이 적용될 것이다. 다만, 복구사업에서는 각각 건축물의 불연화가 우선적으로 계획돼야 할 것이고, 또한 목조 주택가의 형성을 허가하고 이런 밀집지역을 광폭도로로 지킨다고 하는 발상은 이제 통용되지 않는다. 계획외력을 넘는 경우, 기본적으로 재해대책은『사전준비』, 즉 피해경감대책에 해당된다. 이들은

① 방재체제의 준비

② 정보의 파악, 처리, 공유, 발신

③ 방재관계기관의 조정과 상호 원조

④ 경계, 피난대책의 정비

⑤ 토지이용규제

⑥ 기존구조물의 내재(震)성 강화

등으로 구성된다.

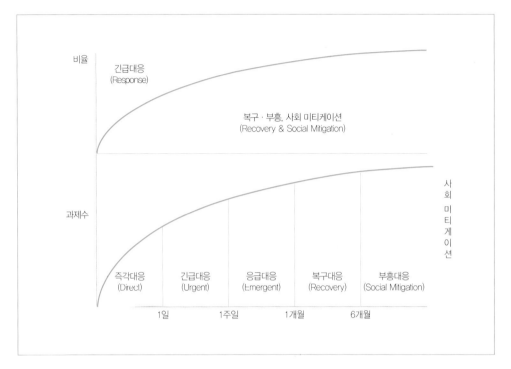

그림 2-3 크라이시스 매니지먼트의 개념도

재해로 인한 인적 피해의 경감으로는 내진부적격의 건축물·구조물의 보강이 필요하다. 그러나 한신·아와지 대지진에서 경험한 바와 같이 개인재산으로서의 건축물의 경우, 위험성을 알고 있어도 경비부담의 문제에서 대부분 사전에 보강하지 않는 것이 실정이다. 지진과 같이 각각의 건축물·구조물에 외력이 직접 작용하는 경우, 극저빈도를 초과하는 지진력에 대해『피해억제』로서 대응을 할 수 없는 것이 명백하다. 더구나 지역이나 도시의 사회구조가 고도화하면 할수록『피해경감』의 비율이 커지고, 백색(행정의 도시계획으로 사전에 이용계획이 표시되어 있음)과 흑색(그렇지 않은 곳)으로 표시한 면적 중에 백색의 비율이 커질 것이다.

〈그림 2-3〉은 크라이시스 매니지먼트의 개념도이다. 가로축은 재해 발생부터의 시간경과를, 세로축은 재해정보량을 나타낸다. 시간적 경과에서는 다음 5단계의 스테이지로 구분된다.

스테이지·제로 – 즉시대응(Direct Response : 재해 발생 후 1일 이내, 인명 구조 중심)

스테이지·1   – 긴급대응(Urgent Response : 2일부터 1주간, 구호와 지원 중심)

스테이지·2   – 응급대응(Emergent Response : 1개월 이내, 응급피해복구, 가설주택의 건설 등)

스테이지·3   – 복구대응(Recovery : 6개월 이내, PTSD(심적 외상후 스트레스장애)에 대한 케어의 개시, 피해 쓰레기 철거, 복구계획의 수립)

스테이지·4   – 부흥대응(Social Mitigation : 6개월 이후, 생활, 주택, 마을 재건, 재해문화의 육성, 도시환경 회복)

한편 앞에서 언급한 리스크 매니지먼트는 다음과 같이 설정할 수 있다.

스테이지·마이너스 1 ……사전대응(피해억제와 피해경감)

2 위기관리의 시간대별 전개

지자체가 취해야 할 위기관리의 내용을 시간대별로 본다면 〈그림 2-4〉는 그와 관련된 내용을 나타낸 것이다. 다만, 주의하여야 할 사항은, 시간대별로 내용이 명확하게 구분될 수는 없다는 것이다. 결국은 〈그림 2-3〉의 상부에 나타난 것처럼 어디까지나 정보량의 상대적인 비율을 표시한 것이다.

1. 사전대응 (스테이지·마이너스 1)

이 단계에서는 미미한 지역방재계획이 존재할 뿐이다. 그 예외로는, 이런 대지진 재해 이후에 나타난 새로운 내진기준에 따라 건축물이나 인프라스트럭처(infrastructure), 그리고 일부 피해억제와 관련된 대체시설이 건설되었다. 또한 방재지리 정보시스템(GIS)의 채용이나 봉사활동의 훈련·등록이 수행되어야 한다(피해경감). 이 스테이지에서는 방재의 기능이 지자체의 일상 업무 중에 어떻게 반영되고 있는가를 파악하는 것이 문제이다. 왜냐하면 평상시부터 익숙하지 않은 것은 비상시에는 소용이 없다는 것과, 평상시 관리경비의 부담을 복수의 부서에서 나누어야 한다는 것이 필요하기 때문이다.

그림 2-4 도시지진재해에 대한 위기관리의 시간적 변화

시간경과	stage	대상항목	개인의 역할
재해발생	−1 (사전대응)	• 피해억제(하드웨어 중심) • 피해경감(소프트웨어 중심)	건물의 보강
	0 (즉각대응)	• 생명의 안전 확보 • 시사제 직원의 긴급소집 • 재해의료 • 2차 재해의 방지(소화 등) • 개괄적 재해정보의 수집·해석·대응	비축식량, 물의 사용
1일 3일	1 (긴급대응)	• 피난처의 개설·고기능화 • 간선도로의 확보와 유입물량의 제어 • 정보 네트워크 확보 • 물류 시스템의 확보 및 운영 • 재해의료의 계속과 응급의료의 개시	3일 동안
1주간	2 (응급대응)	• 가설주택의 건설과 입주 • 복구계획의 책정, 사회기반시설 • 라이프라인의 복구 진행상황의 공유화 • 물류수송의 안정적 지속 • 생활지원과 프런티어, NPO의 활동	봉사활동 개시·희망단체 접수
1개월	3 (복구대응)	• 심적 외상 후 스트레스 장애자의 케어 시작 • 재해지 쓰레기 철거 • 도시 부흥 계획 • 지역 부흥 조직의 결성	
6개월	4 (부흥대응)	• 교훈의 정리, 재해문화의 형성 • 도시환경의 회복·창조 • 생활재건, 지역 커뮤니티 결성 • 도시기능의 회복·강화	도시·마을 만들기에 참여

한편 이웃 지자체 간의 상호 원조협정 체결이나 재해 발생 시의 소방구조대, 경찰, 지자체의 각각 분담과 조정도 필요하다(중요한 것은 평상시부터 원활한 소통이 이루어지는 관계가 필요하다). 여기에서는 서로가 경쟁상대가 되어서는 안 되며, 업무상 상호 분담이 되어 있어야 한다. 예를 들면 지원하는 군부대는 자기완결형의 행동을 할 수 있기 때문에, 출동의 신속함보다 군부대만이 할 수 있는 중장비 등을 동원해 도로 복구나 교량시설, 파손, 붕괴된 구조물의 긴급철거 등에 집중해서, 그 특색을 최대한 발휘하여야 할 것이다. 또한 긴급 시의 헬리콥터활용이 지원되지만, 시가지에서의 헬리콥터확보나 공통 무선주파수의 결정, 긴급 시의 허가지역을 벗어나는 비행허가, 연료보급방법의 확보방안 등이 수립되어야 한다.

2. 즉시대응 (스테이지·제로)

이 단계에서 수행되어야 할 사항은 대부분 시간과의 승부다.

(1) 인명의 안전 확보

생존 이재민 상호 간의 구조, 탈출, 응급치료 등을 위해 재해 때에 한해서 활동하는 자주방재조직은 만들어도 거의 소용이 없다. 왜냐하면 전술한 바와 같이 일상적으로 활동하지 않는 조직은 대부분 형식적인 조직에 불과하기 때문이다. 이러한 점을 개선하기 위해 방재 외의 구재활동조직으로서도 확대, 운영되는 조직이어야 할 것이다. 향후 재해 등에 강한 지역을 만들기 위해서는, 주요 구조물의 보강과 유사시에 구조물, 시설물이 파괴되더라도 인명손상을 최소화할 수 있는 사전대처가 필요하다. 여기서 무엇보다 중요한 것은 지역 내 평소 재해에 취약한 부분을 방치하지 말아야 한다. 한신지구(한신·아와지 대지진)에서 복구사업이 느리게 진행되었던 가장 큰 문제점은, 재해 전에 존재하고 있었던 사회적 약자와 관련된 재해 예방 차원의 배려가 부실하였기 때문이라고 본다.

이것은 기타 지자체에서도 사정은 대동소이하며, 더구나 고령화시대로 돌입해서 의료나 사회복지 등의 문제해결이 원활하지 못한 것에 기인한다. 이로 인해 큰 지진의 피해로 여러 문제가 단번에 나타나게 된 것이다. 이것은 해당 지자체만의 책임만으로 볼 수 없고, 이러한 필요경비를 어디서 누가 부담할 것인가에 대한 국민적 합의형성이 시급히 필요할 것으로 본다. 홋카이도 난세오키 지진으로 주택이 전파한 각 세대에는 1천만 엔이 넘는 보조금과 의연금이 지원된 반면, 한신·아와지 대지진 때에는 그 30분의 1 이하였다. 이 것은 사회적 측면에서 보면 공평하다고는 말할 수 없을 것이다. 따라서 평소 미리 재해기 금 같은 공적인 보조 및 지원책 마련이 필수적이다. 현재 재해 이재민에 대한 지원에 있 어서, 소득 수준의 제한은 있지만 최고 100만 엔의 복구지원금이 지급된 것은 비교적 획 기적인 사안으로 보여진다.

재해 발생 시 구조도구의 예를 들면, 엔진커터기나 착암기 등과 같이 사용기술이 필요 한 것은 소방, 경찰의 구조대원들이 사용방법을 숙지하도록 하고, 그 외 구조로프, 잭 등 의 필요장비 등은 주민들이 쓸 수 있도록 소방서나 경찰서, 학교 등에 비치하고, 그 소재 를 주민들에게 주지하는 것이 필요하다. 이를테면 한신·아와지 대지진 때에는 약 18,000 명이 무너진 재해더미 밑에서 구조되었지만, 그중 약 15,000명이 이웃주민들의 도움으로 구출되었다는 사실을 잊지 말아야 할 것이다.

⑵ 지자체 담당직원의 비상소집

사회구조가 빠른 속도로 고도화·복잡화되어 가는 추세이고 거기에 따라 자연재난의 피해형태도 다양화되어 가는 실정이다. 이런 경우 조직적인 대응만으로는 불충분하고, 각 지자체 직원 개개인의 대응능력 향상이 필요하다.

(i) 재해 발생 시 어디서 재해대처 업무를 수행할 것인지를 각자가 상황을 판단하여, 거 리가 먼 행정본국으로 무리하여 출근하기보다 근처에 있는 지국으로 출근하는 등 유연한 대응조직을 만들어가는 행동능력이 필요하다.

(ii) 재난지의 직원은 본 근무지로 출근이 불가능하다고 판단이 되는 경우, 지자체 직원

은 가족뿐만 아니고 이웃 주민들의 케어를 수행할 수 있고 이것도 또 하나의 위기대응으로 볼 수 있으며, 이와 같은 관점의 전환도 필요할 것이다.

(iii) 재해 발생 후 관련 종사자의 근무시간에 대한 감리를 철저히 하여, 과도한 업무로 인한 업무 능률 및 판단력 저하 등을 초래해서는 안되며, 따라서 철야 근무, 과도한 업무 수행은 미담이 아니다.

응급·복구사업이 장기화될 경우에는, 관련 직원의 출퇴근을 현장상황에 맞게 조절하고 상황에 따라 다른 지자체 직원의 지원요청도 필요할 것이다. 이에 수반되는 초과 근무 수당이나 관리에 따른 경제적 지원도 중요 검토사항이다.

(iv) 행정당국은 재해상황 발생 시의 업무에 대하여 할 수 있는 것과 할 수 없는 것을 명확히 구분하고, 이에 대해 관계자와 당국은 충분히 인식하고 있어야 한다. 대부분의 경우 일반인들은 재해가 일어나면 모든 것을 행정이 해야 한다는 오해가 발생하기도 하지만 때로는 현지상황을 충분히 고려하여, 업무구분을 제한하지 않고 능동적으로 사태의 해결 능력을 발휘함도 필요하다. 즉, 상황에 따라 인적, 시간적으로 판단하여 불가능에 가까운 것도 해결하여야 하는 경우도 포함된다. 재해의료의 측면에서 생존의 가능성이 있는 환자만을 치료하는 트리아지(Triage: 부상자 분류)의 사고방식과 같이, 행정이 할 수 있는 것을 미리 명시하여 두는 것도 중요할 것이다.

⑶ 재해의료 : 트리아지, 응급조치, 후송

지진재해 발생 후 주민들의 손으로 또는 구급차로 의료기관에 부상자가 이송된다. 부상자와 그 가족들은 병원으로 이송시에 무엇인가의 치료행위를 받을 수 있다는 기대감을 가지고 있다. 따라서 긴급한 재해 상황에 대응하기 위해서는 예를 들면, 내과나 뇌신경과 같은 전문병원이라도 부상자의 일시적인 응급치료를 할 수 있는 의약품 등의 상시 비축이 필요하다. 또한 이러한 지진재해 상황에서는 의료에 있어서 물의 중요성이 대두되기 때문에, 재해 상황을 대비한 내진 저수조의 설치나 관정의 평상시 이용 등을 적극적으로 활용해야 한다. 한편 병원에 이송된 부상자수의 파악이나 비축약품 리스트는 컴퓨터 네트워크를 활용(경우에 따라 의료 개인정보 보호시스템을 구축), 타 의료기관과 공유하는 것도 중요하다.

⑷ 2차적 재해의 방지 : 발화·연소방지, 침수·쓰나미경계, 토사재해경계

해안가에 인접한 도시 또는 어촌에서는 소규모 쓰나미를 동반한 지진이라도, 그로 인해 방조제시설에 고장이 발생, 부분적으로 파괴되면 거기에서 범람수가 진입한다. 이러한 지진재해로서, 요도강 하구 제방의 액상화에 의한 침하·제방 붕괴나 오사카만 연안의 여러 곳에서 방조시설이 피해를 입었다. 도카이 지진이나 난카이 지진에서는, 진원위치에 따라 쓰나미로 인한 피해가 클 경우가 있을 수 있다. 소화활동으로는 우선 화재 진화용 물의 확보가 우선이며, 현재 일본 각지에서 다자연형 하천공법이 적용되어 환경과 생태계를 배려하고 자연과 공생할 수 있는 하천 만들기가 진행되고 있다. 이것만으로는 부족하다는 것이 큰 재해를 통하여 실감하게 되었고, 특히 도시하천에 대한 다기능화가 요구되었다. 미국의 샌프란시스코나 캐나다의 밴쿠버처럼 상수도와 공용으로 사용하지 않는 소방용수라면, 소화용수로서 하천수를 쓸 수 있도록 제외지(제방과 제방 사이에 흐르는 공간)를 개보수하는 것도 필요할 것이다.

⑸ 개괄적인 재해정보의 수집, 해석, 대응 : 안부정보, 복합재해정보

현재 방재정보시스템의 일환으로 GIS의 도입이 각 도, 도, 부, 현을 비롯한 많은 도시에서 계획되어 일부는 이미 실현되고 있다. 또한 인공위성을 이용한 통신시스템의 적용이 추진되고 있다. 여기에서 주의해야 할 것은, 기업의 차원에서 제공되고 있는 이 시스템들은 아직 개량의 여지가 필요하고 앞으로의 개발에도 크게 기대하고 있다는 점이다. 1994년의 노스릿지 지진 재해 시에는 어느 GIS도 제 기능을 발휘하지 못하였다. 지자체는 아직도 개발 도중에 있는 시스템을 발주하는 리스크를 감안하여 사용지침서를 작성해야 한다. 불명확한 내용이 있으면 관련 전문가들을 포함한 위원회를 통해 검토를 거치는 신중함이 필요하다.

방재 GIS 활용에 따른 이후의 과제는 다음의 6개 항목으로 정리할 수 있다.

① 재난 발생 시, 광역피해 상황의 조기파악시스템의 개발

② 긴급대응, 복구 때의 정보 활용방법과 공유화의 개발

③ 국가, 지자체의 기본 상황도 작성에 대한 표준수단의 실현

④ 지자체, 라이프라인기업, 병원, 재해연구기관 간의 데이터베이스의 호환성 확보

⑤ 방재정보시스템에 대한 저작권이 차지하는 위치와 프라이버시의 확보

⑥ 일상 업무에서의 활용과 시스템의 유지 관리·서비스 방안

3. 긴급대응 (스테이지·1)

이 단계에서는 처리하여야 할 과제가 대폭 증가하기 때문에 대응거점의 정비가 필요하게 된다.

⑴ 피난처의 개설·고기능화

피난처는 단지 이재민만을 수용하는 곳이 아니므로, 여기에서 그들이 필요한 최소한의 정보, 예를 들어 안부정보나 구호활동상황 등을 실시간으로 제공해야 한다. 또 이재민을 가족단위로 등록하여, 당시 식량이나 물 이외에 무엇을, 어떤 종류의 지원이 필요한지를 즉시 알 수 있는 시스템이 설치되어야 할 것이다. 노스릿지 지진 때에 설치된 DAC(Disaster Application Center)와 같은 기능을 가진 기구를 재난지에 설치하면, 이재민은 문제가 생길 때마다 시청, 구청 등의 창구에 줄서거나 상담창구에서 장시간 기다리는 일이 해소될 것이고, 또한 지역마다 어떤 피해가 발생하고 있는지를 파악할 수 있다. 요점은 이재민들이 피난처를 옮겨 다니면서 재난지를 이동해야 하는 일이 없도록 하는 구조가 중요하다.

⑵ 간선도로의 확보와 유입 교통량의 제어

화재의 발생을 생각할 때 도로가 방화대의 역할을 다 하지 못하면 광역연소로 이어지게 된다. 만약 도로 위에 차량에 의한 정체 상황이 발생되면 방재의 역할을 다하지 못한다. 따라서 화재발생 지점으로부터 반경, 이를테면 100m 이내의 지역에서는, 소방자동차나 공적인 구급차 이외의 차량유입은 물론 지역 내의 이동도 금지하는 조치가 필요하다. 만약 통행허가서를 지참한 차량이라 할지라도 현장의 경찰관 등의 판단으로 출입금지 시킬 유연함이 필요할 것이다. 한신·아와지 대지진의 경우, 발생 후 이틀간은 다행히 바람이 없는 상태였고 국도2호선 등에서 정체된 차량의 행렬이 화재를 일으키지는 않았다. 그러나 바람이 강한 상태에서는, 정체 중인 차량들은 연료탱크가 연속적인 화재를 유발하는 요소가 되기 때문에 위험할 것이다.

⑶ 정보 네트워크의 확보

전화 등 통신망 복구·정전 상태의 조기해소, PC통신의 활용이나 라디오 등으로, 생활 관련정보를 가능하면 실시간으로 알려줄 필요가 있다. 특히 지자체, 소방, 경찰, 자위대 등 방재관계기관과의 상호 연락 확보와 구호·복구활동의 상황파악·조정은 중요한 사항이다. 연락방법은 일반전화 외에 무선, 휴대전화, 위성통신, PC네트워크, SNS 등의 다양한 수단을 평상시 확보하여야 하며 이에 따른 설비투자도 필요하다. 최근 재해 시에 가족 친지 등과의 안부정보 확인 등은 음성사서함을 이용하는 방법이 이미 개발되어 범용화의 단계이다.

⑷ 로지스틱스(logistics)의 개시

구호물자의 배부, 구호인원의 배치, 재난지역의 순환지원, 정보의 확보와 공유화 등이 포함된다. 실지로 로지스틱스는 많은 내용을 포함하고 있다. 예를 들어 로스앤젤레스 항구의 위기관리 매뉴얼에는, 재해 시에 해야 할 일들에 대해 다음의 4개 항으로 정리되어 있다. 즉 operations(운용), planning(계획), logistics(후방지원), finance(재정)이다. 그리고 후방지원에는 설비, 서비스, 기자재의 공급과 부가적 자원의 획득이라는 4개 항목이 포함된다. 특히 서비스 내용은 FEMA(연방위기관리국)의 매뉴얼을 참조하면 교통, 의료, 식료품, 기록, 정보, 에너지, 피난처 시설의 여러 분야로 나뉘어져 있다.

1947년에 시행된 재해구조법은, 전년에 발생한 난카이 지진해일 재해가 계기로 되어 동년의 가스린 태풍재해와 더불어 기본적으로 수재와 화재로 이미지화 되어 있다. 그 당시는 피해로부터 복구까지 1주일 정도면 충분하였고, 이러한 발령을 위해 대상지역 내의 피해주택 숫자의 비율이 자세하게 결정되어 있었다. 현재와 다르게 당시에는 피해파악을 비교적 용이하게 할 수 있었다는 것을 말해 주고 있다. 1961년에 시행된 재해대책기본법도 대형 사고나 자연재해가 대상이라고 주장하고 있지만, 여기서 기본이 되었던 것은 하천법 등에 종래 포함되어 있던 내용을 일반법의 형태로 정리한 것이고, 이 역시 홍수범람 등의 수해를 주안점인 법체계로 되어 있다. 이와 같이 2개의 대표적인 재해관련법은 명확히 도시 지진재해를 대상으로 하지 않고 있다.

지진재해와 수해와 다른 점은 다음과 같다.

(i) 수해 시에 외력인 홍수나 고조는 전자가 호우, 후자가 태풍으로 인하여 발생하기 때문에 사전에 어느 정도 예측이 가능하다. 그것에 비하여 지진은 불의의 습격으로 나타나기 때문에 사전준비를 할 수 없다는 것이 차이점이다.

(ii) 수해의 외력은 하천이나 해안제방에서 1차 피해로 나타나고, 하천과 손상된 제방을 통하여 거주지에 범람수의 형태로 들어온다. 물론 내수에 의한 재해처럼 큰비가 거주지에 내려 그것으로 인해 침수되는 경우도 있지만, 이것만으로 대량의 인적 피해는 발생하지 않을 것이다. 따라서 워터 프론트(water front)의 방재시설의 보강은 방재·재해를 감소시키는 데에 큰 효과를 발휘한다. 반면 지진 발생 시에는, 진원이나 단층으로부터의 거리에 따라 넓은 지역에 거의 동시에 지진력이 작용한다. 이러한 상황에서 보면 모든 구조물은 내진구조를 가지고 있을 필요가 있다.

피해의 특징은 이 재해과정들의 영향을 크게 받기 때문에 이에 대한 대책이 필요하다. 즉, 지진재해는 돌발적으로 일어나기 때문에 사전대책의 시간적 여유가 전혀 없고, 따라서 지진발생 직후에 어떻게 빨리 사고의 대책에 나서는가가 중요하다.

특히 식료품, 식수, 구조인원 등의 보급이 무엇보다 중요하다. 이러한 지진재해의 경우 보통 식료품, 식수 등은 4일째부터 재난지에 대량으로 보급되는 경향을 나타낸다. 이러한 상황을 고려할 때, 지자체를 비롯한 소방, 경찰은 지진발생 후 3일간은 자기완결형(비상 대비 물품을 활용해서 스스로 해결하는 방법)의 행동을 취하는 것이 바람직하다. 또한 재난지에 관계자들의 대량투입 시, 평상시의 음식과 같은 비상식사 위주가 된다면 대량의 가설화장실 설치가 필요하게 된다. 따라서 비축식량으로서는 우주식과 같은 완전소화형의 것을 준비하는 것도 고려해야 할 것이다. 평소에 각 방재기관은 재난지 투입요원용의 식품으로, 처음 3일간은 조리가 필요 없고 대변이 소량 배출되는 식품을 비축해야 할 것이다. 개인이나 가정에 있어서도 이와 같은 비상 식료품은 최소 3일분을 비축하여 두는 것을 권장한다.

⑸ 재해의료의 지속과 긴급의료의 개시

트리아지(부상자분류)와 같은 재해의료는, 건물 등의 붕괴된 잔해 밑에 깔렸던 부상자에게는 지속적으로 적용된다. 이것과 병행해서 후방에 이송된 중상자에 대한 초기 집중치료와 만성질환자에 대한 지속적인 약제투입도 행해진다. 이것을 원활하게 실시하기 위해서는 지역 의사회를 중심으로 한 체제도 있지만, 인명구조 구급센터를 중심으로 설비된 구급의료체제가 효과를 발휘할 수 있도록 통신망의 확보나 구급의료정보의 일원화가 필요하다.

4. 응급대응 (스테이지·2)

재난지 해당 지자체에 있어서는 구호시간의 경과와 더불어 해결해야 할 많은 문제점이 나타나는 시기이다. 이 경우 지자체에서는 할 수 있는 것과 없는 것을 확실히 구분하여 두는 것이 필요하다. 예산이나 인원 면에서도 할 수 있는 한계가 있고, 이 시기의 무분별한 대처는 복구계획이 혼란으로 몰릴 가능성이 커지게 된다. 여기에 관련하여 다음에 서술한 항목은 이재민의 자율적 행동을 전제로 한 요망사항이다.

(1) 가설주택의 건설과 입주

가설주택 준비에서는 관련 지자체가 구입하는 경우와 렌탈을 이용하는 경우가 있다. 최장 2년은 사용해야 하기 때문에 그동안 태풍이나 호우에 견딜 수 있는 튼튼한 것이 요구된다. 한편 입주방법에 있어서의 문제점은, 지역의 커뮤니티를 단절하게 하는 선발방법이 시행되면 대부분 가설주택 생활에서의 고독감을 강하기 느낄 수 있기 때문에, 심리적 케어의 관점에서 고려되어야 한다. 이런(한신·아와지 대지진) 재해처럼 대부분 독거노인을 우선으로 하는 케어방법은 일단은 적절하다고 생각되지만, 결과적으로는 사회적 약자를 배려한다는 취지가 예상과 달리 피난생활에서 격리시키는 상황을 초래할 수도 있다. 따라서 피해주민의 입주에 대한 균형을 고려하여야 한다.

오히려 지역마다 집단형태의 피난발상이 필요하며, 재해 후의 지역연대나 유대감이 강화되는 계기로 이어질 수도 있고, 이전 거주지역의 재건계획 설명이나 복구정보 공유화의 점에서도 장점이 많을 것이다. 한편 어디까지나 가설주택이기 때문에, 조기에 그곳을 퇴거하여 생활 재건으로 이어지는 프로그램도 요구된다. 예를 들면 저소득층 이재민을 대상으로 시급히 공영주택으로 이주를 진행하는 한편, 그곳으로 이주를 촉진하는 의미로 가설주택 입주자의 집세 일부를 부담하거나 하는 여러 가지 방안도 필요하다. 왜냐하면 이러한 지진재해로 가설주택 한 가구당의 비용이 약 500만 엔으로 총 약 2,300억 엔이 2년 후에 낭비되는 것이, 최적의 선택인지 검토해 볼 필요가 있기 때문이다.

⑵ 복구계획의 책정, 사회기반시설, 라이프라인 복구 진행정보의 공유와(수도, 가스, 철도, 도로, 항만, 공항의 복구 등이 대상이다.)

우선 수도나 가스의 경우, 배관에 있어 주택으로 인입되는 부분에 손상이 많이 나타난다. 따라서 복구를 위한 땅 파기 작업 등은 한 번의 작업으로 끝날 수 있도록 복구 작업의 조정이 필요하다.

철도복구에서는, 평행한 노선이 있는 경우에는 비교적 피해가 적은 구간부터 복구하고, 피해가 큰 구간은 버스 등을 활용하여 연결, 운송하는 방법을 활용하는 것도 검토해 볼 필요가 있다. 이를테면 일본의 JR고베선, 한규고베선, 한신본선 등 여러 노선이 경쟁적으로 복구 작업을 하는 것은, 결과적으로 기계력이나 작업의 집중을 저지하고 개통이 늦어질 것으로 판단되므로, 복구의 우선순위를 정하여 점차적으로 개통함이 필요할 것이다.

도로복구에 있어서, 도로 복구는 원칙적으로 신속히 처리되어야 할 것이다. 그러나 복구 작업을 위해서 일시적으로 통행금지를 해야 할 경우 언제, 어디서, 어떻게 실시하는가의 결정은 관계자 간 신속한 협의를 통하여 결정해야 할 것이고, 도로 관리자의 독단은 지역 전체에 있어서 마이너스의 경우가 일어날 수 있다. 이와 같이 위기관리에서는 의사결정의 과정이 아주 중요하다.

항만복구에 있어서, 접안시설의 구조는 물론 내진성을 높여야 하지만 기본적으로 중량 시설이 지진의 피해를 받기 쉬운 것임을 볼 때, 말뚝구조의 부두나 소규모의 부유식 부두를 병용하는 등 방법의 다양화가 필요할 것이다. 또한 구호용 물자 등의 집적지가 필요하며, 항만지역의 토지이용을 염두에 둔 복구 작업이 요망된다. 다만, 복구를 하였다 해도 한 번 다른 항만으로 이적한 선박회사는 다시 돌아오지 않을 가능성도 있다. 따라서 시설의 복구라는 하드웨어 대책 외에 고객 유치를 위해서는, 재해 이전보다 경제성이나 편리함 또는 수속의 간소함 등의 이점을 개선해야 할 필요도 생긴다.

공항복구에서는, 시설의 피해가 있더라도 예를 들어 활주로를 임시 헬리포트로서 전용할 수 있는 방법 등을 모색할 필요가 있다.

⑶ 로지스틱스의 안정성 확보

생활정보, 라이프라인 복구정보, 생활물자, 복구기자재, 복구인원, 가설주택 등의 공급이 밀리거나 부족하지 않도록 로지스틱스를 관리하고 운용하는 능력이 요구된다. 특히 생활물자에 있어서는, 되도록 빠른 대형마트의 재개가 필요하고 이를 위해 라이프라인의 우선 복구를 고려해야 할 것이다. 또한 정보의 수집이나 교섭의 원활한 실시를 위해, 로지스틱스를 재난지역 밖에 두는 경우도 있다. 특히 해당 지자체에 대하여 장기적으로 이와 같은 능력을 요구하는 것은 무리이기 때문에, 이웃 지자체와 사전에 협력하여 광역행정협력 일환시스템을 구축하여 둘 필요가 있다.

⑷ 생활지원과 봉사활동, NPO(Non-Profit Organization, 비영리단체)의 활약

우선 재난지의 활성화를 위해 재난지역 산업에 대한 긴급자금 지원이 필요하다. 이 경우 담보물건이나 토지평가액의 부족이라는 문제가 생길 수 있다. 그 판단 기준으로는, 이를테면 그 지역에서 창업한 후부터의 사업연수를 고려해도 좋다. 지역에의 공헌도는 그 연수로서 어느 정도 평가되기 때문이다. 지자체의 융자제도는 위의 평가방법을 고려하여도 좋을 것이고, 또한 은행 등이 재난지 기업에 융자를 실시할 때 거래기간을 평가하는 것도 어느 정도 가치가 있을 것이다.

의연금의 지급에서는, 적십자나 신문사에 보내온 것을 이재민 수나 재난지 규모 등으로 나누어서 지급하는 현행의 방법에는 문제가 있다. 최근 재난지역에 모이는 의연금의 모금 총액이, 언론 등 매스미디어의 재해 상황을 다루는 방법에 따라 많은 영향을 받고 있다고 한다. 예를 들면 1993년 홋카이도 난세오키 지진쓰나미재해의 경우, 오쿠시리 섬의 지진에 의한 화재현장 보도 후 4,567명 섬 주민에 대해 총액 190억 엔의 의연금이 기부되었다(한 명당 약 400만 엔). 한편 그 직후 가고시마 호우재해의 경우는, 홋카이도 난세오키 지진해일의 사망자·행방불명자수의 약 1/2인 110여 명이라는 희생자가 생겼는데도 불구하고 의연금은 1/10이 모금되었다. 1994년 12월 28일에 일어난 산리쿠 하루카오키 지진재해 때에는, 그로부터 3주 후에 일어났던 한신·아와지 대지진 때문에 당초 예상된 의연금의 1/3 밖에 모금되지 않았다고 한다.

대규모재해의 경우엔 의연금의 총액은 크게 모이지만, 이재민이 극단적으로 많아졌기 때문에 지급액은 격감할 수밖에 없다. 이러한 대규모 지진피해와 관련하여 의연금을 포함해 6,000억 엔의 복구기금이 걷혔다 하여도, 이재민수가 약 300만 명 정도에서는 단순히 일인당 약 20만 엔 정도만 지급되는 수준이 되므로 이러한 경우 사회적 불공평이 지적되기도 한다. 또한 이재증명서도 청구후에야 발행할 것이 아니라, 가능하면 피해 상황을 정확하게 판단, 능동적으로 이재민 전원에게 신속히 발행하는 시스템의 구축도 마련되어야 할 것이다.

이 스테이지에서는, 봉사활동이나 NPO(Non-Profit Organization, 비영리조직)의 활약이 기대된다. 특히 이러한 대지진재해의 경우에는, 해당 지자체 직원과 이재민과의 직접적인 교섭이 양측 서로에게 정신적으로 상처를 주고 또는 불신감을 증가시키는 결과가 야기된 사례가 적지 않다. 여기에는 제3자의 협조가 필요하게 된다. 봉사활동에는 노동제공형, 정보·지식제공형, 기술제공형의 세 가지 종류가 있지만, 어느 쪽이든 전문적인 봉사활동자 양성이 앞으로 많은 과제로서 대두된다.

또한 사회적 약자의 케어는 긴급이 요구되지만, 되도록이면 지역커뮤니티의 연장선상에서 대처할 수 있는 시스템을 일상적으로 운영하는 것이 요망된다. 왜냐하면 이들은 이재민들 중에서도 특히 불안감이 커서 스스로 자립하기가 극히 힘들고 장기적인 케어가 필요하기 때문이다. 평상시의 지원조직에 부탁하는 것이, 무엇보다 마음의 부담을 경감시켜주는 것이라고 생각된다.

더욱이 의원입법으로 설립된 특수법인인 일본적십자사는 앞으로의 봉사활동이나 NPO활동의 중심부분을 담당할 것으로 기대하지만, 현행법에서는 재정상 여러 가지 제약사항이 많다. 예를 들어 재해의연금 모금을 하였어도 그 일부를 적십자 활동에 지출할 수 없고, 또 정부에서의 보조금도 없는 상태다. 즉, 현행 조직상으로 병원사업에 비해 재해구호 조직으로서의 입지 및 인지도는 상대적으로 낮은 상태이다.

5. 복구대응 (스테이지·3)

⑴ 심적 외상 후 스트레스 장애의 케어 개시

도시방재와 생체방어의 유사성에서 본다면, 질병과 도시재해를 대응시켜볼 수도 있다. 병에는 신체적인 것과 정신적인 것이 있듯이 도시방재의 경우 신체적인 병을 다루는 것인 만큼 안전한 도시사회의 구축이 목적이지만, 그러나 그것으로 반드시 안심할 사항만은 아니다. 일본의 재해대책기본법의 제1장 총칙 1조에는, 이 법률이 보호하는 대상은 국토, 국민의 생명, 신체 및 재산의 3개 분야로 정해져 있다. 이재민이 받은 마음의 상처 회복에 대해서는 언급되어 있지 않다. 물질적 피해만이 아니라 가족이나 친구를 갑자기 잃은 사람들이 받는 마음의 상처는, 심각한 스트레스가 되고 용이하게 사회복귀를 할 수 없게 만든다. 이것은 아이들에게도 적용이 되고 부모나 형제, 친구들을 잃었을 때의 충격은, 장기적으로 큰 스트레스를 지속적으로 받게 될 가능성이 있다. 한신·아와지 대지진 때의 이재민은 약 250만 명에서 300만 명이라고 추정이 되며 재해의 복구기에 있어서 최대의 중요과제가 되었다. 이 피해는 물론 돈으로 계산할 수 있는 것이 아니라 간접피해라고도 볼 수 있지만, 이는 재난지의 복구와 부흥의 중요한 열쇠를 쥐고 있다고 해도 과언이 아니다. 여기에서 정신적 케어, 즉 심적 외상 후 스트레스 장애의 문제는, 도시의 방재시스템으로 심각히 고려되어야 할 필수사항이기 때문에 필요한 정보를 마무리하면 다음과 같다.

먼저 이재민은 재해라는 위기를 겪고 난 후 다음과 같은 5단계를 체험한다고 볼 수 있다.

(i) 충격기 : 재해로 인해 큰 쇼크를 받아 무엇이 일어났는지 정확하게 파악하지 못한다.

(ii) 피해파악기 : 피해의 내용을 알고 강한 슬픔과 무사한 것을 감사하는 마음이 교차한다.

(iii) 합리화기 : 이재민은 자기 혼자만은 아니라고 생각하고, 단편적인 정보대응 면에서는 현실적이고 이성적으로 된다. 그러나 전체적으로는 정확한 현실파악이 불가능한 상황이 된다(예: 지진발생으로부터 처음 수일간의 상태).

(iv) 민원기 : 피해상황이 불합리하게 처리되는 기간이다. 일반적으로 방재 담당기관이나 직원에 대한 비난 등이 집중적으로 일어난다.

(v) 강한 요구기 : 상실의 사실을 받아들이는 반면에, 이 기회에 되도록 많은 보상을 받으려고 하는 마음이 강해진다. 이재민 간 생각의 격차가 뚜렷하여 불공평감이나 구호, 원조투쟁이 지속된다.

재해와 같이 인생의 위기에 닥친 개인이 체험하는 스트레스를 '심적 외상 후 스트레스 장애(Post Traumatic Stress Disorder, 약칭 PTSD)'라고 명명하고 있다. 이 스트레스의 내용은 ① 재해를 맞닥뜨린 것 ② 가족이나 친구를 잃거나 집과 소중한 것을 잃은 것 ③ 재난지 생활 등에 익숙해지지 않는 것 ④ 경제적 궁핍, 실직 등 원치 않은 상황의 중복이다.

그래서 이와 같은 스트레스에 의한 심신의 변화로서 다음과 같은 것이 지적되고 있다.

(i) 재체험 : 피해체험을 마음속으로 떠올려 현실로 받아들인다. 예로서 교통사고를 당하였을 때 당시 일어난 순간 광경이 꿈에 나타나서 숙면을 잘 취하지 못한다.

(ii) 인지적 회피 : 재해현실과의 관계를 부정하면서, 마음의 동요를 참게 되고 장래를 생각하지 않고 무엇이든 무관심해지려고 하는 행동이 나타난다.

(iii) 생리적 초긴장 : 수면장애가 그 전형이고 서서히 체력의 소모가 나타난다.

이러한 3개의 증상이 평소보다 강하게 1개월 이상 지속되면, 그것은 심적 외상 후 스트레스 장애라고 정의한다.

이러한 스트레스 경감을 위한 케어모델이 다수 제안되고 있다. 중요한 것은 이 장애는 질병이 아니라는 것이다. 오히려 조기 사회복귀에 실패를 거듭함으로써 삶의 의욕을 상실해 버리는 정신상태로 빠지는 것을 막는 것이 더욱 중요하다. 여기에서는 우선 이재민이 봉사활동자 등 제3자에게 자신이 경험한 것이나 고민 등을 말하고 표현함으로써, 본인의 심적 부담을 가볍게 하는 것이 필요하다. 한편 팸플릿 등을 통해 PTSD가 어떤 것인가를 이해하고, 봉사활동 관계자가 대화의 분위기를 꾸려 나가는 것도 중요하다. 봉사활동자 중에는 지역의 게이트키퍼(생명사랑 지킴이)로서 지원하는 사람들도 포함한다. 이들은 심적 외상 후 스트레스로 고민을 가지고 있는 사람들을 주변에서 관리하고 중대한 문제가 있으면 전문가와의 사이에 연락역할을 하는 사람이다. 예를 들어 지자체의 복지담당직원, 간호사, 학교 교사, 지역의 상담사 등이 해당된다.

⑵ 재해지역발생 쓰레기의 철거

한신·아와지 대지진재해로 발생한 쓰레기의 총량은 1,850만 톤(1,550만㎥)이라고 보고되어 있다. 이들의 내역은 가연물 350만 톤, 불연물(콘크리트, 금속조각 등) 1,500만 톤이다. 이 1,850만 톤 중 62.5%에 해당하는 1,156만 톤이 재생 이용될 예정이다. 또한 해체철거비용은 1㎥ 당 다음과 같다. 목조·경량철골 1.05, 철골 1.34, 철근콘크리트 2.26, 철골철근콘크리트 2.53.(단위는 모두 만 엔).

공적으로 부담하는 배경은 다음과 같다. ① 광역·대규모 재해인 경우 ② 개인의 처리 능력(경비부담, 업자선정, 발주 등)을 넘는 규모의 피해 ③ 도로 등 공적 공간 점거 시 ④ 방치하면 위험 할 경우

여기에는 다음과 같은 문제가 발생되기도 하였다. ① 영세규모의 해체작업 철거업자가 많이 집결하여서 조직적인 운용이나 요금의 설정때문에 현장 감독이 필요하게 되었다. ② 쓰레기 철거에 따라 행정적인 절차가 복잡하고 많은 시간과 노력이 요구되었다. ③ 해체 철거한 쓰레기의 운반, 임시저장소, 구분, 파쇄, 소각 등의 과정으로 여러 문제가 일어나서 많은 혼란이 발생하였다.

쓰레기의 이용에 있어서는 우선 해체현장과 임시저장소에서 금속조각(철근, 알루미늄새시 등), 가

연물, 불연물(콘크리트 조각 등)로 분류한다. 철근은 고철로, 알루미늄새시도 알루미늄 원료로 재생이 가능하다. 불연물은 간이수영장 등에서 부유선별해서 떠오르는 가연물을 분리하는 작업도 한다. 이 재해의 경우, 예로서 콘크리트 조각 등은 고베시의 해안매립에 사용되어 총 650만㎥의 용적으로 이용되었다. 이타미시에서는 콘크리트 조각을 3,4cm 이하로 분쇄하여 1994년 9월의 호우로 침수한 지역의 지반을 높이는 데 재활용하였다. 목재는 8만톤을 작은 입자로 분쇄하여 펄프원료나 연료, 비료에 전용되도록 하였고 일부는 후생성(보건복지부)의 묵인하에 현장에서 소각하게 되었는데, 주변주민들의 민원이 증가하여 결국은 전면금지가 된 경우가 있었다.

매립지에 관해서는 긴키지방의 약 180개 지자체가 참여하는 계획으로 오사카만의 아마가사키, 이즈미오츠 바닷가 두 군데에 합계 4,500만㎥의 폐기물매립이 가능하게 되었고, 이타미시에서는 51.5만 톤의 재해쓰레기 중 27.2만 톤을 아마가사키 바닷가로 운송하였다.

아스베스트 공해(이 물질을 대량 흡입하면 폐암에 걸릴 확률이 높다)에 대한 처리기준은 대기오염방지법의 규제기준치(공기 1ℓ당 10가닥)로 설정되어 있다. 붕괴된 오래된 빌딩이나 주택의 벽재에는 아스베스트가 포함되어 있는 경우가 많으므로, 해체·철거작업 과정에서는 이것이 날아다니는 위험이 발생한다. 이 재해 후 2월 하순에 미야케에서 11.2가닥이 관측되어 고농도의 아스베스트 발생 비산지구가 되었지만, 이후 현장에서 물을 뿌려 먼지가 나지 않도록 노력함으로써, 9월에는 1.2~3.5가닥(환경청 조사)까지 제어가 되는 성과가 있었다. 또한 하수도가 피해를 입어 지역의 수질악화에도 큰 문제로 되었다.

만약 같은 규모의 지진이 관동지방에서 발생하였을 경우, 도쿄 23개구에서만 나오는 재해쓰레기의 양은 4.3에서 6.5천만 톤에 도달한다고 추정된다. 더욱이 도쿄만에는 위의 계획처럼 광역지자체 간의 폐기물처리 협조체제가 구축되어 있지 않기 때문에, 지진복구가 쓰레기 때문에 원활히 진행되지 못할 위험성이 있다. 에도시대에는 지진으로 인해 발생한 쓰레기나 폐기물 등은 저택의 마당에 구덩이를 파서 매립하였고, 관동대지진 때에는 도쿄시내의 수로나 폐하천 등에 쓰레기 등을 매립하였다. 현재의 도쿄는 재해발생 쓰레기 등을 자체 처리할 수 없을 정도로 비대화되어 버린 상황이다.

재해쓰레기의 처리는 재난지 주변 인근 지자체의 협조가 필수불가결하고, 평상시부터 협력체제의 준비가 무엇보다 중요한 대책이라는 것을 잊지 말아야 한다.

⑶ 복구계획의 작성

복구사업을 수행함에 따라 복구계획의 내용을 수정하고 결정해야 하는 경우가 발생한다. 특히 6월 말에는 다음연도의 정부예산요구가 마감되는 시기여서, 여기에 맞추지 못하면 사업비의 보조나 교부가 불가능하게 된다. 물론 추경예산에 의지해야 할 경우도 있지만 이것은 어디까지나 잠정적인 조치이므로, 예산요구로서 장기계획을 정부로부터 승인받는 노력이 중요하다. 효고 현이나 고베시 등의 복구계획이 아주 단기적으로 통합하지 않으면 안 되었던 것은, 이러한 예산의 데드라인이 있었기 때문이다. 만약에 이 재해가 4월쯤에 일어났더라면 다음 연도의 예산요구에는 물리적으로 맞추지 못한 사태가 발생할 수 있었다.

저자는 다음 두 가지 이유로서, 재해 발생 전에 복구계획의 개략적인 내용을 결정하고 있어야 한다고 주장하고 싶다.

(ⅰ) 재해 직후 넘쳐나는 업무용량 수행을 위해 한쪽으로 많은 지자체의 직원들을 동원해서 복구계획을 세우는 것은, 또 다른 복구사업이 불충분해질 수 있는 위험성이 있다. 또한 복구계획 자체도 엉켜버리는 상황을 초래할 수 있다.

(ⅱ) 복구계획을 사전에 세우기 위해서는 피해상황의 가정을 정확하게 해두어야 할 것이다. 그래서 만약 이것이 정확하다면, 방재투자를 했을 때 피해경감을 정량적으로 평가할 수 있다. 또한 비정상적인 외력이 작용하면 무엇이 어떻게 피해를 입을 것인지, 그것이 어느 지역인지의 정보를 사전에 얻을 수 있다.

한신·아와지 대지진의 경우, 피해가 큰 지역이라도 주민들은 지진피해 이전 상태의 복구를 바라는 경우가 대부분이다. 그러나 지진재해 당시 인명 구조·구호 상황에 최초로 급히 달려오는 사람은 이웃들이었다는 점에서 젊은 층이나 장년층이 고령층과 섞여 사는 지역구조가 필요하기 때문에, 이전 마을처럼 회귀하는 것은 좋지 못한 선택이다.

이러한 상황을 피하기 위해 토지의 유효이용, 즉 저·고층 주택제도를 도입함으로써, 상대적으로 도심의 땅값을 내리는 방법이 필요할 것이다. 일본에서는 토지 사유제도에 대한 법률상의 보호가 아주 두텁다. 따라서 이러한 대지진 같은 긴급 시에도, 재난지역에서 지주 한 사람의 반대 때문에 시내의 복구사업이 진전되지 못하는 경우가 일어난다. 때에 따라서는 대규모 재해 시, 사유권의 제한조치도 신중하게 검토하여 재해대책기본법 중에 명문화시켜도 좋을 것 같다.

또한 산업복구에 있어서도, 고용이나 세수의 확보관점에서 조기에 구체적인 대책도입이나 재난지 기업 차입금의 변제조정 등도 중요하다.

재해복구 사업에 헌신한 해당 지자체의 관계직원에게도 초과근무수당의 지급이나 그 공로에 보답하는 특별한 보상도 필요할 것이다. 즉, 관계자의 노력이 정당하게 평가되는 시스템이 필요하다고 생각된다.

6. 부흥대응 (스테이지·4)

⑴ 재해문화

이 내용에는 재해기록 작성, 자원봉사활동자(volunteer)의 육성(훈련, 등록, 조직화), 방재교육·훈련 등이 포함된다. 예를 들면 니시노미야에서 일본 최초로 자원봉사활동조직(NVNAD)의 사단법인화가 추진되고 있다. 이와 같은 법인이 일본의 각 지역에 배치되면 그 네트워크는 아주 효과적으로 활용될 수 있을 것으로 생각된다. 또한 이러한 지진재해로 체험한 것이 재난지의 교훈만으로만 남는 것은 바람직하지 못하다. 나아가서 이런 교훈이 해당 재난지역에 국한되지 않고 전국 각 지역에서 보편적인 재해극복 문화로 활용되어야 할 것이다.

그러한 의미로서, 지진재해 이후 매년 1월 17일(한신·아와지 대지진은 1995년 1월 17일 발생)에 실행되는 각종의 행사는 단지 이벤트만으로 끝낼 것이 아니라, 지진재해 극복의 문화로까지 활용하는 공통목표 아래 재난지역 주민들을 격려하는 자세가 중요하다고 생각한다.

(2) 도시환경의 창조와 사회 미티게이션(mitigation)

본래 미티게이션이라는 것은, 해안지역에 매립이나 항만시설 공사 등으로 인해 해안저습지가 소실되거나 원래의 해안환경이 변화될 경우, 그 생태계, 환경보존을 어떻게 할 것인가를 연구하는 기술이다. 현대사회에서는 미티게이션의 개념을 적용할 때, 개발로 인해 이미 자연환경이 파괴되어 있는 곳의 복구를 포함하는 것이 좋을 것이다. 그리고 미티게이션의 대상을 확대함으로써, 즉 사회 미티게이션은 도시와 지역환경 회복을 위해 과거의 공공사업들을 재평가하고 적절하게 조치하는 것이 바람직하다.

그러면 바람직한 도시·지역 환경이라는 것은 과연 어떤 것인지가 다음의 문제이다.

재해에 강한 마을 만들기에 있어서, 재해복구·부흥 사업이나 또는 도시계획을 생각하는 토목기술자나 건축가는 확고한 자연환경에 대한 생각을 가져야 하며, 이러한 기준과 관점으로 마을 만들기를 고려해야 한다. 그러면 재해에 강한 마을이라는 것은 어떤 것일까. 거기서 문제는 이너시티(inner city)에서 보여지는 바와 같이 재해에만 관련되는 것이 아니다. 그 예로서, 생활, 문화, 경제 등 모든 사회 환경적인 관점에서의 개선이 거의 방치되다시피 했던 지역이 한신지구의 여기저기에 분포하고 있었던 것이다. 그리고 이 지역과 주변지역들과의 사이에 커뮤니케이션이 단절되어 있었고, 그다지 가깝지 못한 연대감을 가진 환경이었다는 것은 확실한 사실이다. 자존심 강하고 고독한 도시주민들의 모습이 거기에 떠오르고 있다.

방재의 소프트웨어라는 것은 이와 같은 지역적인 고립감 위에 성립되는 것이 아니라, 집단으로서의 방재재해가 결국은 재해문화가 되고 재해에 대해서 강한 지역을 구성하는 것이다.

⑶ 생활재건·지역 커뮤니티의 결성

사람은 혼자서는 살아갈 수가 없고 서로 도우면서 살아가는 것이다. 생활재건이나 지역 커뮤니티 결성에 있어서, 그것을 구성하는 강한 개개인이 존재함으로써 비로소 이루어지는 것이다. 그러면 개개인이 강하다는 것은 어떤 의미일까. 그것은 남녀노소, 각 개인이 사회공동체를 공유하고 있는 인적 환경의 풍부함이 아닐까 여겨진다.

인적 환경을 사회적 지원 네트워크라고 해도 좋을 것이다. 그것은 가족이나 친지, 이웃, 친구와 그 가족, 직장, 동호회·봉사활동 조직의 동료이고, 조금 거리를 둔 공적인 상담소나 사회복지사무소의 직원이나 민생담당 위원이 존재하고 있다. 요약하면 인적인 다중네트워크의 존재가 강한 삶을 지원하는 것이고, 재해에 강한 마을이라는 것은 휴먼웨어가 충분한 마을이라고도 할 수 있다.

이러한 것은 한신·아와지 대지진 5년 후에 실시된 고베시의 검증사업 결과에서도 명확하게 나타났다. 거기에는 「거주」와 「살림살이」의 어려움의 정도에 따라서, 재난 이재민의 입장에서 복구를 진행하는 특단의 배려가 필요하게 되었다.

05

비 교 방 재 학

1 비교재해론과 비교방재학

   저자는 1991년에 교토대학 방재연구소 연보 제34호에 「비교자연재해론 서문」을 발표하였다. 이것은 비교재해론에 관한 아마 일본이나 세계에서 처음으로 제출한 논문이 되었다. 여기에는 재해와 질병의 아날로지(analogy)의 시점에서, 양측의 공통사항으로 방재대책 본연의 자세를 제시하고 있다. 즉, 도시를 인간과 같은 생명체로 생각하여, 인간이 질병에 걸리지 않으려는 여러 가지 계획을 모방해 도시방재를 구축하고자 하는 계획이 포함되어 있다. 그 배경에는, 이 만큼 복잡화·고도화된 도시의 방재는 종합적으로 될 수밖에 없고, 따라서 사람이 아무리 지능적으로 생각하더라도 거기에는 반드시 결함이 포함되어 자칫 잘못하면 치명적인 상황으로 되어버리는 두려움이 있다. 「종합방재」라는 말은 이 논문에서 처음으로 쓰인 용어다.

   이와 같은 점에서 도시방재에 생체방어의 계획을 적용하려고 한 것이 이 논문이다. 그리고 질병에는 육체적인 것과 정신적인 것이 있는 것처럼, 재해피해 상황에도 물리적인 것과 사회적인 것이 있고 전자를 문명재해, 후자를 문화재해라고 명명하였다. 한신·아와지 대지진으로 인한 재해에서 바로 그런 것이 나왔기 때문에, 이 피해구분들의 타당성이 증명되었다. 게다가 고베시의 대중검증에서 찾아낸 것처럼, 지진재해 후 5년이 지나도 「주거」와 「살림살이」의 회복이 대단히 어렵다는 사실은, 문화적 피해의 복구가 얼마나 어려운 일인가를 나타내고 있다.

이와 같은 선구적 연구를 거쳐 도시지진방재에 관한 일본과 미국 간의 공동연구가 시작되었지만, 거기에는 단순한 비교가 가능한 경우와 그렇지 않은 경우가 명확하게 존재하였다. 1994년의 노스릿지(미국) 지진재해는 도시형 재해(별칭 라이프라인 재해)라는 것에 비해, 한신·아와지 대지진은 도시재해이고 재난피해내용이 다르다. 특히 사회과학분야에서의 테마는 단순한 비교는 무의미하며 그만큼 비교연구에 있어서 세심한 주의가 필요하다.

따라서 비교방재학의 입장에서, 지진방재와 수해방재에 대해 구체적으로 검토한 것이 다음 6절에 서술하는 방재대책이다.

2 도시홍수 범람재해의 특징

1998년에서 2000년에 걸쳐 3년간 일본전역에 호우로 인한 수해가 다발하였다. 예를 들어 일급하천인 109수계 중, 경계수위를 돌파한 것은 1998년에는 96수계, 1999년에는 80수계였다. 또한 강우량 100mm를 넘는 AMeDAS(일본 지역기상관측시스템)의 관측점(일본 전국 약 1,300개소)이 1996년부터 증가하기 시작하여 1998년에는 4지점, 1999년에는 10지점으로 나타나고 있다. 〈그림 2-5〉는 최근 3년간의 현저한 수해발생지역을 나타내고 홋카이도에서 규슈까지 분포되어 있는 것을 볼 수 있다.

이와 같은 좀처럼 보기 힘든 호우로 인해 하천의 범람(외수범람)과 시가지의 침수(내수범람)가 동시적으로 발생하며, 유역단위의 종래 치수방식의 한계가 확실하게 나타나고 있다. 예를 들면 나고야시의 노나미 지구는 텐파구강 유역이지만, 내하천과 인접하는 2개의 소하천과 수량이 겹쳐서 침수피해가 커지게 되었다. 이것은 물론 외력인 큰비가 이전과는 다른 형태로 내렸지만, 동시에 유역의 도시화가 피해를 증폭시키는 결과가 되었다.

그림 2-5 1998~2000년의 수해발생지역

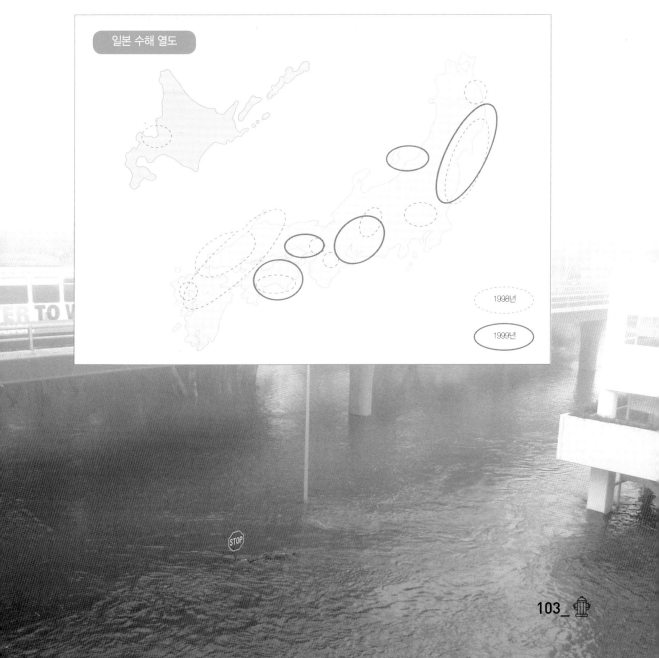

☂ 그림 2-6 집중호우에 의한 수해발생 사례

	총우량	우량강도	도로 침수	건물안 침수	피난자수
도치기 현	1,254mm/hr	90mm/hr	452건	2,041건	5,503명
아이치 현	622	93	22,077	40,401	63,673

계획강수량을 예상보다 초과한 집중호우

〈그림 2-6〉은 1998년의 도치기 현·후쿠시마 현의 접경지를 중심으로 일어났던 홍수 범람재해와 도카이 호우 때의 아이치 현 수해피해의 개요를 나타낸 것이다. 특히 이 3년간의 수해에서는 중, 소하천의 수위 상승속도가 빠르게 진행되었고, 그래서 피난권고가 늦게 발령되거나 피난권고를 내리지 못했던 사례가 많이 보고되고 있다. 그 밖에 시가지조정구역은 홍수범람원이나 토사재해위험·주의지역과 중복되는 경우가 많고, 공적이나 준공적 시설이 의외로 건축 가능하기 때문에 그 지역에 들어서 있는 사회복지시설 등의 피해도 눈에 띄고 있다.

이러한 수해들의 특징을 정리하면 다음과 같다.

(ⅰ) 내수범람의 선행 : 일본의 하수도 설계기준은 강우량 50mm/hr 정도이기 때문에, 이런 호우에서는 전국적으로 내수범람이 앞서고 있다. 예를 들어 1시간 우량으로서 1998년에는 고치시 112.5mm, 니이가타시 64mm, 다카마츠시 99mm, 1999년에는

후쿠오카시 77mm, 2000년에는 나고야시 97mm가 기록되고 있다.

(ii) 초과홍수의 발생 : 1998년에는 도치기 현에서 총 강수량 1,254mm(약 300년간의 최대량)의 호우가 내려서 나카강과 아부쿠마강의 수계로 대규모의 외수범람이 발생하였다. 또 2000년에는 나고야시에서 일일 강수량 428mm를 기록하였으며, 나고야 기상대가 통계를 개시한 1891년 이래 그동안의 최대치가 240.1mm이므로 약 2배가 된다. 이 강수량도 약 250년만의 최대라고 할 수 있다. 이와 같은 상황에서는 현행의 재해특별사업을 실시하여도 홍수범람 재해를 방지할 수 없다는 것을 알 수 있다.

(iii) 내수·외수의 동시범람 : 1998년의 JR 하카타역 지하상가 침수 수해는, 부근을 흐르는 미카사강의 하천수와 시가지의 내수범람이 겹쳐서 발생한 것이다. 2000년의 도카이 호우로 인해 큰 피해가 발생한 신카과 유역에서는 내수범람이 선행하고 여기에 외수범람이 가세하였다.

3 고조·쓰나미·홍수방재의 새로운 과제

1. 고조방재

1961년 두 번째 무로토 태풍고조를 경험한 오사카와 1959년 이세완 태풍고조를 경험한 나고야에서 본격적인 고조 대책사업 수행을 완료하였다. 계획고조는 도쿄, 오사카, 이세완에서는 그간의 최대고조가 발생한 태풍진로에 이세완 태풍 모델을 더하여 조위편차를 구하고, 여기에 태풍 때의 삭망 만조위를 더해서 조위기준을 설정하고 있다. 또 다른 지역인 아리아케 해나 수오우다나에서는, 이세완 태풍의 모델이 아닌 해당 지역에 내습한 가장 강력한 실측태풍을 적용하여 조위를 결정하고 있다. 이세완 태풍의 모델을 사용하면 너무 과대한 조치이기 때문이다. 고조의 극치통계를 적용할 만큼의 데이터 축적이 없는 등의 문제가 있었던 당시, 이렇게 처리할 수밖에 없었던 이유는 이해할 수 있다. 그러나 조만간 확률을 도입한 통일된 처리방법을 실현할 수 있다고 생각된다. 저자가 좌장을 맡았던 해당 행정청의 「고조정보 연구회」에서도 이런 논의가 행해졌다.

한편 과거 40년 동안 사회의 상황은 많이 변하고 있고, 예를 들면 최근 지방도시인 시미즈시와 고치시에서는 고조 및 쓰나미방재 스테이션의 정비도 순조롭게 진행되고 있다. 그러나 인구 밀집지역이 많은 수도권과 중부권에서는 임해도시 면적이 확대되고 있는 상황이고, 그것이 연안부를 따라 자리 잡고 있다. 그런 이유로 오사카만에서는 오사카역과 효고역 등 연안도시가 연속적으로 자리하고 도쿄만도 같은 상황이다. 이와 같은 재해요인의 변화 속에서 새로운 과제가 생겨나고 있고, 현존의 고조방재대책이 반드시 여기에 부합할 수 있는 것만은 아니다.

그 내용은 다음과 같이 열거할 수 있다.

① 수문, 철문 등의 개폐작동에 수동식이 많아 시간이 많이 소요된다.

② 새로운 주민들은 고조재해의 우려를 인식하지 못하는 실정이므로, 과거의 피해경험이 공통된 교훈으로 남아 있지 않다.

③ 도심근처까지 지반침하가 진행되고 있는 상황이므로, 도시는 광범위하게 범람재해를 입을 위험성이 증가하고 있다.

④ 지하공간의 방재에서는 고조 범람수는 지하공간으로 유입되지 않는 것을 전제로 한다.

⑤ 고조재해로 인한 피해액은 과거와는 현격히 차이가 크다.

⑥ 고조 예측이 곤란한 태풍코스, 그로 인한 중소 고조대책이 결정되어 있지 않다.

2. 쓰나미방재

1960년 칠레지진 쓰나미, 1983년 동해 중부지진 쓰나미, 1995년 홋카이도 난세오키지진 쓰나미를 경험하고, 일본에서는 대상지역에서 예상되는 쓰나미의 높이를 기준으로 하는 쓰나미 방재대책이 실시되어 왔다. 그러나 어느 쪽이든 일본 전체의 표준적인 관점이라고 하기보다, 차라리 재해지 복구의 비중이 높으며 결코 균형 잡힌 대책은 아니다. 그러나 2001년 3월부터 시작된, 도카이지진 진원지 예상지역의 재검토 및 그 후로 진행 될 것으로 추정되고 있는 동남해·남해지진과 그 쓰나미 대책을 위에서는, 보다 더 넓은 지역을 대상으로 하는 기본적인 개념을 찾아내는 것이 필요하다. 저자도 정부와 지방지자체의 쓰나미 방재에 관련된 위원회활동을 통해, 고조와 동시에 다음과 같은 문제가 새롭게 나타날 것으로 지적해 왔다. 특히 최근 쓰나미 재해가 발생하지 않았던 곳에서는, 지역방재계획에 쓰나미 대책이 포함되지 않고 있다. 그 전형적인 예로서는 세토나이해협을 들 수 있는데, 일단 쓰나미가 진입하면 상상할 수 없을 만큼의 여러 가지 재해가 발생할 위험이 있다.

그 문제점을 열거하면 다음과 같다.

① 큰 쓰나미(3m 이상)가 10분 이내로 내습하는 지역에 대해, 표준적인 주민 피난방법이 결정되어 있지 않다.

② 항만도시의 복잡한 재난피해 시나리오가 제시·인지되어 있지 않다.

③ 항만 내의 계류선박에 대한 대책이 확립되어 있지 않다.

④ 지하공간 침수대책이 수립되어 있지 않다.

⑤ 쓰나미 지속시간의 위험성에 대한 이해가 부족하다.

⑥ 쓰나미 주의보의 중요성에 대한 이해가 부족하다.

3. 홍수방재

전술한 바와 같이, 일본은 1998년 이후 도시 홍수범람재해가 증가하고 있다. 그 원인으로 지구온난화로 인해 비가 내리는 방법이 격변하고 있는 것으로 지적되고, 더욱이 과거 30년 동안 도시화가 유역의 재해취약성을 증가시킨 이유도 있다. 다카하시씨는 일본 메이지시대 이후 「이어진 높은 제방방식」으로 인해 지역개발과 동시에 홍수 유입량이 늘어난 것을 지적하고 있지만, 사회구조 변화의 배경으로서 이와 같은 방법을 선택할 수밖에 없었던 사실을 간과하면 안 될 것이다.

그리고 새로운 문제의 원인은 도시구조가 갑자기 심하게 변하고 있기 때문이다. 이를

그림 2-7(a) 지진재해의 위기관리항목과 시간대별 전개(진한 부분은 2001년에 추가항목)

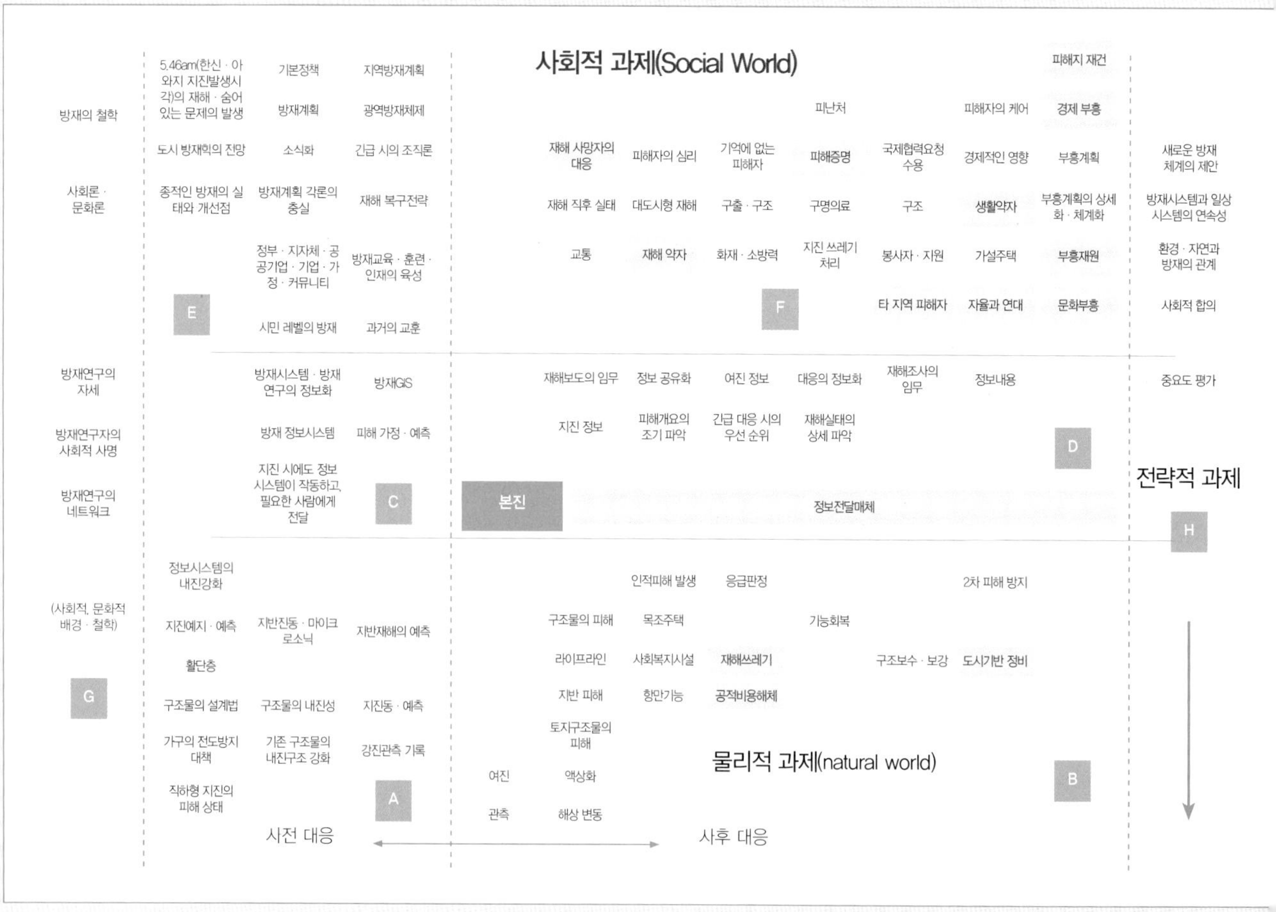

사회적 과제(Social World)

방재의 철학	5.46am(한신·아와지 지진발생시각)의 재해·숨어있는 문제의 발생	기본정책	지역방재계획				피난처	피해자의 케어	피해지 재건
		방재계획	광역방재체제						경제 부흥
사회론·문화론	도시 방재학의 전망	소식화	긴급 시의 조직론	재해 사망자의 대응	피해자의 심리	기억에 없는 피해자	피해증명 / 국제협력요청 수용	경제적인 영향	부흥계획 / 새로운 방재 체계의 제안
	종적인 방재의 실태와 개선점	방재계획 각론의 충실	재해 복구전략	재해 직후 실태	대도시형 재해	구출·구조	구명의료 / 구조	생활약자	부흥계획의 상세화·체계화 / 방재시스템과 일상 시스템의 연속성
		정부·지자체·공공기업·기업·가정·커뮤니티	방재교육·훈련·인재의 육성	교통	재해 약자	화재·소방력	지진 쓰레기 처리 / 봉사자·지원	가설주택	부흥재원 / 환경·자연과 방재의 관계
	E	시민 레벨의 방재	과거의 교훈		F		타 지역 피해자	자율과 연대	문화부흥 / 사회적 합의

방재연구의 자세		방재시스템·방재연구의 정보화	방재GIS	재해보도의 임무	정보 공유화	여진 정보	대응의 정보화	재해조사의 임무	정보내용 / 중요도 평가
방재연구자의 사회적 사명		방재 정보시스템	피해 가정·예측	지진 정보	피해개요의 조기 파악	긴급 대응 시의 우선 순위	재해실태의 상세 파악	D	
방재연구의 네트워크		지진 시에도 정보시스템이 작동하고, 필요한 사람에게 전달 C		본진			정보전달매체		H

전략적 과제

물리적 과제(natural world)

(사회적, 문화적 배경·철학)	정보시스템의 내진강화			인적피해 발생	응급판정			2차 피해 방지	
	지진예지·예측	지반진동·마이크로소닉	지반재해의 예측	구조물의 피해	목조주택		기능회복		
	활단층			라이프라인	사회복지시설	재해쓰레기		구조보수·보강	도시기반 정비
G	구조물의 설계법	구조물의 내진성	지진동·예측	지반 피해	항만기능	공적비용해체			
	가구의 전도방지 대책	기존 구조물의 내진구조 강화	강진관측 기록	토지구조물의 피해					B
	직하형 지진의 피해 상태			여진	액상화				
		A		관측	해상 변동				

사전 대응 ←→ 사후 대응

테면 도시공간의 홍수범람이 지하공간까지 진행되고 있다는 것이다. 또한 최근 IT시대에 들어와서는, 정보를 방재에 어떻게 구체적으로 이용할 것인가의 방법을 미처 결정하지 못하는 사이에 피해가 확대된다는 것이다 .

후자의 문제는 다음 기회에 다시 논하는 것으로 하고, 문제점을 열거하면 다음과 같다.

☂ 그림 2- 7(b) 범람재해의 위기관리항목과 시간대별 전개(진한 부분은 지진재해와 다른 점)

				사회적 과제(Social World)								
방재의 철학	도시수해의 숨어 있는 문제점 발생	기본정책	지역방재계획	수해방재력				피난처		피해자의 케어		새로운 방재 체계의 제안
	도시 방재학의 전망	방재계획	광역방재체제	귀가 곤란자	피해자의 심리	기억에 없는 피해자		국제협력의 수용	경제적 영향	부흥계획		
사회론·문화론	수해방지법	조직화	긴급 시의 조직론	교통혼잡	대도시형 재해	구출·구조	구호의료	구조	생활지원 제도	부흥계획의 구체화·체계화		방재시스템과 일상적 시스템과의 연계
	유역개발 규제	방재계획 각론의 충실화	재해복구 전략	차량 피해, 방재활동의 지장	침수 직후의 실태	농작물 피해	화학약품의 영향	쓰레기·폐기물 처리	봉사자·지원	가설주택		환경·자연과 방재의 관계
	해저드 맵 작성	정부·지자체·공공기업·기업·가정·커뮤니티	방재훈련·교육·인재의 육성	피해발생·확대에 비협조적 주민	피난곤란·불가		수질·환경의 악화		고장차량의 폐기/처리	Y		사회적 합의
	토지이용 실태의 변화											
	E	시민 레벨의 방재		화물, 사람의 이동	정보난민의 행동					F		중요도 평가
방재연구의 자세	인터넷 활용	방재시스템·방재 연구의 정보화	수위예측	통신 회로의 혼잡		정보의 공유화	라이프라인의 정보	대응의 정보화		정보내용	침수현황도	해저드 맵의 제안
방재연구자의 사회적 사명	실시간 정보 시스템	방재정보의 시스템화, GIS	피해예상 및 예측	피난권고			재해로 발생된 쓰레기 분류	피해실태의 상세 파악		재해조사 본연의 자세		전략적 과제
	기상예측			교통정보			피해개요의 조기파악	긴급대응 등의 우선 순위			D	
방재연구의 네트워크	피난경보 전달에 관한 본연의 자세	수해 시에도 정보시스템이 작동하고, 필요한 사람들에게 정보 전달	C	피해정보 전달에 관한 본연의 자세				정보전달매체				H
				범람 재해								
(사회적·문화적 배경·철학)	배수용 펌프의 운용 방법	펌프·정보시스템 침수대책	제방시설의 조사 (누수대책)	전기, 기계 설비의 피해	인적 피해의 발생					2차 피해 방지		
	저수시설·유수지의 설비	하이테크에 따른 피해	지반피해의 예측	구조물의 피해	구명보트	응급판정						
	지반침하 대책	방재거점시설의 강우대책	기자재·물자의 확보	배수설비의 운용장해	사회복지시설		기능회복					
G	구조물의 설계법	지반 침투성의 확보	계측기기의 설치	라이프라인	배수펌프 차량			구조물 보수·보강				
	건축규제와 준수	기존 구조물들의 침수대책	타 수계로부터의 범람유입 대책	지반피해								
	교통시설의 침수대책	지하공간 시설의 침수대책	A	토지구조물의 피해		**물리적 과제(natural world)**						
				수위 관측·기록	지반피해					B		
	사전 대응 ←			→ 사후 대응								

① 2급 하천 유역의 강수량, 수위 등의 정보를 실시간으로 얻을 수는 없다.

② 피난권고를 발령하는 기초단체 지자체장들의 전문적 지식수준이 부족하며, 또 그들을 지원하는 방재담당직원의 재해현상에 대한 이해 정도도 초보적 수준이다.

③ 재해정보의 수집, 전달, 공유가 왜 필요한지에 대해 관계자들의 이해가 미흡하다.

④ 지진과 홍수재해 시 대응이 다른 점에 대한 이해부족으로, 재해현상에 대해 선제적인 대응을 할 수 없다.

⑤ 주민들은 2층으로 대피하면 안전하다고 착각하고 있다.

⑥ 수해지역 봉사활동의 역할이 제대로 알려져 있지 않다.

☂ 그림 2-8 (a) 도시재해의 피해상황

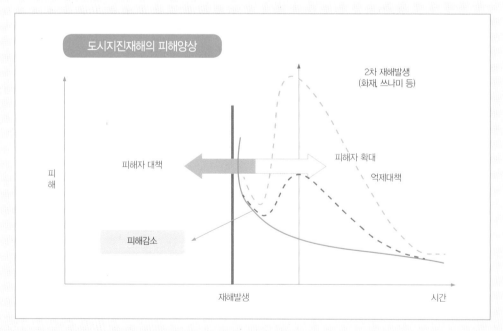

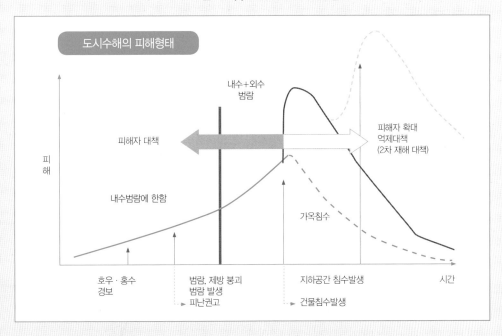

그림 2-8(b) 도시수해의 피해상황

도시수해의 피해형태

피해자 대책

내수+외수
범람

피해자 확대
억제대책
(2차 재해 대책)

피해

내수범람에 한함

가옥침수

후우 · 홍수
경보

범람, 제방 붕괴
범람 발생
▶ 피난권고

지하공간 침수발생

▶ 건물침수발생

시간

⛱ 그림 2-9 지진재해와 범람재해의 위기관리항목의 대응 비교

지진재해와 수해의 위기관리 비교(1)

도시수해	도시지진재해

• 재해가 서서히 발생
   – 대책 마련 쉬움
• 경보, 피난권고가 발령
   – 기준을 결정 가능
• 건물침수, 지하공간 침수
   – 2차 피해를 피할 수 있음
• 시민으로부터의 정보
   – 사전, 사후의 정보
	• 돌발적 피해 발생
	   – 사전 전략적 대응이 중요
	• 사전에 경보 발령이 어려움
	   – 피해예상이 중요
	• 광역 화재, 쓰나미 등이
	   발생
	• 2차 피해를 피하기 어려움
	• 시민으로부터의 정보
	   – 사후정보

지진재해와 수해의 위기관리 비교(2)

도시수해	도시지진재해

• 정보전달 매체
   – 피해지에 접근 불가능
   – 뉴스의 소스는 정부에
    서 일괄
• 피해의 발생
   – 수심과 유속에 의존
   – 뚫린 제방 부근에서의
    거리, 지반의 높이
• 라이프라인
   – 특히 전기, 통신, 수도의
    피해가 큼
	• 진보전달 매체
	   – 조심스럽게 접근 가능
	   – 전면적인 피해상황
	    모름
	• 피해발생
	   – 가속도, 속도, 변위 존재
	   – 진원으로부터의 거리, 건
	    물의 구조, 건축년도, 지
	    반조건
	• 라이프라인
	   – 대부분이 파괴

지진재해와 수해의 위기관리 비교(3)

도시수해	도시지진재해

• 피난처
   – 1층의 침수가능성
• 청사, 비축창고
   – 침수의 위험성
   – 지하공간 침수
• 직원의 비상소집
   – 곤란
• 자원봉사
   – 지자체 관청
   – 주택침수
	• 피난처
	   – 내진보강
	• 청사, 비축창고
	   – 내진보강
	• 직원의 비상소집
	   – 어느 정도 가능
	• 피난처
	• 가설주택

지진재해와 수해의 위기관리 비교(4)

도시수해	도시지진재해

• 2차 피해
   – 예측 가능
• 전염병
   – 위험성 증대
• 위기관리
   – 어떤 경우에도 대처 가능
• 구호·구조
   – 전문가
• 도시화
   – 대부분 유인의 변화
	• 2차 피해
	   – 예측 가능
	• 전염병
	   – 비교적 안전
	• 위기관리
	   – 선택의 여지가 적음
	• 구호·구조
	   – 재해지 당사자
	• 도시화
	   – 대부분 소인의 변화

지진재해와 수해의 위기관리 비교(5)

도시수해	도시지진재해

• 수해상습지대
   – 상시 존재함
• 초과홍수
   – 어느 지역이든 발생 가능
• 피해
   – 시간적으로 파상 발생
• 외력제어
   – 전면적으로 어느 정
    도 가능
	• 지진위험지대
	   – 활단층의 위치가 지배적
	   – 잠복단층의 존재가능성
	• 거대지진
	   – 발생장소가 일부 정하여
	    짐
	• 피해
	   – 순간적으로 발생
	• 외력제어
	   – 전면적으로 거의 불가능

4 범람재해와 지진재해의 위기관리 차이점

방재대책이 시스템으로서 움직이지 않으면, 실효성이 올라가지 못한다는 사실을 정부나 지자체의 재해대응 관련전문가들도 바르게 숙지하고 있지 못하다. 따라서 어떤 것들이 문제가 되는 것인지를 나타낸 것이 〈그림 2-7〉 (a), (b)이다. (a)는 저자도 참석하여 지진발생 3개월 후에 진행했던 KJ법(문제해결을 위한 아이디어 발상법)에 의한 결과이지만, 2001년에 다시 수정해서 누락된 14개의 부분을 음영으로 표시하였다. 복구와 부흥에 관련된 항목이 많은 것으로 보여지며 모두 100개의 항목이다.

구체적으로 사회적 과제로서 ① 생활재건 ② 사망자 처리 ③ 재해약자 ④ 이재민 증명 ⑤ 타지의 이재민 ⑥ 자율과 연대 ⑦ 마을구성 ⑧ 경제복구 ⑨ 복구재원 ⑩ 문화부흥 등이다. 또 정보로서 매스미디어가 제외되어 있다.

한편 물리적인 과제로서 ① 재해쓰레기의 철거 ② 해체와 관련된 공적 자금의 투입 ③ 도시기반의 정비가 누락되어 있다.

그림(b)는 2000년 도카이 호우 시에 수해이재민들이 보내온 수천 건에 이르는 정보를 바탕으로, 역시 KJ법을 이용하여 정리하였다. 그 결과 모두 116항목이나 되었고 도시 지진재해보다 대응항목이 증가한 것을 알 수 있다. 그러므로 재해대응에 관한 시간적으로 절박한 측면에서 보면, 도시수해 쪽의 대응이 힘들다고 할 수 있다. 양쪽 재해의 시간적 피해의 발생경위를 비교한 것이 〈그림 2-8〉이다.

그런 이유로, 위기관리항목은 지진재해와 달리 범람재해가 더 많다고 보여진다. 더욱이 일본전역에서 예상수량 이상의 초과홍수가 발생하고 있기 때문에, 치수시설만으로는 대응이 불가능하고 이에 따른 피해가 일어나고 있다.

〈그림 2-8〉에서 보면, 지진의 경우에는 대부분 지진이 발생한 그 시점에서 지진동으로 인해 피해가 발생하는 것에 비해, 도시수해의 경우 외력의 하나인 고조가 내습하는 최고 순간 바로 전에 고조경보, 피난권고가 발령된다. 그리고 이전에 열려있는 수문 등에서 침

수가 시작되고, 계획고조를 넘은 시점에서 도로가 물에 잠기기 시작하여 건물의 내부나 지하공간으로 침수가 진행된다. 한편 쓰나미의 경우에는 쓰나미 경보와 피난권고가, 제1파도가 최대치로 내습할 때까지 시간적 여유가 없는 경우가 생겨나기도 한다. 그리고 지진과 동시에 지반침하가 일어나 침수되는 경우도 생겨난다.[※]

도시 내에서 범람 후에는 고조 때와 거의 비슷하게 시간이 경과하는 현상이 진행되지만, 쓰나미의 경우 수차례의 파도가 높은 상태로 이어지는 현상이 일반적이고 시간적으로 요 주의 상황대응이 계속되어야 할 경우가 많다.

이런 사실은, 위기관리가 원활하게 진행되면 범람재해는 지진의 경우보다 항목이 증가하여도, 피해의 경감이 가능하다는 것을 시사하고 있다.

〈그림 2-9〉는 지진재해와 범람재해의 위기관리항목에 있어 대응방식의 차이를 보여준 것이며, 각각의 특징을 정리하여 나타내고 있다. 중요한 것은 각각의 사항을 이해함과 동시에 재해상황 전체를 한꺼번에 내려다봄으로써, 충분한 판단과 예측이 가능할 것이다.

5　새로운 고조·쓰나미·홍수방재

지금까지 일본의 방재대책은 '어떠한 정보를 제공할 수 있을까'라는 관점에서 정비되어 왔다. 즉, 고조의 경우에는 태풍이 접근함과 동시에 폭풍우경보, 고조경보, 피난권고(피난지시)가 있고, 쓰나미의 경우에는 긴박한 쓰나미경보(대규모 쓰나미경보), 피난권고(피난지시), 쓰나미정보(66개 구역으로 나누어서 쓰나미의 높이와 도달시간을 발표)가 있다.

홍수의 경우, 호우·홍수경보로부터 갑자기 피난권고의 발령으로 이어지는 상황이 나타나기도 한다. 그러나 이것은 주민들이 제반현상을 이해하기 전에 행동규범이 먼저 제시되어야 하기 때문에, 반드시 대응이 원활하지 못한 상황이 발생하기도 한다.

2000년 9월의 도카이 호우 시에 나고야 기상청에서 대규모의 홍수주의보·경보가 당일 저녁 때까지 모두 14회 발령되었지만, 대부분의 지자체에서 피난권고가 나온 것은 밤 12시 전후였다. 그동안 대여섯 시간의 공백이 생겨났고, 그사이에 도로의 침수진행, 교통기관의 불통, 귀가곤란, 신칸센의 정지, 지하철 침수사태 등의 현상이 발생하였다. 지방기상청의 홍수주의보·경보가 발령되고 나서 충분히 대응할 수 있는 시간적 여유가 있음에도 불구하고, 지자체의 피난경보가 늦어짐에 따라 많은 주민들은 도로가 침수되기 시작해도 집안에 머물렀고, 제방이 무너져 강물이 범람하여 건물 내부까지 침수가 되어서야 비로소 긴박한 상황을 인지할 수 있었다. 이와 같은 상황을 최소화하기 위해서는 〈그림 2-10〉과 같은 시스템에 의한 방재대책을, 재해를 대비하는 행정은 물론 주민들도 확실히 이해하여 둘 필요가 있다.

그림 2-10 시스템 방재

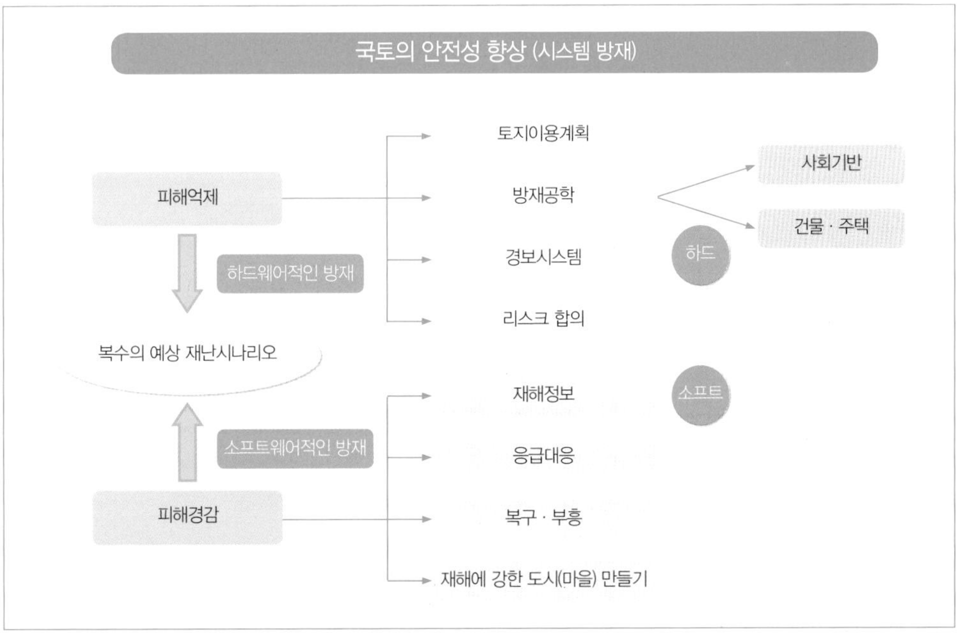

가장 중요한 것은 지역에서 일어날 가능성이 있는 다수의 재난시나리오를 미리 알아 두어야 한다는 것이다. 그것은 고조범람이 일어났을 경우, 어느 정도의 시간에 어느 정도의 깊이까지 침수될 것인가 등이다.

만약에 2m가 넘는 침수상황이 발생하면, 목조나 철골조의 주택은 물위에 떠내려 갈 수도 있기 때문에 이러한 경우에는 2층으로 대피하지 말아야 한다. 가장 위험한 경우는 주민들의 검증되지 않은 믿음으로, '우리는 관계없다'라는 『정상화의 편견』이다. 그러므로 피해를 줄이기 위하여, 주민들에게 어떤 정보가 필요한 것인지를 스스로 생각하게 하고 확실하게 실천하는 노력이 필요하다. 즉, '나의 생명은 내가 지킨다.'라는 자기책임의 원칙이 특히 중요하다. 〈그림 2-2〉 (b)의 피해억제와 피해경감은 [표 2-3]과 같다. 특히 예상 외의 초과 고조나 초과 쓰나미의 경우에는 지켜야 할 방재수준을 확실히 결정해두어야 하고, 그 내용에 대해 국민적 합의를 사전에 마련해 두어야 할 것이다.

여기에서 〈그림 2-2〉 (b) 중의 수용적 리스크(acceptable risk)는 물적 피해로부터 참을 수 있는 한계이며, 구체적으로는 도로 침수상황에서 건물 내부의 침수상황으로 이행되는 단계일 것이다. 또 허용적 리스크(tolerable risk)는 예를 들어 지하공간의 수몰처럼, 많은 인명을 앗아갈 위험성이 발생하는 한계의 단계이다.

그리고 재해 시에 대체로 무엇을 지키고 싶은가에 대한 앙케이트 조사결과가 [표 2-3]에 나타나 있다.

표 2-3　피해자가 가장 필요하다고 하는 복구항목　　　　　　　　(단위:%)

사회기반	지켜야 할것 (이념적 사고)	반드시지켜야 할 사항 (실천적 행동)
수도	92.2	40.4
전력	96.3	18.5
가스	90.5	<1
병원	83.5	14.7
전화	77.1	5.8
주요도로망	68.2	1.9
철도	56.9	1.2
소방·경찰	53.2	1.1
고령자복지시설	32.0	<1
휴대전화	26.7	1.3
집단주택	23.7	1.2
개인주택	26.4	1.1

중요한 사회기반

층화2단추출법(표본조사방법)(대상: 한신·아와지 지진피해지의 가스공급이 정지된 지역의 주민 200명)

　　주택의 재건 이상으로 중요한 항목은 수도, 전력, 가스, 병원과 같은 폭넓은 라이프라인이다. 사회기반을 정비하는 것, 또 그로 인해 지속적으로 국민생활의 질을 향상시키는 것이 중요하다. 방재대책은 시간의 경과와 동시에 시스템적으로 전개되어야 하는 것이고, 그리고 거기에 우선순위를 설정해 운영하는 것이 앞으로의 고조·쓰나미 방재대책에서는 무엇보다 중요하다.

6 종합방재시스템

1. 표면적으로 불균형한 사회의 방재력과 정보네트워크

지역이나 도시를 재해에 강하게 만들기 위해서는 어떻게 하면 좋을까 라는 문제는, 그 해결방안이 매우 복잡다양하며 어렵다. 그것은 지역이나 도시가 시대와 함께 변화하는 특성을 가지고 있기 때문이다. 여기에는 각각의 삶의 환경에서 생활하는 사람들의 사고방식이 변해가고 있다는 것과 사회구조의 변화에 시간차이가 있다는 것이 문제로 되고 있다. 특히 현대에서는 사회구조가 급격하게 변하고 있고, 게다가 그 변화가 지역이나 도시 내에서 장소마다 다르다는 특징을 가지고 있다. 이와 같은 조건에서는, 일반적인 종합방재시스템을 만드는 데 어려움이 따르기도 한다.

즉 사회의 방재력이 표면적으로 불균형이라는 것을 의미한다.

홍수 등 수해재해에서는 제방 및 방조시설이라는 공공구조물이 외력의 제어를 담당해왔기 때문에, 지역적인 사회방재력의 불균형은 그다지 문제가 되지 않았다. 그러나 도시화의 진행 과정에서 내수재해가 급증하고 있다는 것은 방재력이 약한 지역이 침수되는 것이지만, 이러한 경우에도 일본에서는 인적인 피해보다도 경제적인 피해가 탁월한 것이 일반적이었다.

지진재해에서는 지진의 강도가 대부분 일정 지역에 거의 동시에 또한 똑같이 작용하기 때문에, 주택을 비롯한 건축물, 구조물은 모두 이러한 조건에 견뎌내야 한다. 이미 지진재해가 수해재해에 비해 발생 건당 인적 피해가 큰 것은 세계적인 통계로 명확하게 나와 있고, 그 대책은 지진국인 일본의 중요과제로 되어 있다.

이와 같은 배경에서 지금 표면적으로 똑같은 사회적 방재력을 기대하는 것은 곤란하며, 따라서 이 불균형을 커버하는 정보시스템의 활용이 기대된다. 재해에 관해서는 인적이든 물적이든, 먼저 물리적 또는 사회적으로 취약한 지역이 선택적으로 피해를 입게 된다. 이것은 지금까지의 경험과 연구로서 사전에 추정이 가능한 사항이다. 여기서 정보네트워크는 이러한 취약지역들에 대해 밀도 높고 치밀한 네트워크의 기능을 할 수 있도록, 사전에 대책을 강구해서 운영해야 할 것이다.

2. 정보의 활용

생체의 네트워크 통제와 도시방어와의 유사성의 측면에서, 재해정보시스템의 본연의 자세를 나타내면 다음과 같다.

(1) 재해정보네트워크 (중추 및 말초신경계)

재해 발생 시, 도시의 골격을 형성하는 라이프라인이나 기타 구조물로 구성되는 인프라스트럭처 등의 파손정보는 중앙 집중센터에서 관리하고, 이재민이나 지식·문화 등의 피구조물로 구성되는 인프라스트럭처의 피해정보는 말단에서 따로따로 처리한다.

(2) 특정 재해정보의 확실한 전달 (내분비계)

생체에서는, 호르몬이라는 암호의 형태로 특정한 상대에게 확실하게 정보를 전달한다. 도시방어에서는, 특정의 재해정보를 상대를 선별해 정보를 제공할 필요가 있다. 예를 들어 라이프라인 피해정보나 복구정보, 생활 관련정보 등은 불특정 다수에게 전하는 것이 아니라, 그것이 필요한 상대에게 확실하게 전달하는 노력이 필요하다.

(3) 방재의 소프트웨어 (면역계)

도시에는 정보의 종류로서 수치정보, 화상정보, 문자정보 등이 있고 전기신호를 통해 전달되고 있다.

(i) 라인부분과 스텝부분으로 구성된 방재조직에 있어서의 정보의 공유화

방재관련 당국과 지원부서의 재해위험성에 대한 공통의 올바른 인식을 기초로 한다. 하나의 중추기관에서의 수직적, 단편적인 제어가 아니라 병렬적, 통합적인 제어를 목표로, 정보를 평가 피드백하고 체크하는 기능을 가진다.

(ii) 정보의 안전관리

인터넷 등을 이용한 경우, 정보의 무분별한 유포, 정보의 가치를 분별할 수 없는 현상이 발생할 위험성이 있다. 정해진 상대에게 확실하고 정확한 정보를 전달하는 시스템의 구축이 필요하다.

(iii) 방대한 정보의 다양성과 선별능력

다종·다양한 정보를 방재지리정보시스템으로 구축하여, 그중에서 필요한 정보 간의 관계성을 찾아낸다.

(iv) 피해의 리얼타임 내부 이미지화

도시라는 복잡한 환경에 있어서 자연재해를 제어하기 위해서는 단순한 방어시스템으로는 대응하기 어렵고, 재해 발생 시 피해현황의 즉각적인 파악이나 긴급대응을 수행하기 위해서는 다중·광역네트워크를 활용한 정보의 양쪽 방향성이 요구된다.

(v) 풍부한 지원·관련정보의 제공

정보의 교환이 조직적일 뿐만 아니라, 당초에 의도된 것 외에 우연 또는 즉흥적인 내용의 정보가 많아서 재해 상황에 대해 균형감 있는 좋은 판단이 가능하다.

⑷ 에너지·물자·폐기물 수송계 (혈관계)

에너지·물자가 동맥에 해당되고 폐기물은 정맥에 해당된다. 생체는 크기가 다른 동일 구조로 되어 있고, 이것을 자율신경계에서 컨트롤하고 있다. 도시지역에서는 전체의 간선도로·철도·운하와 말단의 지선도로·철도·운하 등과 같은 구조의 네트워크로 구성되어, 자동적으로 제어될 필요가 있다. 그러므로 교통정체 등은 자율신경계가 제 역할을 못하는 병적 상태와 같고, 이것이 도시재해의 피해와 그 확대로 이어질 위험이 있다.

3. 차세대 위기관리시스템의 방향

　한신·아와지 대지진 이후 제안되고 있는 위기관리의 방법은, 미국의 위기관리청 등의 매뉴얼에 의거한 것이 많다. 또한 CALS(Computer Aided Logistic Support)라고 부르는 정보처리를 응용한 방법도 개발하고 있는 중이다.

　앞으로 여러 방법과 방안 등을 제안하겠지만, 다음과 같은 내용을 갖추어야 할 필요가 있을 것이다.

(1) 정보지원과 정보공유에 의한 공동작업

　위기를 관리하는 top down의 입장과, 방재관계기관의 공동작업으로서 정보를 구사하는 후방지원과 측방지원을 중요시하는 bottom up의 입장을 공존시킨다. 이것은 공적인 기관에 의한 위기상황관리(emergency management)와 지역 커뮤니티에 기반을 둔 봉사활동자 등과의 자발적인 공동작업의 공존을 의미한다. 여기에는 다종다양한 정보로부터 이루어지는 데이터베이스를 공유해서 사용하는 시스템의 존재가 필수적이다.

(2) 현장에 대응하는 유연한 계층

　재난현장에 있어서의 구조조직을 보면 소방구조대, 경찰, 군대, 자주방재조직, 봉사활동자 등이 재난지역에 투입되어 활동에 나서게 된다. 이 상황에 있어 대부분의 활동이 일사분란하게 이루어지는 것은 경험상 불가능하며, 이러한 각각의 기관들이 서로 역할을 조절하면서 자주적으로 판단하는 행위가 무엇보다 중요할 것이다. 이러한 경우의 위기상황관리는 신경계의 네트워크로, 자발적 공동작업은 면역계의 네트워크로서 각기 기능을 하고 양쪽이 혼재되어야 한다.

(3) 사태전개의 우연성과 즉흥성

도시재해로 인한 피해와 그 후의 과정은 정해진 프로그램에 따라 발생하는 것이 아니다. 그것은 대부분 매뉴얼대로 일어나지 않는 것을 의미하며, 따라서 현장에서의 적절한 대응이 요구되기도 한다. 여기에는 방재뿐만 아니라 지역 커뮤니티에 관련된 것들을, 인적 네트워크에 따라 정보를 공유해서 기획하고 실행하는 경험을 쌓아나갈 필요가 있다.

(4) 관계성의 활용

각종의 정보가 배경과 다르게 존재하게 되면, 정보에 있어 상호의 관계를 찾아내는 것은 곤란하다. 정보는 일상적으로 활용하려는 노력이 있어야지만 그 효력이 나타나게 된다. 예를 들어 안부정보에 있어서는 독거노인층과 신체장애인의 상황을 우선적으로 공표한다든지, 이재민의 컴퓨터 등록과 동시에 재해 전에 입력된 기존의 자료와 중복시켜 신속한 케어를 실시해야 한다고 생각한다.

(5) 다양성의 공생

시스템적으로는, 다양한 요소들 속에 연결사항이 많아지면 그 시스템은 불안정하다고 지적된다. 또한 요소 간의 연결이 너무 강해도 불안정화가 발생한다. 재해정보시스템에서도 예외가 아니라고 생각한다. 그러므로 시스템으로서 최적의 규모가 있을 것이고, 정보의 취사선택이 가능한 소프트웨어의 개발이 필요할 것이다.

06

재해대책기본법과 방재기본계획

1 재해대책기본법의 성립배경

　일본에서 재해대책기본법이 성립된 것은 1961년 10월 31일이다. 1959년 이세완 태풍 고조에 의해 5,101명의 희생자가 발생되고 나서 2년이 지난 시점이었다. 그해 국회에서 당시의 기시수상이 이 법률의 성립을 약속했지만, 그 조문에 대한 합의형성에 어려움이 있었다. 그것의 원인은 일반법이 가진 여러 가지 특징에서 찾아 볼 수 있다.

　재해대책의 헌법이라고도 할 수 있는 이 법률의 내용을 연구대상으로 검토하기로 한 것은, 한신·아와지 대지진이 일어났기 때문이다. 이 대지진의 피해는 일본의 모든 재해 관련법안에 관련되어 있다고 생각된다. 지자체는 30% 자치제이고, 따라서 보조금을 받기 위해 법률의 조문 어디에 해당되는지를 찾았고, 대장성(기획재정부)을 비롯하여 해당 관청은 관련사항을 적용함에 있어 세밀한 법의 집행을 적용하였다. 양쪽의 팽팽한 줄다리기가 있었다고 생각된다.

　여기서 문제로 된 것은, 조문의 해석은 물론이거니와 이 법률을 적용함에 있어 현재도 타당한지를 판단하는 것이다. 재해 상황은 시대와 동시에 진화하고 또한 사회도 변화하기 때문이다. 지난 35년간 극심한 도시화를 비롯한 고도경제성장을 경험하면서, 겉보기에는 풍부한 사회의 변모를 가져 온 것은 사실이다. 이와 같은 사회가 되었어도 재해대책기본법은 그대로 유효한지, 유효하지 못하다면 어떻게 처리해야 하는지를 나타낸 것이 이 절의 목적이다.

1958년 9월에 가노 강 태풍으로 인해, 이즈반도, 남부 관동지방에 큰 규모의 수해가 발생하였다. 사망자 1,269명이 발생하였고, 또 1년 후 이세완 태풍으로 인하여 도카이 지방을 중심으로 일본 전역에 대재해가 발생하였다. 특히 고조는 맹위를 떨치며 5,101명의 희생자를 생겨나게 했다. 이세완 연안의 해안제방은 1953년 태풍13호의 고조로 인하여 이미 심각한 피해를 입었고, 이 피해에서의 복구사업이 아직 완료되지 못한 시점에서 최대 조위편차 4.5m 고조의 내습이 있었다.

이와 같은 대재해의 피해를 겪으면서 재해대책의 모순이 단번에 표출되었고, 그러한 문제점을 [표 2-4]에 정리하였다.

표 2-4 재해대책의 문제점과 재해대책기본법 측정의 경위

재해대책기본법 성립계기가 된 재해

- 1958년 9월 **** 사망 1,269명
- 1959년 9월 **** 사망 5,101명

지금까지 재해대책의 단점이 나타나, 이에 대한 반성으로부터 시작됨
1) 도시화에 따른 방재상 배려의 결여
2) 수방체계의 미정비
3) 경보의 전달·지시 등이 부적절
4) 관계부서마다, 재해 후 미온적 처리

	내각심의실	지방자치	자유민주당(자민당)
1959년 10월	법안작성 개시	재해에 대한 제도의 검토개시	
12월		재해대책기본법안 요강	
1960년 1월	재해대책의 정비에 관한 법률안		
5월	재해대책 정비 및 추진에 관한 법률안(a)	자민당 지방행정부 법안작성의 요망	(a)를 검토
6월		재해기본법안 작성	
9월			재해기본법 재정 준비 소위원회(b) 설치
1961년 2월		(b) 위원회에 의해 채용	
4월			재해기본법안 배포

1961년 4월	법제국에서 심의개시, '재해대책기본법'으로 명명
5월 23일	제38회 국회에서 폐안
9월 27일	제39회 임시국회에서 재제안
10월 31일	가결 성립
11월 15일	공포(법률 제223호)
1962년 7월 10일	시행(법령 제287호)

(1) 도시화에 따른 방재에 대한 배려의 결여

일본은 1950년대 후반부터 수도(도쿄)권을 중심으로 급격한 도시화의 물결이 시작되었다. 이 때문에, 결과적으로 재해의 게릴라화라고 부르는 소규모의 재해가 〈그림 2–11〉과 같이 급증하였다. 이 사실은 당시로서는 예측하고 있었다고는 할 수 없다. 그러나 재해대책 관계법규를 종합적·체계적으로 세우고, 방재활동을 조직화하고, 계획화해야 한다는 인식은 있었다고 본다. 이 법률의 시행 후 태풍 등의 이상외력이 대도시를 직격하지 않았다는 행운도 있었지만, 확실한 것은 큰 규모의 재해는 경감하고 있다.

(2) 수해방지 체제의 미정비

그림 2–11   자연재해로 인한 인적 피해별 발생건수의 연도 변화

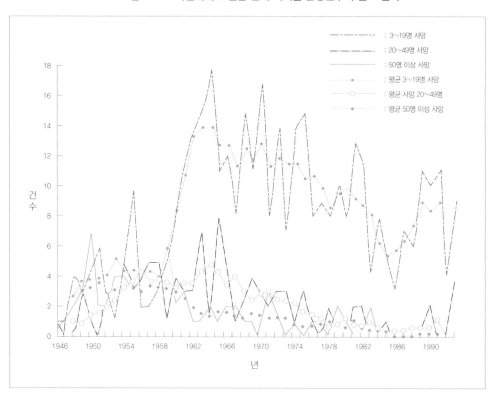

1949년에 제정된 수해방지법은 1958년에 개정되었고, 수해방재조직은 임의단체에서 특별지방공공단체로 되었다. 지방지자체가 부과금이나 유지관리비를 부담하지만 국고보조도 가능하고, 종래 농촌의 이웃이 중심으로 이루어진 조직에서 사무적인 조합의 성격으로 변천되었다. 이것은 앞서 말한 도시화의 진행으로 인해 농촌의 물을 중심으로 한 사회가 붕괴되기 시작하면서, 농민과 하천과의 연결이 취약하게 된 것도 원인이라고 볼 수 있다. 그러한 이유로 수해방지의 의의를 이해하는 풍조가 희박해지기 시작하였다.

⑶ 경보의 전달·지시 등의 부적절

재해의 예보와 재해대책과의 사이에 유기적인 연결이 없고, 기상청의 예보가 충분히 활용되지 못하는 경향이 있었다. 따라서 큰 인적 피해가 발생하기도 하였다.

⑷ 관계기관의 재해 후 임시방편적 처리

각 기관에서 추산한 피해액의 견적이 서로 다르거나 하여, 재해대책의 합리성 부족이 발생하기도 한다. 즉, 재난지역 지자체에 있어, 복구사업에 어느 정도 국가로부터 재정적인 지원을 받을 수 있을까가 큰 과제로 부각되었다. 그 때문에 지역마다의 복구비 확보경쟁 때문에, 조금이라도 많은 보조금을 얻기 위해 관련 지자체들은 필요 이상의 많은 노력을 소모하기도 하였다.

당시 심각한 재해에 대한 명확한 기준이 마련되어 있지 않았기 때문에, 극단적인 예로 관계기관의 단일창구에서 복구사업 내용이 결정된 적도 있었다. 또 큰 재해의 경우 개별적으로 임시특례법이 제정되어 복구사업이 수행되기도 하였다.

당초 법안은 내각심의실에서 발의되었고, 그와 동시에 지자체관청(당시)에서도 재해에 대한 제도의 검토가 개시되었다. 이것은 12월쯤에 「재해대책기본법안 요강」으로서 정리되었지만 어디까지나 관계기관의 내부 자료로서만 검토된 것이었다. 1960년 1월에 내각심의실은 「재해대책 정비에 대한 법률안」을 정리하였지만, 그것은 각 관계기관에 대한 권한의 적극적인 재배분을 제외하고 기구개혁이나 예산조치도 고려하지 않은 소극적인 것이었다. 그러나 이 법안에서도 각 기관의 의견조정이 되지 않아, 어쩔 수 없이 재조정 작업이 불가피하게 되었고, 1960년 5월「재해대책의 정비 및 추진에 관한 법률안」이 정리되었다. 이 법안은 국회의 검토 결과, 도지사의 권한 및 자위대, 경찰, 소방의 직책범위 등에 문제가 있어서 보류 되었고, 이 기간 동안 지자체관청은 내각심의실에 대해 법안 통과에 대한 협조를 강력하게 요구하였지만 대부분 반영되지 못하였다. 그러나 국회의 법안작성 요청의 결과, 6월에「방재기본법안」을 작성하게 되었다.

결국 1960년 내각이 교체되는 정치적 공백 때문에 재해기본법은 본격적으로 논의되지 못하는 상황이 되었다가, 동년 9월에 들어서야 국회에서「재해기본법제정준비소위원회」가 설치되었고, 이 위원회는 지자체관청이 1961년 2월에 최종적으로 정리한「방재기본법안」을 채택하기로 하였다. 그 후 각 부처와의 절충이 계속되었고, 아래의 제반 문제점 해결에 대해 난항이 거듭되었다.

① 심각한 재해의 경우 특별부담 제도의 도입
② 재해대책기금의 설치
③ 개량복구주의의 도입

그 후 9월 임시국회의 재심의와 국회 지방행정위원회의 심의를 거쳐, 개량과 복구에 대해 충분히 배려하는 취지의 수정안 등이 추가되어, 10월에 법안이 가결되고 성립되었다.

2 재해대책기본법의 문제점

여기에서는 재해대책기본법이 가지는 문제점을 지적한다.

(1) 지진방재가 주 대상으로 되어 있지 않다.

1947년 말 재해구조법이 시행되었지만, 이것은 전년의 난카이 지진 쓰나미재해 때문이었다. 그 후 1961년까지 재해구조법이 발령된 사례는 [표 2-5]와 같고, 풍수해와 화재가 전체의 97%를 차지하며, 지진에 관해서는 겨우 1948년 후쿠이 지진, 49년 이마이치 지진, 52년 도카치오키 지진의 3건뿐이다. 이와 같이 지진방재는 무시된 것은 아니지만, 이 법률이 제정된 당시는 대규모 풍수해가 대상이었다는 것을 시사한다. 나중에 건물의 견고한 불연화가 명문화되었지만, 이것은 화재의 대책이며 그 증거로 '구조물'에 대한 서술은 없었다.

표 2-5 재해구조법의 적용수 (1948~1959년)

화재	291건(66%)
풍수해	137(31%)
사고	7
지진	3
화산	2
기타	1
합계	441건
연간평균	36.8건

(2) 소방청과 국토부의 견제가 있다.

[표 2-4]는 지자체관청 소방청이 작성한 원안을 기본으로 한 것이다. 그러면서도 [표 2-6]에 나타난 것처럼, 발족 당시 중앙부처 산하 중앙방재회의 사무국장을 국토부 정무차관이, 사무국차장은 소방청차장과 국토부 방재국장이 맡고 있었다. 이 법률의 제정 당시, 사무국장으로 소방청장관, 중앙방재회의 사무를 소방청에서 담당하는 것을 희망하고 있었으나, 재해는 화재만이 아니고 또 당시는 현재보다 지방공공단체의 재정력과 행정집행력이 약한 시대이므로, 사무국 직원의 구성 면에서 보여지듯이 건설, 운수, 국토의 관청이 중심적으로 활동하는 체제로 되어 있었다. 그러나 소방청은 지방공공단체에 관해서 권고나 보조사업을 추진하였고, 지방공공단체의 「소방방재과」가 총무부 소속의 사무관으로 구성되어 있었다. 그 때문에, 재해정보의 처리 등 선진기술의 이해나 도입에 지장을 초래하게 되었다(2001년 조직의 개편으로 인해 통폐합되었지만, 명칭만 변하였을 뿐 구성은 변하지 않았다).

표 2-6 **중앙방재협의회 담당자수의 비율**

사무국장	국토청정무차관(소방청장관*)				
사무국차장	국토청방재국장	중앙방재협의회의의 사무담당(소방청*)			
		방재기본계획서, 비상재해에 관련됨			
		정부 및 지정행정기관, 지정공공기관에 관련된 사항			
	소방청차장	지방공공단체에 관련된 사항(*당초희망)			

국원	건설성	4명	주사	국토청	10명
	운수성	2명		건설성	5명
	국토청	2명		운수성	3명
	과기청	2명		에너지성	3명
	후생성	2명		후생성	3명
	외(1명)	21명		소방청	2명
	합계	33명		문부성	2명
				과기청	2명
				외(1명)	19명
				합계	49명

⑶ 지켜야 할 것에 대한 변화를 깨닫지 못한다.

재해대책기본법에는, 제1조 지켜야 할 것으로 국토와 인명·신체, 재산의 3개 항이 요약되어 있다. 한편 지방자치법 2조 3항의 1호에는, 각 지역지자체의 「지방공공의 질서를 유지하고 주민과 체제의 안전, 건강 및 복지를 지키는 것」 또는 「방범, 방재, 이재민의 구호, 교통안전 등을 지키는 것」에 관한, 법률로 정한 지방공공단체가 제공해야 할 서비스에 대한 대표적인 예를 나타내고 있다.

우선 지켜야 할 것으로 재산이 있지만, 이것은 공공과 개인의 재산을 의미한다. 그렇다면, 지키지 못했을 때에 대한 사항에 대해서는 어디에도 나타나 있지 않다. 해설편에 따르면 이 법률이 규정하는 내용을 총괄로 나타낸 것이라고 하지만, 지키지 못할 경우가 발생된다는 것을 염두에 두지 않았음은 명확하다.

여기서, 재해 시 지켜야 할 것이 이것뿐일까 라고 생각하면 그 외에 중요한 것이 빠진 것을 깨닫게 된다. 그것은 우리들의 생활이나 인생을 지탱하는 유기적인 연관과 문화라고 총칭되는 사항이다. 이 법률에서 말하고자 하는 3개는 문명이라고 집약될 수 있을 것이다. 병에는 신체적인 것과 정신적인 것이 있고, 전자만을 가리키는 것이 아니다. 이것과 마찬가지로, 재해에도 문명적인 것과 문화적인 것이 있다.

⑷ 행정의 역할만 명시되어 있지 않다.

한신·아와지 대지진의 복구사업의 전개에 있어서, 지방의회의 무력함이 명확하게 나타났다. 재해발생이라는 이상사태에서, 지방지자체에서는 재해대책본부장으로 각각의 도, 도, 부, 현(시, 도)의 지사나 지역장이 취임하는 시스템으로 되어 있다. 이것은 재해 시에 행정기관이 입법기관 위에 있다는 것을 자동적으로 승인하고 있는 것이다. 미국에서는 재해가 발생하면 대통령의 비상사태 선언을 받아 연합위기관리청(FEMA)이 나서지만, 이 시점에서 비로소 행정기관이 입법기관보다 우위라는 것이 잠정적으로 인정받는 것이다. 이와 같은 변칙적인 상황은 복구사업이 종료될 때까지 계속되는 것이 아니라, FEMA나 주정부는 자기들이 해야 할 임무를 재해 이전에 명시해서 임무를 수행하고, 그것이 끝나면 다시 원래의 삼권분립으로 되돌아간다.

복구의 과정에서는, 그 사업에 그 지역 주민들의 의사반영이 필수라고 생각한다. 일본 같은 의회제 민주주의의 나라에 있어, 지방자치의 근간은 단체자치와 주민자치의 2개로 구성된다. 그 기초에 위치하는 것이 의회이고 주민들의 의사는 직접 의회에 반영되어 시책이 결정되는 것이다. 행정이 주민들의 요망을 할 수 있는 것과 할 수 없는 것을 구별하지 않고 마치 슈퍼마켓처럼 많은 복구사업을 제안하는 것은, 예산이 뒷받침되지 않은 무책임한 것이다. 사업의 진보, 진척은 국가의 보조금을 어느 정도 받을 수 있을 것인가에 달려 있다. 내각이나 도지사, 국회에 대해, 어려운 상황에 대한 요망과 재해의 복구를 위해, 생존권을 구체적으로 실현하는 법률의 제정 등을 요구할 수 있다. 또한 일본헌법에 있는 「청원권」을 행사하는 방법이나, 법원에 대해 「국가배상청구권」을 주장하는 방안 등도 활용하여야 할 것이다.

⑤ 예방과 응급대책이 중심이 되고, 복구는 포함되어 있지 않다.

이 기본법의 최대 결함은 여기에 있다. 즉, 재해대책기본법의 성립과정에서 재해대책의 기금이나 의연금 제도 설치에 대해 당시 재무부의 반대로 실현되지 못하였다고 한다. 이 법률은 본문 1에서 서술한 바와 같이, 실현에는 당시 지자체관청에서 원안을 작성한 경위가 있다. 법안의 골자는 지방지자체 특히 재해발생 때의 도, 도, 부, 현(시, 도)의 지사 등의 권한을 강화시키는 것이었다. 잘 알다시피 소방의 기본목적은 화재를 발생시키지 않는 것에 있고, 화재가 발생하면 초기소화에 노력하고 연소로 이어지지 않도록 하는 것이다. 한편 소방의 기본목적의 하나인, 화재로 인한 재해의 흔적을 어떻게 복구해야 하는가에 대한 업무는 포함되어 있지 않다. 기본적으로 이 점에 문제가 있으며 지자체 소방청이 그 모든 것을 관리한다는 것은 재정상 여러 관점에서 문제가 있다.

재해대책기본법은 이와 같이 복구를 대상으로 하지 않기 때문에, 이런 대지진재해에서 정부는 「한신·아와지 대지진 복구의 기본방침 및 조직에 관한 법률」을 제정하여, 복구대책본부와 복구위원회를 설치하고 복구계획의 법안 입안을 구성하였다.

⑥ 실태는 원형복구주의다.

재해대책기본법은 일반법이다. 그 제정은 기존의 재해관련법으로 부족한 부분을 보완하고, 이 법률들을 유기적으로 관련시켜 조절하는 것에 목적을 두고 있다. 즉, 기존의 특별법우선의 원칙이 적용되어 있다. 그 때문에 개량복구주의 적용의 길이 명확하게 되어 있음에도 불구하고, 예를 들면, 「공공토목시설 재해복구사업비 국고부담법」에서는 지금도 기본은 원형복구주의이고, 개량복구는 특별한 경우에만 인정하게 되어 있다. 따라서 현실적으로는 원형복구주의라고 보아야 한다.

⑺ 2차 재해, 복합재해 등의 내용이 포함되어 있지 않다.

　본 법률이 시행될 당시, 일본은 본격적인 도시화의 물결이 막 시작된 시기였다. 그러므로 오늘날과 같은 대도시처럼 사회구조의 고도화, 복잡화를 전제로 한 것이 아니다. 그 때문에 한신·아와지 대지진재해로 일어났던 2차 재해의 장기화현상이나 경제적 피해, 그리고 동시에 또는 연속적으로 각기 다른 재해피해의 형태가 일어나는 복합재해에 대해, 유기적이고 능동적인 대처를 할 수가 없었다.

2차 재해의 예 :
1) 대지진의 발생, 기업본사건물의 파괴, 화재, 전국적인 영업활동의 정지, 기업도산
2) 대규모의 수해 발생, 농산물의 수확불량, 농산물 가격의 상승, 수입의 확대, 국제수지의 악화

복합재해의 예 :
1) 해양성지진의 발생, 쓰나미의 내습, 임해 저지대 지하공간의 침수, 지하철, 지하상가의 수몰, 전기공급시설과 변전시설의 피해
2) 태풍의 상륙, 고조, 홍수범람 발생, 산사태 발생, 파랑재해의 발생, 차량 침수, 바다 염분입자의 부착으로 인한 절연불량과 정전

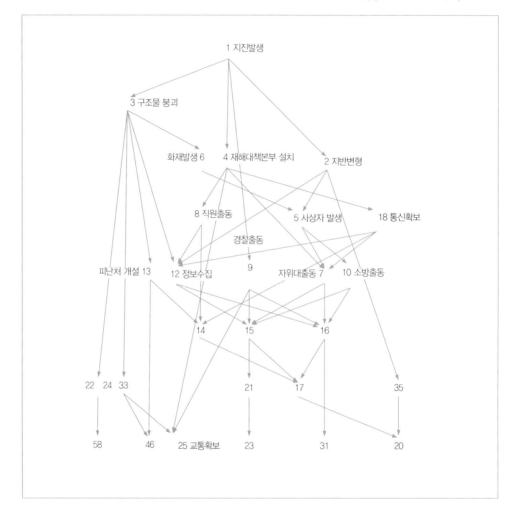

그림 2-12　한신·아와지 대지진에서 응급대응이 미숙하였던 사항(ISM법에 의한 해석)

　　〈그림 2-12〉는 한신·아와지 대지진재해 발생 후 첫 날의 대응을 조사한 것이다. 구체적으로 신문기사의 표제에 의하여, 무엇이 문제가 되어 있었던 것인지를 ISM법에 따라 컴퓨터로 조사한 것이다. 이것으로 현행의 재해대책기본법에서, 밑줄 친 부분에서 통신과 수송의 문제가 나타난다는 것을 알 수 있다. 이와 같이 이 법률은 현재의 사회 정세에 잘 대응되지 못하였던 것을 알 수 있다.

3 　재해대책기본법 개정의 내용

　재해대책기본법은 1995년 9월과 12월에 개정되었다. 개정의 주안점은 관보나 각종 잡지의 기사로도 공표되었다. 본 절의 목적은, 이 개정안이 지방지자체의 피해경감과 피해로부터의 조기복구에 도움이 되는지 여부에 있다.

(1) 자위대(군대)의 재해파견관계.

　한신·아와지 대지진재해에서는, 파괴된 건물 등에서 구출된 사람이 약 18,000명 정도라고 추정되고 있다. 그중, 약 15,000명은 이웃주민들로부터 구조되었고, 〈그림 2-13〉은 그것을 나타내었다. 한편, 고베시의 소방구조대가 재해발생 후 1주일 동안 구출한 1,888명 중, 생존자수가 사망자수를 웃도는 것은 불과 구조 당일뿐이었다. 정확하게 당일부터 3일간에 생존자의 96%가 집중되어 있고 황금의 72시간(Golden 72hours)이라는 표현은 들어맞는다. 그러나 목조가옥 붕괴의 경우는 재해발생 당일이 생명구조의 승부이다. 이와 같은 사실에서, 이 지진재해 발생 직후 뒤늦은 자위대 파견의 실효성은 지극히 의문스럽다고 할 수 있으며 이에 대한 대책안의 검토가 필요하다. 자위대는 자기완결형의 조직이고 재난지의 지자체가 자위대의 숙식 등의 걱정을 하지 않아도 될 것이다. 이런 이유로 자위대에 의한 본격적인 재난지에서의 활동이 기대되기 때문에 그것을 활용하는 방안의 구축이 필요하다. 예를 들면, 인명의 구조, 구호활동에 필요한 도로를 확보하고, 붕괴가옥의 철거, 도로의 단차해소, 교량의 응급보수, 헬리포트의 확보나 조성에 병력을 투입해야 할 것이다.

그림 2-13   주민에 의한 인명구출과 응급구조대 및 자위대에 의한 구출

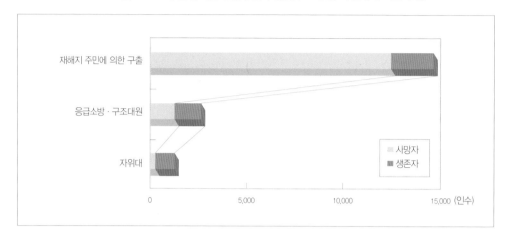

공적인 인명구조는 소방구조대에게 맡기는 것이 효과적이고, 경찰은 주로 치안유지에 투입되어야 한다. 이 3개의 기관 모두가 인명구조를 주목적으로 활동할 때, 현지에서 강력한 조정능력이 요구되고 이 부분은 가장 어려운 부분이다. 소방구조대의 활동을 자위대와 경찰이, 다음과 같이 지원하게 되면 원활한 인명구조 활동이 기대된다.

(i) 소방구조대 : 전국의 소방구조대가 헬리콥터로 이동한다.

(ii) 경찰의 광역기동대는 재난지역과 근처의 병원을 왕복하는 구급·인명구조차량 외에는, 당일부터 3일간 재난지에 관계차량 외의 유입을 통제해야 하거나, 보도기관의 취재도 대표자만 허가해야 한다.※

＊ 한신·아와지 대지진재해에서는 물이나 식료품은 4일째부터 거의 정상적으로 재난지역에 공급되었다. 최초 3일간의 물과 식료품의 비축은 재난지역 내 개인의 평소 비상대피품목으로 대처하면 좋을 것이다.

＊ 시, 정, 촌은 시, 군, 구, 읍, 면, 동에 해당한다.

시, 정, 촌※의 지역장은, 지사에게 자위대 파견을 요청할 수 있거나 또는, 지사에게 해당 요구를 할 수 없을 때는, 직접 부처장관 또는 그 지정하는 자(해당 지역을 총괄하는 자)에게 파견요청할 수 있다(이 경우 나중에 도지사에게 통지해야 한다). 이와 같은 개정사항은 지자체의 안이한 재해대책으로 이어질까봐 우려도 된다. 자위대에게 모든 것을 맡기는 무책임한 시, 정, 촌이 나타나지 않기를 바란다.

재해대책의 근간은, 주민들의 자조적인 노력과 그것을 지탱하고 지원하는 지자체의 역할이 크다. 이를테면 각각의 도, 도, 부, 현 당국보다 자위대쪽이 개괄적인 피해상황을 신속하게 파악하고 있는 경우, 해당 지역 총괄자가 지사(또는 부지사, 사전에 지사가 임명한 재해대책본부의 요인 등 복수재)에게 연락하여 파견을 재촉하는 것도 타당할 것이다.

⑵ 방재상의 새로운 과제의 대응

재해대책기본법 제8조 제2항에 11개 항목의 국가 및 지방공공단체(각각의 시, 도와 지역)와 관련한 실시항목이 들어 있고, 이번에 새로 7항목이 추가되어 18개 항목으로 증가하였다. [표 2-7]은 그것을 정리한 것이고, 어느 쪽이든 당연한 내용들이다. 여기서 문제는, 이들이 「그림의 떡」이 되지 않도록 시책이 준비되어 있는가 라는 것이다. 시책이라는 것은, 재정적인 준비와 그 위에 이 항목들을 실시하기 위한 전문적인 지식의 축적과 그 활용법일 것이다.

예를 들면, 자주방재조직의 육성이나 봉사활동에 따른 재해활동 환경의 정비 등, 어느 쪽을 봐도 급조된 이상적인 것은 존재하지 않는다는 것을 명심해야 하고, 거기에는 착실한 노력을 쌓는 것이 필요한 것이다. 또한 행정의 권한과 기능이 너무나 중앙으로 집중되었기 때문에 정작 해당 지방지자체는 행정력이 약해지는 경우도 우려된다. 그리고 봉사활동법안이 성립되지 못했던 이유에서 보여지듯이, "적절한 비판세력이 없으면 제도나 조직은 발전하지 않는다."라는 역사적 사실도 고려해야 한다고 본다. 봉사활동이라는 것은 행정이 할 수 없는 것, 즉 행정의 틈을 메우는 것이고 본래 행정이 해야 할 것을 하는 것은 아니다.

표 2-7 재해대책기본법 개정에 따라 제8조 제2항에 추가된 항목

(1) 교통, 정보통신 등의 도시기능의 집약에 대응하는 방재대책에 관한 사항
(2) 화산현상 등에 의한 장기적 재해에 대한 대책사항
(3) 지방공공단체의 상호 응원에 관한 협정체결 관련사항
(4) 자주방재조직의 육성, 봉사활동에 대한 방재활동의 환경정비, 그외 국민의 자발적인 방재활동 촉진에 관한 사항
(5) 고령자, 장애자, 유아 등, 특히 배려가 필요한 자에 대한 방재상 필요한 조치에 관한 사항
(6) 해외로부터의 방재에 대한 지원의 수용에 관한 사항
(7) 이재민에 대하여 적절한 정보제공에 관한 사항

4 방재기본계획의 개정

재해대책기본법에는, 매년 방재기본계획을 검토하고 필요하다고 인정될 때는 이것을 수정해야 한다고 되어 있다. 이것은 1963년 중앙방재회의에서 결정된 후, 1971년에 부분 개정하여 1995년에 전면적으로 개정되었다. 이 과정에서 보다시피, 재해가 일어나지 않으면 개정하지 않는다는 자세에 대해 우선 질의하고 진의를 밝히고 싶다. 아무튼 재해대책기본법이나 방재기본계획에서는 재해예방이 하나의 축으로 되어 있고, 희생자가 나타나지 않으면 개정하지 않는다는 것은 잘못된 발상이다.

따라서 여기서는 이번에 개정된 방재기본계획의 특징을 나타낸 후, 이에 대한 문제점을 지적하고 싶다.

(1) 방재기본계획의 특징

제1편 총칙에서는 방재의 기본방침으로, 주도적이고 충분한 재해예방, 신속하고도 원활한 재해응급대책 및 적절하고도 신속한 재해복구를 들고 있다. 그리고 제2편 지진대

책편, 제3편 풍수해대책편, 제4편 화산재해대책편, 제5편 기타의 재해대책으로 되어 있고 참고로 공통편이 마련되어 있다. 여기서는 지진재해대책편을 예로 들어 설명한다. [표 2-8]은 목차의 구성이고, 한신·아와지 대지진재해에서 문제가 됐던 것을 빠뜨리지 않고 정리한 것이다. 페이지수의 배분은 16 : 22 : 5이다. 다만 재해예방에 있어서, 재해응급대책의 사전준비로서의 시책이 제2절에 기술되어 있고, 실제의 비율은, 7 : 31 : 5 로 되어 있다. 그러므로 재해응급대책에 중점적으로 역점을 두고 있다고 판단이 된다. 이것은, 예를 들어 1996년 수정된 도쿄 지역방재계획 지진재해 편에서도 같은 경향이고, 페이지수의 할당은 125 : 232 : 25인 것처럼, 복구부분이 극단적으로 낮게 편성되어 있다.

이것은 한신·아와지 대지진재해 직후로부터 수개월 동안 단시일 내에 정리되었기 때문에, 재난지 자체의 초심자적인 대응과 혼란이 두드러지고, 재해응급대책의 느낌이 강렬하였던 것이 나타나 있다고 생각된다. 사실은 개정된 방재기본계획의 최대의 문제점이 여기에 있다고 할 수 있다.

⑵ 문제점

이런 재해로 가장 문제가 된 것은, 인명구조 외에 복구과정의 혼란이라고 강조하여도 될 것이다. 재해대책기본법이나 방재기본계획에도, 이에 관련하여 서술한 내용이 충분치 아니하고 추상적인 표현으로 끝내고 있다. 이것은, 이러한 구체적인 교훈이 재해응급대책 관계에 집중돼 있고 아직 복구과정의 교훈이 정리가 되지 못한 단계로, 우선 급하게 개정하였기 때문이라고 추정할 수 있다. 여기서는 다음의 부분들을 소개하고 싶다.

🌧️ **표 2-8 방재기본계획의 지진재해 대책편의 목차**

(ⅰ) 너무 많은 복구사업과 방침의 결여 : 효고현이나 고베시에서는, 어느 쪽이든 500개가 넘는 프로젝트를 제안하고 있다. 이 중에는 더 중점적인 것으로 압축한다고 하였지만 대부분 수용을 원하는 인상을 받게 된다. 여기에 대해서는 재정적 확보의 확신이 없을 뿐만 아니라, 그것을 지원하는 인적 자원의 면에서도 불충분할 것이다. 지자체가 책임을 가지고 할 수 있는 것이 무엇인가에 대한 냉정한 판단이 필요하다. 따라서 방재기본계획에서는, 국가가 지원할 수 있는 지자체의 복구사업을 구체적으로 제시하여 줄 필요가 있다.

또한 재난지자체의 복구사업이 여전히 공공구조물이나 시설의 정비에 치우치고 있다. 〈그림 2-14〉는 복구에 있어서 사회적 미티게이션(개발행위로 인한 생태계에 미치는 영향을 가능한 한 극소화하는 행위)의 내용을 나타내는 것이고, 도시나 지역의 환경창조와 이재민의 생활재건이라는 이념이 저변에 깔려 있어야 하는 것이 매우 중요하다. 또한 고령화사회로 진입하고 있는 최근의 현실 앞에서, 사회적 약자에 대한 대책이 너무 추상적이고 너무 간단하여, 이것으로서는 어떻게 대응해야 할지 의문이 든다.

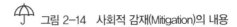
그림 2-14 사회적 감재(Mitigation)의 내용

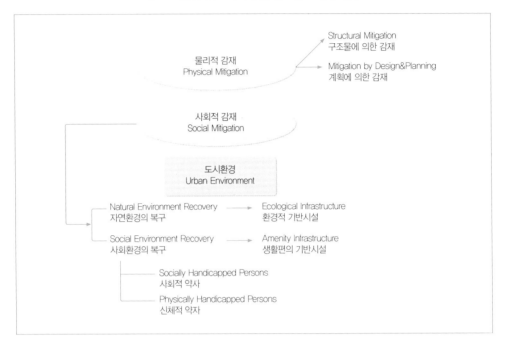

(ii) 복구사업의 선택과 결단의 필요성 : 7개월의 장기간에 걸친 피난소의 개설은 피할 수 없었던 것일까. 1호당 300에서 400만 엔의 비용이 필요한 응급가설주택 4, 5만호를 건설하여, 2년 후에는 폐기처분해야 하는 낭비(폐기하지 않으면 슬럼이 된다)를 피할 수는 없었던 것일까. 이에 대한 지혜를 발휘하여야 할 것이고, 또한 국고보조라면 무엇이든 이용하려고 했던 지자체 쪽에도 책임이 있다.

(iii) 단순한 예산의 결함 : 예를 들어, 각종 공공구조물이 1조 엔의 피해를 입었다고 하면, 이때 이 1조 엔을 사용하여 새로운 지역 만들기를 할 수 있다면, 종전보다 더 나은 것을 창조할 가능성이 있다. 그러나 현행에서는 이전의 것을 복구하는 것이기 때문에 지역이나 도시의 양상은 변할 수 없다. 하지만 예를 들어 재해 전 사용빈도가 매우 낮고, 수심이 얕은 포토 아일랜드의 컨테이너버스를 복구하는 대신, 항구를 더

욱 더 이용하기 편리하게 규제완화를 도모하거나 이용요금을 내리는 노력으로 연결하면 재정이 더 살아날 것이다.

(ⅳ) 각각의 도, 부, 현과 광역도의 관계 : 이러한 대지진재해 후의 대응이나 지역방재계획의 수정과정을 살펴보면, 재난지역을 포함하여 광역도 쪽이 도, 부, 현 쪽보다 일반적으로 충실하다는 인상을 받고 있다. 따라서 재해대책기본법에서 나온 예로 자위대의 파견요청이 조건부라고는 하지만, 시, 정, 촌장이 직접 요청하는 것보다, 그 지역들과 비교하여 재해대책을 종합적으로 실시할 수 있는 곳은 광역도라고 보는 것이 합리적이라고 생각한다. 또한 재해정보의 쌍방향성이라는 관점에서, 현재와 같이 국가로부터 정보가 각각의 도, 부, 현 통해서 다음 단계의 시, 정, 촌 지역으로 전달되는 것은 문제가 많을 것으로 예측된다. 지역의 개괄적인 피해정보가 각각의 도, 부, 현을 경유하지 않고 중앙행정부서에서 직접 통보하는 계획이 도입된다면, 중앙행정부서에서 해당 지역으로 상황에 따라 직접 전달하여도 된다.

5 성숙된 지방자치단체의 목표

종전 후 50년 이상 경과된 지금, 일본의 지방지자체 조직이나 기능은 과연 성숙되어 있는 것인가. 이런(한신·아와지) 지진재해를 경험하고 나서, 더욱 더 노력하는 지자체의 모습이 필요하다고 생각된다. 몇 가지 열거해 보면

(ⅰ) 실험지자체로서의 의식 : 지방지자체는 현재로서도 이미 충분한 조직과 기능을 가지고 있다고 판단할 것이 아니라, 조직과 기능도 더욱 능숙하게 다듬어야 한다고 생각하며 지속적이고 부단한 노력을 해야 한다. 또한 그러한 과정을 주민들에게 공개해야만 한다.

(ⅱ) 수장의 리더십과 식견 : 재해대응능력은 평상시 지자체의 행정능력의 연장선 위에

있다. 방재라는 것은 기능적인 것이고, 그것이 평상시 행정에 필요한 기능상의 연장선에 있다고 생각할 때, 고도의 리더십이나 필요한 일정 이상의 식견이 요구된다.

(iii) 기술주도적인 준비태세 만들기 : 각각의 시, 도의 소방방재과는 총무부나 기획부의 계통이고 사무관으로 구성되어 있다. 그리고 방재지리정보시스템처럼, 앞으로의 재해대책은 각종의 정보를 어떻게 이용하고 활용할 것인가에 크게 의존한다. 따라서 컴퓨터를 비롯한 하이테크 시스템을 도입하고 구사할 수 있는 능력도 필요하는 등 지자체 전체의 지혜를 결집하여야 한다.

(iv) 교훈의 특화 : 한신·아와지 대지진재해로부터 얻은 교훈은 일반적인 것이 아니라, 각각의 지자체가 안고 있는 자연·사회적 환경에 따라 당연히 변화된다. 그러므로 이번 지진재해의 공통적인 교훈을 추출하고, 그것을 지자체의 사정을 감안한 교훈으로 바꿔가는 노력이 요망된다.

(v) 인재의 유동화 : 앞서 말한 재해대응 같은 기술력이 필요한 분야에서는, 인재를 지자체 관내에서만 등용할 것만이 아니라, 민간에서도 수시 채용하는 길을 열어 두면 큰 힘이 될 것이다. 종적인 행정의 폐해는 세계적으로 공통사항이고, 이것을 개선하기 위해서는 인재의 유동화가 효과적이다.

 참고문헌

1) 河田恵昭（1995）：危機管理による津波防災と緊急対応組織論，海岸工学論文集，第42巻，pp.1241-1245

2) 河田恵昭（1995）：阪神大震災—兵庫県南部地震による被害の概要とその教訓—，自然災害科学，Vol.13，No.3，1995，pp.225-234

3) 河田恵昭（1995）：緊急対応の遅れと危機管理，自然災害科学，阪神・淡路大震災特集号，pp.7-17

4) 河田恵昭（1995）：危機管理の時系列的展開とその課題（上），神戸市消防局広報誌『雪』，No.533，pp.37-41

5) 河田恵昭（1995）：危機管理の時系列的展開とその課題（中），神戸市消防局広報誌『雪』，No.534，pp.29-35

6) 河田恵昭（1995）：危機管理の時系列的展開とその課題（下），神戸市消防局広報誌『雪』，No.535，pp.20-27

7) 河田恵昭（1995）：警報伝達と避難マニュアル，自然災害と地域社会の防災，第9回「大学と科学」公開シンポジウム組織委員会編，pp.42-53

8) 河田恵昭（1995）：都市大災害，近未来社，232 pp

9) 河田恵昭・小池信昭（1995）：危機管理と津波避難マニュアル，京都大学防災研究所年報，第38号 B-2，pp.157-212

10) 河田恵昭（1996）：危機管理と総合防災システム，京都大学防災研究所年報，第39号 A,pp.1-17

11) 河田恵昭（1996）：災害対策基本法と防災基本計画，自然災害科学，Vol.15，No.2，pp.81-92

12) 河田恵昭（1996）：阪神・淡路大震災で得られた教訓とその総合化—震災から1年10ヶ月経過後の試み，自然災害科学，Vol.15，No.3，pp.183-193

13) 河田恵昭(1996)：環境改善が危機管理の第一歩，科学朝日，Vol.663，pp.110-114

14) 河田恵昭（1997）：大規模地震災害による人的被害の予測，自然災害科学，第16巻，第1号，pp.3-13

15) 河田恵昭（1997）：危機管理と総合防災システム，地域防災計画の実務，鹿島出版会，pp.198-220

16) 河田恵昭（1998）：津波と危機管理，河川，No.625，pp.8-13

17) 高橋 裕・河田恵昭編著（1998）：水循環と流域環境，300 pp

18) 河田恵昭・朴 基顕・柄谷友香（1998）：社会の防災力の評価に関する一考察，京都大学防災研究所年報，第41号 B-2，pp.77-79

19) 河田恵昭（1998）：都市地震防災の展望—阪神・淡路大震災後3年を経過して—，自然災害科学，Vol.14，No.4，pp.225-237

20) 河田恵昭(1999)：都市地下空間が水没する—人がつくる新たな脅威，中央公論，11月号，pp.164-173

23) 河田恵昭・柄谷友香（1999）：社会の防災ポテンシャルの評価に関する一考察，地域安全学会，No.8，pp.10-13

24) 河田恵昭・柄谷友香（1999）：大規模な人的被害発生に伴う社会的価値の損失の評価，第22回土木計画学研究発表会，pp.761-764

25) 河田恵昭・柄谷友香（1999）：トルコと台湾の地震による人的被害に基づく間接被害額の推定，地域安全学会，No.9，pp.250-253

26) 河田恵昭（2000）：地域の「防災力」を高める，晨，Vol.19，No.9，pp.16-18

27) 河田恵昭（2000）：震災直後の対応および情報の問題点，土木学会誌，Vol.85，No.1，pp.38-39

28) 河田恵昭ほか（2000）：巨大災害対策について，海岸，Vol.40，No.1，pp.5-20

〔河田　恵昭〕

방재계획론

주민의 자발적인 방재활동

리스크 매니지먼트의 시작

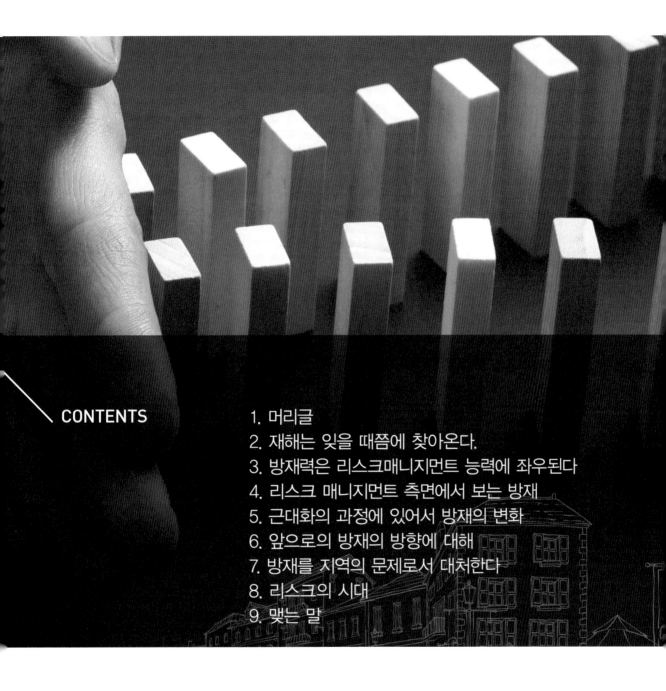

CONTENTS

01

머리글

일본은 지진, 천둥, 화재, 홍수 등 재난에 관련된 「방재」를 일상과 가까운 것이라고 받아들여왔다. 그러나 우리들은 평상시 생활에서, 「방재」를 어느 정도 가까운 문제로 인식하고 있는 것일까.

물론 예외는 많이 있다. 운젠후겐다케의 화산재해로 늘 고민하고 있는 시마바라시의 주민들에게 있어서, 그것은 사활이 걸린 문제로 사실 가장 중요한 과제임에는 틀림없다. 물론 거기에 대한 혜택도 따르기 때문에 화산과의 공존이 일상적으로 이어지고 있다.

일본의 이른바 일반적인 도시에 있어서, 방재를 주민 스스로가 생활의 가까운 일부로서 생각하는 것이 왜 중요한 것인가에 대해 검토해야 할 필요가 있다. 또한 이런 것은 어떤 사항들부터 시작해야 좋을 것인지, 이러한 점에 대해서도 고찰하고자 한다.

02

/

재해는 잊을 때쯤에 찾아온다.

화산재해 등이 현재도 진행 중이거나 재해 상태인 지역 등을 제외하면, 「방재」는 우리들 일상생활 속에서 항상 의식되고 있는 것은 아니다. 재해의 직후에는 그것들을 매우 가깝고 강하게 의식하고 있어도, 시간의 경과와 동시에 급격하게 저하되어 버리는 것이 일반적 현상이다.

"재해는 잊을 때쯤에 찾아온다."라고 하는 말은 「방재의식의 휘발성」이라고도 불러야할 특징으로 인간의 습성과도 관계가 있다. 예를 들어, 1982년 나가사키시를 습격한 집중호우와 그에 따라 발생한 토사재해나 수해는 전대미문의 대재해를 가져왔다. 〈그림 3-1〉은 그 후 주민들의 잠재의식이 어떻게 변화되었는지를 추정하는 하나의 바로미터(barometer)를 나타내고 있다. 세로축은 당시 지방신문이 재해에 대해 어떤 형식으로든 보도한 기사를 크기로 측정한 수치를, 가로축은 재해발생 시를 원점으로 하여 그 이후의 시간경과를 월단위로 나타낸 것이다. 이것으로 다음을 말할 수 있다.

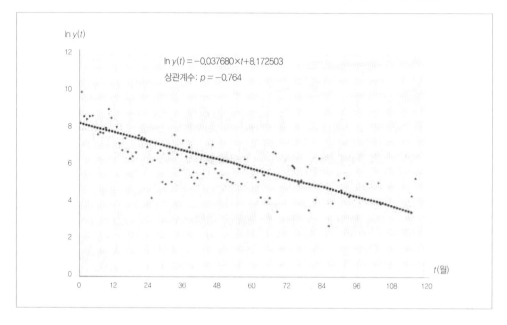

☂ 그림 3-1   보도량으로부터 본 나가사키 재해에서 나타난 방재의식의 장기변동

① 특정재해의 관심 정도, 우선 정도는 시간의 경과와 동시에 급격하게 저하한다.

② 간헐적으로 일정한 간격을 두고 순간적, 집중적으로 관심을 다시 일으키는 보도활동도 있다. 이것은 이른바 당시 재해가 일어났던 날을 기념하고 기억하는, 적어도 연단위나 정기적으로 「방재의식의 재활성화」를 도모하기 위한, 〈계몽하는 단체〉의 하나의 자율적인 기획이다.

물론 이것으로, 커뮤니티 자신의 방재의식이 같은 패턴을 따라 저하하고 있다고는 단정할 수 없다. 그러나 이러한 종류의 보도는, 단지 보도하는 쪽에서의 일방적인 행동을 유도하는 정도를 나타낸 것이라고 보면 경솔한 것이다. 보도는 계몽적 내용과 동시에, 주민 자신이 자발적으로 행하거나 표현한 「나가사키 재해를 재인식하기 위한 활동」 등을 반영하는 것들이 많이 포함되어 있기 때문이다. 이렇게 생각하면 〈그림 3-1〉에서도 비슷한 패턴으로, 커뮤니티의 방재의식도 시간의 추이에 따라 급격하게 저하한다고 볼 수 있다. 방재의식이 저하하면 어떤 지장을 초래할 것인가. 실은 사회적 방재력은 재해를 리스크로서 인식(인지)하고, 재해리스크에 대처하는 휴먼웨어(사회가 공통적인 기반으로 갖춘 지식이나, 기술의 총체)의 질에 크게 의존하고 있다고 생각된다.

03
/
방재력은
리스크 매니지먼트 능력에 좌우된다.

「방재력」, 즉 「재해에 대한 저항력」은, 재해라는 「리스크」에 사회가 어느 정도까지의 위기상황에 대응할 수 있는가에 달려 있다고 해도 좋다. 여기서 말하는 「리스크」는 「① 손해 (피해를 끼치는 것)를 일으키는 원인을 가지고 있다는 것 ② 그 원인이 발생할 것인지 어떠할지가 불확실한 것 ③ 거기에 있는 사람(행동주체)이 여러 가지 행동(선택)하는 방법을 가지고 있다는 것」, 이 3가지의 조건이 성립되는 상태를 지목한다. 이러한 의미에서 흔히 말하는 「공해」나 환경문제도 「리스크」의 범주에 들어가는 것이다.

〈그림 3-2〉를 이용해서 설명하면, 중심에 있는 것이 「손해를 일으키는 원인」이다. 이것을 「위험한 현상」이라고 하고, 방재전문가들 사이에서는 이것을 「해저드」라고 부르고 있다. 예를 들면, '지진이 일어난다', '집중호우가 내린다', '화재가 발생한다' 등이 그에 해당한다. 이러한 「원인」들을 멈추게 할 수만 있다면, 당연히 가장 확실하고 효과적인 방재가 될 것이다. 유감스럽게도 '화재의 진화'라는 것은 그런대로 할 수 있어도, '지진을 막다'라든가, '집

중호우를 막다'라는 것은 인간의 힘으로는 불가능하다.

이것들은 「자연재해」와 「인위재해」를 구별하는 하나의 기준이 될 것이다. 나아가서는 자연이 손해를 일으킨 원인이 된 것인지, 인간이나 사회가 그것을 일으키는 원인이 된 것인지에 따라, 자연재해인가 아닌가를 분별하는 방법이 된다. 그러나 거기에 사는 사람이나 재산상의 어떤 물건이 없다면, 「피해(손해)」라고 보지는 않을 것이다. 그렇다면, 예를 들어 자연의 원인으로 일어나는 천재지변이라도, 거기에 사회적인 구성체가 없다면 (자연)재해에 해당되지는 않을 것이다.

☂ 그림 3-2 위기관리의 측면에서 본 기본도

위기(상태)

위험한 사정

위험한 현상 ---------------- 불확실한 현상

피해 ---------------- 위험한 현상, 위험한 사정과
행동형태에 관하여
불확정적이며, 복합적인 현상

행동
선택 ○   ● 결과

행동주체   피해상태

〈그림 3-2〉의 「위험한 현상」의 주위에는 「위험한 사정」이 나타나 있다. 이것은 손해를 일으킨 원인이 발생한 후에 그것을 조장하거나 반대로 억제하는 「환경조건」을 말한다. 세상에서 흔히 말하는 '불에 기름을 붓다'라고 하듯이, 화재의 원인이 발생할 가능성이 높은 건조물이 밀집되어 있는 곳이라면 바로 그 예와 같이 되는 것이다. 재해를 방지하기 위해

서는 그 원인(환경조건)을 제거하는 대신에, 환경조건에 무언가의 방지책을 세워서 결과적으로 손해를 미연에 방지하는 방법도 있다. 자연재해에 대해서는 오히려 이 방법밖에 할 수 없는 것이 보통이다. 지진이 일어나도 붕괴되지 않는 구조물의 구축이나, 집중호우가 발생해도 토사재해가 발생하지 않는 방재구조물의 구축 등이 그 방책 중의 하나에 속한다.

또는 이러한 강한 대책(시설구축이나 설비투입방식) 외에, 토지이용규제 등이나 커뮤니티의 피난훈련 등 소프트한 대책(보이지 않는 사고(생각)상의 구조물이나 인간의 지식 투입 등)도 방안으로 강구해 둘 필요가 있다. 한편 피해원인이 발생하는 것을 도저히 막을 수 없다고 판단이 서면 〈할 수 없는 것〉을 신속히 포기하고 그 대신 그것이 일어나도 최종적으로 최악의 피해까지는 이르지 않게 대책을 세우는 것을, 「페일 세이프(fail safe)」 시스템 만들기라고 한다.

이 밖에 피해를 완전히 방지하기가 불가능한 경우, 그 피해 정도를 최소화하기 위한 대책을 세우는 방법도 있으며, 이것을 「감재」라고 한다. 재해는 경우에 따라 다소 차이는 있지만 대체로 한순간에 집중되는 것은 아니다. 피해(1차 재해) 후 어떻게 대응하는가에 따라, 피해상황은 크게 때로는 작게도 되는 것이다. 이러한 의미에서, 또는 재해복구시스템은 최종적인 피해 정도를 억제한다는 의미에서도 지극히 중요한 사항이다. 예를 들면 피해 직후에 이웃끼리 인명구조와 관련된 협조의 정도가, 재난지역에서 사망자를 최소한으로 줄이는 데 매우 중요하다.

또한 지진재해와 같은 경우, 도시 전체의 기능을 마비시키는 피해가 많이 생긴다. 특히 일반 도시생활을 지원하는 기본적인 서비스 시설인 상수도, 전기, 가스, 전화 등 「라이프라인」의 복합적인 기능정지는 심각한 상황을 초래할 수가 있다. 따라서 이들의 빠른 복구대책이 강구되어야 한다. 이것은 고도의 휴먼웨어이고, 여기에는 평상시부터의 주도면밀한 방재훈련과 이에 수반되는 계획, 행동준비태세 만들기가 요망된다.

이와 같이 방재력은 해당 사회나 커뮤니티가 예측할 수 있는 리스크를 매니지먼트하는 능력에 따라, 이에 의존하는 사항이 크게 작용한다. 여기에 대해 좀 더 깊이 있게 검토해본다.

04
리스크 매니지먼트 측면에서 보는 방재

우리들은 이와 같은 리스크에 직면하였을 때 어떻게 대응할 것인지, 나아가서 리스크를 처리하기 위해, 우리들의 「행동선택」의 방법을 생각해야 할 필요가 있다. 이것은 「리스크 매니지먼트」의 문제이다.

  1 리스크의 존재를 실감하지 못하는 단계

리스크의 존재를 깨닫지 못하는 단계에서는, 전혀 리스크 매니지먼트 위기관리가 될 수 없다. 방재의식이 완전히 희박한 사회에 있어서는, 커뮤니티는 물론 주민 개개인도 생활환경에 재해라는 리스크가 존재하고 있다는 것이나, 그 「잠재적 심각함」을 거의 깨닫지 못하고 있다. 리스크를 인지하게 되면 비로소 리스크 매니지먼트가 시작이 된다. 그러므로 이 단계에서는, 리스크가 나타나자마자 불의의 습격을 입게 되고 당황하게 된다.

2 리스크에 대한 대응방법의 지식과 기술이 부족한 단계

리스크를 깨닫고 그것을 적절하게 받아들였다고 해도, 그것에 어떻게 대응해야 하는지에 대한 노하우(지식이나 기술)가, 평소에 교육 등을 통해 커뮤니티나 주민들에게 준비되어 있지 않은 경우가 많다. 이것은 노하우의 구체적 내용과 이에 대한 선택을 위한 평가방법에 문제가 있다.

재해처럼 그것이 발생했다고 하더라도, '좀처럼 문제가 없다', '내가 있는 곳은 예외일 것이다'(이것을 '설마 증후군'이라고 함)라고 주민들이 생각하는 경우, 행동의 선택문제는 전형적인 리스크 평가의 문제이다. 거기에서 「잠재적 심각함」은 자신이 하려고 하는 행동여하에 따라 크게 변화한다. 이때, (만약에 합리적으로 생각한다면) 우리들은 「좀처럼 없다는 정도」(불확실성)와 「그것이 만약에 일어났을 때의 심각함」을 종합적으로 평가해서, 가장 적절한 행동을 취할 것이다.

실지로 리스크 매니지먼트의 대상을 적절하게 인지하기 위해서는, 그와 같은 평가에 대해 충분한 정보를 반드시 가지고 있어야 한다. 이것은 다음에 설명하지만 현실적으로 반드시 용이한 것이 아니다. 한편으로 리스크 평가문제는, 우리들 자신의 해당 리스크에 대한 주관적 가치관의 표명이기도 하다. 개략적으로 설명하면, 사람은 리스크 회피형, 리스크 지향형, 그 어느 쪽도 아닌 리스크 중립형의 3가지 타입으로 분류된다. 리스크 회피형은 「돌다리도 두드려 보고 건너다」는 타입이고, 좀처럼 없더라도 일어났을 때의 심각함을 미리 생각하고 신중을 기하는 사람이다. 예를 들면, 수해가 일어나기 쉬운 강으로부터 멀리 떨어진 곳에 거주지를 구하는 사람이 이 타입에 해당된다. 또는 어쩔 수 없이 강 가까이에 살아야 할 경우라면, 대지를 높여서 거주하는 '리스크를 방지하기 위한 여분의 지출'(리스크 마진-margin)을 투자하는 사람이다. 이것에 비해 리스크 지향형은 전혀 반대로 「설마 일어나지 않을 것이다」에 중점을 두고 평가하는 타입이다. 이 타입의 사람은 리스크 마진은 지극히 소규모로 하고, 좀처럼 일어나지 않는 수해보다 '현 시점의 메리트'(토지를 구입하는 비용의 비교, 일상적인 편리성, 워터프론트의 쾌적성 등)가 훨씬 중요하다고 판단하는 경우이다.

리스크 지향형인지 회피형인지 또는 중립형인지는 개인특성에 따르겠지만, 사회적 통념이나 시대적 배경에도 크게 의존하고 있다. 바꾸어 설명하면 시대의 변화에 따라, 방재의 리스크에 대한 사람들의 생각이나 태도도 변화해 왔다. 다음에는 이러한 것에 대하여 서술한다.

05

/

근대화의 과정에 있어서 방재의 변화
: 방재의 전문화와 행정관할화

고대부터 일본은 사계절 풍족한 자연 속에서 생활하여 왔고, 동시에 천재지변현상과도 함께 살아왔다. 이와 같이, 옛날사람들은 자연을 공경하는 마음으로 자연에 순응하며 생활하여 왔다고 볼 수 있다. 즉 사람들은 자애로운 자연과 한편으로는 그와 반대의 준엄한 자연이 공존하고 있다는 것을 피부로 느꼈을 것이다. 거기에는「방재」는 일상생활의 일부로서, 오히려 그렇게 의식적으로 확실히 구분된 영역인 것이 아니었을 것이다. 결국「있는 그대로의 삶」의 가운데,「방재」도「피방재」도 서로 교착하는 형태로 삶을 영위하였을 것이다.

물을 다스리는 치수를 예로 들어 본다면, 옛날부터 물을 획득한다는 것은 대단한 권력을 가지고 있어도 보통수단으로는 어려운 것이었다. 하물며 일반서민이 그 물의 위력으로부터 벗어나는 것은 불가능에 가까운 일이었다. 따라서 있는 그대로의 삶 속에서 강하게 살아가며 경우에 따라 그들의 수준에서 할 수 있었던 리스크 매니지먼트는, 홍수가 일어나도 집이 유실되지 않도록 환호취락(주위에 호를 파서 두른 취락)을 형성한다든지, 수방(水防)태세를 조절하는 정도였을 것이다. 더구나 빈곤한 사람들은 수해의 리스크에 노출된 강변이나 저습지대에 주거를 만들 수밖에 없었다. 그들은 오히려 유실되어도 이상하지 않는 곳에 살 수밖에 없었고, 만약에 유실되어도 잃어버릴 자산조차 없었기 때문에 그야말로 「우선 살고 봐야 한다」식이었던 것이다. 다만 어떤 방법으로도 생명만은 잃지 않도록 대피하는 것만이 큰 관심사였다고 생각된다.

이것에 대해 통치자들은 큰 권력 아래 막대한 자금과 인원, 기술을 투입하여 치수공사를 실시함으로써, 민심을 수렴함과 동시에 농토 등의 개척을 위한 토지개량사업을 수행하였다. 이와 같이 치수라는 리스크 매니지먼트의 핵심은 통치자의 손에 맡겨지고, 서민 수준에 맞춘 리스크 매니지먼트가 차지하는 역할은 저하되어 온 것이다. 예를 들어 에도시대 에도나 교토, 오사카 등의 도시에서 현저하게 나타났는데, 도쿠가와막부는 영지에 있는 하천공사를 관동지역 막부에게 담당시켜, 도쿄만으로 유입되는 도네강 물줄기를 직접 가시마해안으로 유입시키는 대규모의 치수공사를 실행하였다. 치수사업으로 하천가에 있는 도시 주변에 일련의 축대를 설치하였다. 한편 대부분의 농촌에서는, 언덕이나 성토한 제방 부근에 농가를 짓고 농지의 주위에는 제방을 쌓아 범람으로부터 지킬 수 있도록 하였다. 이러한 제방의 설치, 방파제의 축조, 방수로의 설치 등도 당시의 공권력에 의해 적극적으로 진행된 것 같다. 또 농촌에서는 벼농사와 토지이용, 물 관리의 일체성이 확보되어야하므로, 통치자와는 기능을 분담하는 형식으로 농민들의 수준에서, 치수에 대한 리스크 매니지먼트의 휴먼웨어도 치밀하게 형성되었다.

메이지유신을 거쳐 서양으로부터 근대화의 영향을 받은 일본은 네덜란드의 기술자들을 고용하여 근대적인 치수공사기술을 도입하였다. 필자의 분석에 의하면, 이 근대화의 과정은 바로 「치수」라는 「방재」를 특정의 전문분야로서, 강이 가지고 있는 그 외의 기능과 별도로 「전용범주」 안에서 가장 효과적으로 목적을 달성한 과정이기도 하였다. 그 덕분에 예전부터 홍수범람이 끊임없이 많았던 대하천 유역에서는 리스크가 비약적으로 감

소하였고, 유역의 토지이용이 활발히 진행되어 경제발전을 지원하는 중요한 사회적 기반
이 구축되면서 오늘날에 이르고 있다.

치수라는 재해 리스크의 매니지먼트는 메이지시대 이후 행정의 손을 거치면서, 고도로
전문기술화가 되고 학문적인 발전이 축적되어 큰 실적을 가져온 것은 의심할 여지가 없
다. 한편 그것으로 인해 어느 정도의 윤곽이 잡힌 지금, 새로운 사업을 계획하는 데 있어
다음과 같은 과제에 직면하고 있는 것도 사실이다.

① 댐이나 제방, 분수로, 배수시설 등의 하드(구조물대응)단계에서의 설비는 눈부신 진보를
달성했지만, 소프트(피조물대응)단계에서의 설비는 반드시 거기에 적합한 상황으로 진행
되어 있지 않다.

② 경제적으로 고도성장을 달성한 선진국에 있어서는, 시민생활의 질을 중요시하는 경
향이 높아지고 있고 일본도 그중 하나일 것이다. 이와 같은 상황에서 지금까지는 방
재상의 요청 때문에 절대시되고 있는, 치수공사에서 가져야 할 입장에서도 많은 반
성이 필요하다. 오랫동안 지속적으로 진행된 제방건설공사로 인해 홍수의 범람으로
부터 피해가 많이 경감되었다. 그러나 그것으로 인하여 시민들이 하천으로부터 멀
어져, 하천을 생활의 장소로서 가깝게 하지 못한다는 폐해를 간과해서는 안 될 것
이다.

③ 일본에 있어서도, 특히 환경의 질에 대한 시민의식이 고조되고 현저히 높아지고 있
는 실정이다. 치수공사를 하는 데 있어서 자연을 고쳐 바꾸는 것은 불가능하지만,
그 영향을 최소화시키거나 새로운 환경의 질을 창조하는 대책이 필요하게 되었다.
호안의 경우, 테트라포드(tetrapod)구조의 방파제 형태에 미적 개념의 설비를 더해 보다
안전성을 강구하는 미적, 예술적인 구조물로 탄생시키고, 자연과 친환경적인 수변환
경 조성의 도모가 필요하다.

④ 대하천의 치수설비는 비약적으로 발전되어 왔지만, 유역 도시지역 내 중소하천의 범
람은 아직도 치수설비가 미약한 실정이다. 이 문제점은 급격한 도시화와 인구집중

등으로, 빗물 처리능력이 적절히 대처하지 못하고 있다는 것이다. 예를 들면 급속한 도시화로 인해 홍수 시에 빗물은, 개발행위 이전에는 삼림에 흡수되거나 일시적으로 머물거나 지중에 일단 침투해서, 지하에서 일차적으로 저류되어 본 하천으로 유출까지의 시간이 억제되기도 하였다. 이런 자연의 메커니즘이 점차 무너지고 있다. 이와 같은 사태가 계속 진행되는 가운데, 본 하천의 수위가 높아지면서 이곳으로 유입되는 도시하천의 배수는 대형펌프장을 통해서만 가능해지는, 이를테면 다람쥐 쳇바퀴 돌듯 하는 관계가 생긴 것이다.

⑤ 위와 같은 사태에 대처하기 위해서는, 분산형·국소형인 일정수준의 물을 저장하는 저류기능을 다시 검토해 그것을 활성, 촉진시키는 필요성이 주목되고 있다. 이를테면 투수성 포장재를 도로에 적용하고, 공원이나 그 밖의 공공시설이나 지하시설에 빗물저류시설을 설치한다든가, 지역 환경을 고려한 소규모의 저류시설 도입을 장려하려는 움직임 등이 이에 해당한다.

⑥ 이상 서술한 것의 공통적인 특징은, 어떤 의미에서의「이전의 방재로 돌아가기」가 점점 요구되고 있다는 점이다. 이것은「방재」라는 개별의 영역에서, 일반적인 생활과 따로 분리되어 행정에 의해 전문기술화되고 독점적인 길을 걸어온「도시와 지역의 근대화」가, 하나의 분기점을 맞이하고 있다는 것을 의미한다. 오히려 다시 한 번 지금까지의 과정에서 검토해 보지 않았던 사항들을 재평가하여, 필요에 따라 지금까지의 방법을 보완하고 조정하는 것들이 요구되어진다. 이러한 재검토 방향이 경우에 따라서는「과거로 돌아가기」로 보여진다.

06

/

향후 방재의 방향에 대해
: 리스크 매니지먼트의 재등장

「과거의 방재로 돌아가기」는 무엇인가에 대해, 앞에서 서술한 것을 되돌아보면 〈그림 3-3〉은 그러한 이미지를 나타낸 것이다.

그림의 가로축 왼쪽 끝은 방재가 분리 독립하지 않고 생활 속에 융합되어 있는 상태를 나타낸다. 이것은 「생활에 있는 그대로 적용되다」라는 의미로, 간단하게 「생활 그 자체의 방재」라고 할 수 있다. 옛날사람들은 자애로운 어머니와 같은 은혜와 악마와 같은 천재지변, 양면의 얼굴을 가진 자연과 공생하고 있었다. 즉, 그것은 「생활 그 자체의 방재」일 것이다. 따라서 〈그림 3-3〉의 왼쪽 세로 축을 따라 올라간 점 A에 표시된 것처럼, 당시 사람들(사회)의 종합적인 방재력은 자연 그대로에 맡겨지는 상황이었을 것이다.

그러나 시대가 변화하면서 방재사항 중의 많은 부분이 당시의 행정조직에 의해 직무와 업무가 되어, 방재기술도 발달하고 종합적인 방재력도 점차 향상을 보여 왔다. 다만, 그

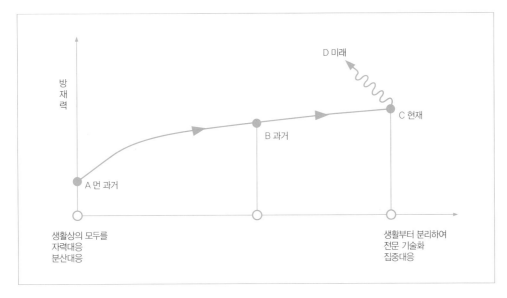

그림 3-3 방재력의 시대적 추이와 과거로의 회귀상상도

기술과 그것을 행사하는 경제력에는 자체적으로 한계가 있었고, 또한 군사상의 이유 등에서도 방재력에 지역적 차이를 의식적으로 두는 경향도 있었을 것이다. 따라서 주민 측에서도 자체적으로 방재를 위한 대응을 고려해야 할 필요가 있었다. 방재나 소화를 위한 자치조직, 제방의 파괴나 범람 등의 재해위기를 예상한 수방조직, 지진재해에 따른 피난장소의 확보와 피난방법 등의 지식이나 기술을, 세대 간 경험으로 전승하고 일상생활에서 기인하는 방재지식과 기술을 재활성화하는 것 등이 그 예이다.

결국 방재를 위한 리스크 매니지먼트는, 과거에는 권력조직에 부과되는 직무 부분과 서민에게 맡겨지는 부분으로 분산되어 있었다. 이와 같은 국면은 정도의 차이는 있지만, 도쿠가와막부 말기부터 메이지시대 초기까지는 계속되었을 것이다. 이것은 〈그림 3-3〉에서 가로축의 중간에서 세로로 올라간 점 B에 해당된다.

앞에서도 서술한 것처럼, 메이지시대 이후의 근대화는 방재의 전문기술화와 행정업무화의 프로세스를 걸어왔다. 즉 〈그림 3-3〉의 가로축 오른쪽 끝을 향하는 진행으로 나타난다. 이러한 과정으로 소방, 치수, 치산, 해안방재 등 각각의 업무부문에서 방재를 위한 리스크 매니지먼트의 전문기술화가 진행되어 왔다고 본다. 그 결과, 전반적으로 사회나 지역의 방재력은 점 C에 표시한 것처럼 비약적으로 향상되었다. 여기에 대해 「이전의 방재로 돌아가기」는 〈그림 3-3〉의 점 D가 제시하는 방향, 즉 다시 가로축의 왼쪽방향으로 선회하는 것처럼 궤도수정 도모를 의미한다. 물론 그것은 세로축에 보이는 점 C의 위치보다 내려가는 것을 의미하는 것은 아니다. 방재력을 향상시키면서 이와 같이 방향전환을 도모하는 것은 왜 필요한 것인가. 다음에 이것에 대해 고찰하여 본다.

2 왜 이전의 방재를 되돌아보아야 하는가

*¹ 피해가 「일어나기 쉬운 빈도」와 「일어났을 때 피해의 크기」를 곱셈을 하여 종합적으로 평가한 수치

*² 여기서 말하는 「기대피해치」와 「평균치」는 거의 같은 의미라고 봐도 된다.

*³ 이하 물을 다스리는 치수에 대한 예를 중심으로 설명한다.

〈그림 3-4〉를 보면 〈그림 3-3〉과 가로축은 같지만, 세로축에는 일단 재해가 일어난 경우의 기대피해수치*¹가 표시되어 있다.*² 물론 이 세로축의 치수는 재해리스크를 평가하기 위한 지극히 주관적인 수치라는 것이다. 한편 과거에 대해서는 어디까지나 추정이라는 점은 〈그림 3-3〉의 경우와 같고, 어디까지나 직관적인 수준으로 설명을 진행한다.*³

옛날(그림 3-3, 〈그림 3-4의 왼쪽 끝〉에는 「피해가 일어나기 쉽다」가 지금보다 상당히 높아진 대신, 「일어났을 때 피해의 크기」는 제법 작은 것 같다. 애당초부터 인구가 꽤 적었기 때문에 경제활동이나 자산의 규모 등도 비교할 수 없는 만큼 소규모였을 것이다. 즉, 기대피해수치는 〈그림 3-4〉의 A의 위치에 있다고 본다. 여기에 비해, 중세에서 근대를 거쳐 메이지시대 전기까지 기대피해수치는 B의 위치까지 점점 경감되었다고 보면, 당시의 권력에 의해 수행되었던 방재공사가 「피해가 일어나기 쉽다」를 감소시킨 반면, 범람원에 취락과 자산이나 경제활동 등이 거기에 모여들어 「피해의 크기」가 증대했지만, 결과로서 방재리스크

는 어느 정도 경감되었다고 해석된다.

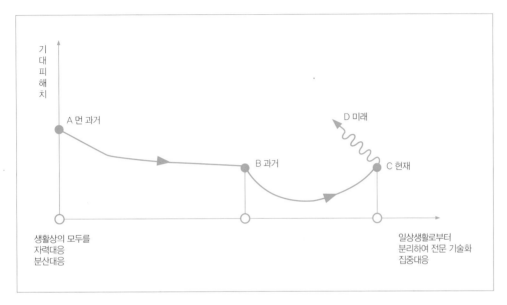

🌂 그림 3-4 기대피해치의 시대적 추이와 과거로의 회기 상상도

그런데 메이지시대 이후 근대화(그림 3-3, 〈그림 3-4의 오른쪽 끝으로 진행하는 프로세스)를 거쳐 현재는 어떤 상태로 진행하고 있는 것일까. 필자의 해석은 점 B에서 점점 오른쪽 방향으로 진행하면서 급격한 기대피해수치는 저하했지만, 그 후 소량의 감소상태를 거쳐 요즈음은 반대로 다소 증가상태로 돌아가, 현재는 점 C의 위치에 있다고 생각한다. 당초 기대피해수치의 급격한 감소는, 오로지 근대 방재기술의 적극적인 도입과 이와 관련된 심도 깊은 연구, 행정의 집약적 관리화의 실적이라고 할 수 있다. 이것은 무엇보다 「피해가 일어나기 쉽다」가 두드러지게 저하된 것이다. 그러나 그 후 다음에 설명하는 몇 가지 이유 때문에, 「피해가 일어나기 쉽다」는 저하의 정도가 둔화됨과 동시에 「피해의 크기」가 급격히 증가상태에 이르면서 결과적으로 기대피해수치는 오히려 커지게 된 것이라고 생각한다. 물론 현재의 상태에 대해서는 다른 해석도 성립할 것이나, 방재의 방식이 지금과 같이 진행되고 있는 한,

조만간 이와 같은 상태에 이르는 것이 많아질 것으로 생각된다.

〈그림 3-3〉의 점 D의 방향으로 궤도수정을 하는 것, 요컨대 현재의 방식에 맞추어서 과거로 돌아가기의 요소를 더함에 따라, 〈그림 3-4〉의 점 D와 같은 방향으로 회전하여 소량의 증가만으로 기대피해수치를 억제하는 것이 필요하다고 생각된다. 그러면 왜 기대피해수치는 현재 소량의 증가추세로 회전 중인 것일까. 이 점에 대해 다음에 설명한다.

3 왜 기대피해수치는 점차 증가한다고 생각하는가

현재는 근대적 방재방식이 하나의 변곡점을 맞이하는 중이라고 한다. 이것을 방재리스크의 관점에서 설명해 보면, 근대적 방재사업의 진척에도 불구하고 방재리스크가 소량 증가현상으로 선회하는 이유를 추정하면 다음과 같다.

① 집약적, 집중적, 광역적 방재방식 효과의 한계

② 보완적, 분산적, 국소적 방재방식의 필요성과 유효성의 증대

③ 하드웨어적인 방재방식의 한계

④ 소프트웨어, 휴먼웨어적인 방재방식의 필요성과 유효성의 증대

⑤ 방재에 대한 요청의 복잡화, 다원화 (예: 환경의 질과의 조화)와 거기에 따른 해결이 곤란한 상황의 증대, 이것과 정반대로 다음과 같은 사정이 사태를 한층 더 어렵게 하고 있다.

⑥ 커뮤니티와 주민레벨에서 방재리스크 자체에 대한 인식의 희박현상

⑦ 커뮤니티와 주민레벨에서 방재지식이나 기술의 두드러진 저하현상

⑥과 ⑦은 2절에서 기술한 「방재리스크의 망각화」, 이를테면 「재해는 잊을 때쯤에 찾아온다」라는 것과 관련이 있다. 이것은 아이러니하게도 근대방재사업의 진전과 거기에 따른 「피해가 일어나기 쉽다」에도 원인이 있다. 방재사업의 촉진은 이와 같은 모순에 구속되어

있다. 사람들의 인식수준에 있어서의 리스크('인식리스크')와 실제의 리스크와의 사이에는 거리(리스크 갭)가 존재한다. 게다가 방재의 촉진이 「인식리스크」를 감소시켜 주민들과의 리스크 갭을 크게 만드는 일들이 자주 일어난다. 리스크 갭이 크면 클수록 리스크 매니지먼트에서 멀어지는 것은 말할 것도 없다. 이러한 의미에서 현재 주민레벨에서의 방재는, 리스크 매니지먼트라고는 전혀 볼 수 없는 것 같다.

여기에는 또 하나의 큰 원인이 있다고 생각을 하며, 그것은 다음과 같다.

⑧ 방재의 비일상화, 비생활화

이 의미에 대해서도 이미 반복해서 서술해 왔다. 여기서는 그것이 왜 방재력의 저하에 연결되는지를 생각해 볼 필요가 있다. 방재가 일상의 생활에서 멀어지고 그것을 떠맡은 주체가 그 기능을 분담하게 되면, 그만큼 기능적 효율화는 두드러지게 향상되는 반면에 여러 가지 폐해가 발생될 것이다. 무엇보다도 우선, 방재를 자기들의 생활에 따라다니는 리스크로서 인식하는 자세로부터 멀어지게 된다. 그러므로 방재리스크는 '타인에 맡기다'로 되어버리고, 경우에 따라 리스크에 대응하는 지식이나 기술을 가지고 있지 않기 때문에 임기응변으로 리스크를 피할 수도 없다. 어떤 경우 일단 리스크의 긴박한 상황으로부터 피난한 후, '책임을 지는 주체'로서 '전면적으로 담당하는 행정부문'에 책임이나 보증을 요구하면 끝난다고 하는, 낙관적인 패턴으로 빠지기 쉽다. 이것은 지금까지의 행정이 방재에 리스크가 존재한다는 것을 적극적으로 계몽하지 않았다는 것도 하나의 원인으로 작용한다. 그와 동시에 이와 같은 사항을 명백한 사실로 직시하지 못했던 일본의 사회적, 문화적 사정도 관련되어 있다.

결과적으로 주민들은 보통수준의 방재에 대한 지식이나 기술축적, 지속적인 연구에 자기 스스로 노력을 하지 않게 되며, 이 때문에 방재행위 등에 대해 시간적, 금전적, 노동적 대가를 치르지 않게 된다. 즉, 리스크 매니지먼트로서의 기본사항도 할 수 없게 되어버리는 것이다. 여기에 대해 최근에는 커뮤니티 레벨의 자주방재조직 형성이 장려되고, 적어도 그 기본적인 것이라도 회복시키려는 시도로서 그런대로 평가를 받고 있다. 그러나 행정에 의지한 '자주적' 계몽의 경우에는 적지 않은 모순이 나타나고 있다. 그 이유는 위에서 지적한 여러 가지 이유와 더불어 다음과 같은 원인이 있다고 생각한다.

⑨ 사람들은 비일상적이고 게다가 '미미한 리스크'에 대해서는 원래 별로 관심을 가지지 않는 경향이 있다.

07

방재를 지역의 문제로서 대처한다
: 주민에 의한 주민을 위한 리스크 매니지먼트

1　도쿄도 수미다구의 자원봉사활동

도쿄도 수미다구에는 일언회라고 하는 주민자원봉사(volunteer)활동조직이 있다.

그 조직을 중심으로 독특한 자주방재활동이 전개되어 화제를 모으고 있고, 그 배경은 다음과 같다.

- 이 지역은 관동대지진과 대공습으로 두 번이나 큰 피해와 희생을 당하였다. 지금도 소방차가 지나갈 수 없는 골목길이 많고 방화를 비롯하여 방재리스크가 잠재적으로 크다.

- 그만큼 주민들의 방재의식도 높아서 이후 큰 화재 등에 당하는 일이 없었다.

- 또한 행정에 마냥 불만을 호소하여도 해결이 나지 않는다는 것을 주민들 자신이 잘 알고 있다.

- 주민들에게 「골목길」은 생활 그 자체가 무대이다. 삶의 생명선이기도 하고 지역 아

이덴티티(identity)의 교육과 육성에 있어 시발점의 장소이기도 하다. 반면에 화재나 수해 등이 일어났을 때, 극도의 지역자기중심주의와 폐쇄성이 목숨을 앗아갈 우려가 있다. 이런 의미에서, 「골목길」로 인하여 형성된 생활환경은 방재에도 복잡한 「생활 그대로의 특성」을 가지고 있다. 따라서 방재는 지역이나 마을 만들기와 쉽게 연결시키는 기초를 가지고 있다.

• 자기가 살고 있는 지역을 살기 좋게 만들고 싶다는 소박한 의식의 중요성에 대해 일찍 깨달아, 주민 자기계발운동을 조직화하여 이끌어 온 리더 몇 사람이 있었던 것은 좋은 예이다.

• 주민들의 신뢰도가 높은 지역리더, 행정이나 전문가와의 중간역할을 할 수 있는 사람, 아마추어의 역할을 넘는 준전문가 주민, 기타 응원단조직 등의 네트워크가 형성되어 있었다.

이와 같은 배경 아래, 예를 들어 다음에 서술하는 「마을광장운동」이나 「로지타루운동」이 전개되어 온 것은, 마을의 특성에 따라 자연스럽게 이루어진 과정이라고 생각한다.

1. 로지타루 운동

로지타루는 높이 2m 정도의 크기로, 함석 등의 지붕을 얹은 검은색의 나무통이다(사진 3-1 참조). 이전의 「빗물받이 통」보다 현대식이고 빗물을 가까운 지붕에서 집수하여 간단한 장치로 정화시켜서 밑에 있는 빗물탱크(3~9톤 정도)에 모아두는 장치이다. 사용할 때는 옛날식의 지렛대를 손으로 누르는 펌프 식으로 소화용수를 퍼 올린다. 전기나 수도에 의존하지 않기 때문에, 재해 시에 정전으로 각종의 장비들이 정지되어도 사용할 수 있다는 장점이 있다.

제1호가 탄생한 것은 1987년 3월이었고 총공사비는 100만 엔 정도였다. 소화기, 빗자

루, 쓰레받기, 호스를 내부에 상시 보관하는 스탠드 타입의 소화용수이다. 이것은 당초 행정부서에서 고안한 것이었지만 정확하게는 행정부서의 책임자가 주민들의 잠재적인 무지를 알고, 행정부터 움직여서 나아가 주민들의 자주적인 움직임을 일으켰다는 것이 실상에 가까운 것 같다. 수미다 구청이 로지타루를 구상하고 이 모형을 방재마을 만들기 이벤트에 전시해 이것의 설치장소를 모집한 것이 시발점이다. 방재마을 만들기라는 커뮤니티의 이벤트에, 행정이 건설적이고 「멋있는 제안」을 가지고 온 것이 주민들의 관심과 자발성을 일으켰다고 할 수 있다. 「멋」은 앞에서 서술한 「미미한 리스크」에 대한 주민들의 무관심을 타파하는 데 있어서 지극히 효과적인 전략이라고 판단된다.

▲ 사진 3-1   로지타루의 예

  또한 지금까지는 행정이 기획부터 건설까지 맡아서 완성한 것을, 주민들에게 제공하는 일방적인 어프로치가 보통이었다고 할 수 있다. 그러므로 주민들은 제공된 것의 가치를 모르기 때문에 그것에 대한 애착이나 사용조건도 몰랐을 것이다. 결과적으로 완성된 것을 유지관리하고 거기에 새로운 가치나 기능을 더할 때, 주민들의 자주성이 높아진다고 기대할 수 있다. 그런 점에서 로지타루1호의 도입과정은 「종전의 도시계획」과는 본질적으로 다르다. 즉, 마을 만들기와 방재를 하나로 묶어서 생각하고, 방재활동을 생활 속에서 찾아보려고 하였다. 더구나 주민들이 그 실현에 참가한다는 것은, 완성된 것에 대한 애착이나 동기부여를 마을 주민들에게 불러 일으켰다. 그 예로서, 로지타루의 물받이 통을 물고기를 기르는 어항(이것은 수질지표의 역할도 겸한다)이나 아이들의 물 놀이터로 활용해서, 「경직된 방재」에 「삶의 여유를 느끼는 마음」의 장소로서 의미를 부여하였다. 또 그곳은 우물 앞에 있었기 때문에 재해 시 소화용수의 위치를 알려주는 표시역할도 하였다. 이러한 소프트웨어의 전개들이 모든 주민들의 자발성과 창의성 등으로 나타난 것은 흥미로운 사항들이다.

제1호가 생긴 후, 로지타루 만들기는 지방의 방재마을 만들기 추진조직인 일언회를 중심으로 진행되었고, 그 가운데 로지타루는 빗물이용시스템으로서 착실한 발전을 거듭하였다. 제2호의 도입은 용지확보를 주민들과 행정이 서로 협조함으로써 원활히 진행할 수 있었고 용지는 소유자가 무상으로 대여하기도 하였다. 게다가 행정부서에서 주변의 묘목을 제공해주어 지금도 주민들이 로지타루의 물로 수목을 키우고 있다.

1989년에는 로지타루3호가 완성되었다. 농촌에서 유기농법 농장을 만들어 마을주민들에게 개방함과 동시에, 거기에 인접한 로지타루를 설치하여 농장에도 이용하려고 한 것이다.

갈수기가 되어도 소화용수가 남을 수 있게, 길고 짧은 2개의 파이프를 설치하여 평상시는 짧은 파이프 밸브만 열도록 하고 있다. 이와 같이 점차로 로지타루가 가진 국소형 빗물이용시스템의 용도를 다원화하고, 유효성, 유쾌성을 극대화할 수 있도록 개발 중에 있다. 나아가 「빗물이용시스템」은 방재시스템 그 자체의 좁은 제한을 풀어, 「있는 그대로의 생활화」를 지향하는 과정이라고도 판단된다. 「유쾌성」은 넓은 의미의 「흥미」이며 「미미한 리스크」의 한계를 타파하기 위해 방재 자체, 즉 나아가서는 좋은 마을 만들기 자체의 유효성을 높일 수 있다.

2. 마을광장운동

로지타루운동의 연장선상에서 파생된 「마을광장」은, 어떤 의미에서는 다목적 광장이며(사진 3-2 참조), 더욱이 주민들을 주인공으로하여 만들어진 공공의 공간이다. 넓이 약 70m², 공사비는 제4호 로지타루와 도로의 건설비 등을 합해 약 800만 엔 정도라고 한다. 그

마을광장이 있는 용지에는 이전에는 동서로 2개의 도로가 막고 있었는데, 수미다 구청에서는 이 2개의 도로를 연결시켜 재해 시에 피난을 하기 쉽도록 계획하고 있었다. 도로 건설 후에 어중간한 삼각형의 공터가 생겼고, 「유쾌성」이나 「멋」을 유감없이 발휘시켜 최대한 효과적으로 공터를 이용하려고 생각했던 것이다. 이러한 「흥미로움」은 창조성의 시발점으로 연결되는 것이다.

▲ 사진 3-2 마을광장과 로지타루의 공존

「마을광장(에코로지)」은 「옛것을 만날 수 있는 광장」이라고 하는 의미에, 「ecology-생태학」의 영향을 더한 것이라고 한다. 이러한 「유쾌성」의 조건은, "낡은 것을 단지 버리는 것이 아니라 새로운 것으로 회생시키는 리사이클의 생각이, 생태계를 지키고 나아가서 스스로도 쾌적한 환경을 만든다."라고 하는 주민들과 행정의 공통적 「철학성」에 있다고 생각한다. 리사이클의 테마를 마을광장의 테마와 결합시킨 데에, 「마을광장」의 탄생비밀이 숨겨져 있다고 볼 수 있다. 리사이클을 테마로 한 배경에는, 시, 정, 촌의 마을자치회나 어린이회 등 오랜 세월 동안 리사이클 운동의 실적이 있었기 때문이라고 생각한다. 물론 로지타루라는 빗물이용시스템의 행위 자체도 리사이클을 테마로 한 운동이었다고 할 수 있다.

「마을광장」의 가운데에는 빗물 리사이클을 위한 로지타루4호가 설치되어 있고, 그 밖에 낙엽으로 퇴비거름을 만드는 컴포스트(compost), 알루미늄캔의 리사이클을 위한 수거함, 리사이클 활동에 활용할 수 있는 그 외의 장치가 있다. 또는 하수도의 진흙으로 만든 벽돌을 도로면에 깔거나 목재전봇대의 폐자재를 의자로서 이용하거나 그 외 폐자재 등의 활용에도 철저한 리사이클의 생각들이 시행되고 있다.

「마을광장」의 또 하나의 참신함은 리사이클이나 방재를 미관형성과 자연스러운 형태로 연결시키고 있는 점이다. 아무리 리사이클이나 방재를 강조한다 하여도, 그것이 마을의 미관을 엉망으로 만들어 버리면 거꾸로 마을 만들기는 실패작이 되며, 무엇보다도 「유쾌성」이나 「멋」을 완전히 잃은 것이 되고 만다. 따라서 주민의 자발성이나 창의성을 불러일으키기 어렵다. 「미학」은 원리원칙이나 테마의 조건과도 관계가 있다. 이러한 의미로 보면 방재에도 「철학성」이 요구되며, 미학으로서의 「심미성의 조건」은 '그대로의 생활 속에서의 방재'나 '지역 만들기의 방재'를 추진해 가는데, 경시할 수 없는 사항이라고 볼 수 있다.

2 돗토리현 치즈마을의 봉사활동

1994년 5월 연휴에 주민들과 행정이 한 마음으로 새로운 「고향의 강변 주민광장」의 탄생을 축하하는 이벤트가 개최되었다(사진 3-3 참조). 장소는 돗토리현 동부에 있는 치즈마을 센다이강의 지류이다. 바로 반년 전까지는, 산속 계곡 어디를 가보아도 완전히 친숙하게 되어 버린 멋스러움이 상실된 콘크리트 수로가 끝없이 이어지는 광경이 있었다. 주변의 아름다운 자연경관과 위화감을 느끼면서도, 이곳 산간 거주자들에게는 그것이 큰 비가 내리면 하천의 수량에 대항하는 근대적인 것이라고 생각하였고, 그 나름대로 납득이 된다.

그러나 해마다 생활환경이 변화하고 있는 가운데, 근대적인 인공수로의 콘크리트의 능선이 도시화공간에 황량함을 더해준다고 주민들은 느끼고 있었다. 해를 거듭함에 따라 마을 아이들이 물이 흐르는 강과 자연 속에서 놀지 않게 되는 것에 대해, 무언가가 이상하다고 느끼는 사람들이 많았다. 고령화사회에서 노인들의 비중은 상대적으로 커져 왔지만, 그들이 교류하는 자연의 장소도 지금의 산촌에는 의외로 부족하고 이에 대한 아쉬움을 느끼는 사람들도 있었다. 그리고 무엇보다도 이전에는 주민들의 생활의 일부였던 「고향의 강변」이 「남의 일」이 되어가고, 또한 도시화된 산촌경제활동의 마이너스의 유산을 상징하는 것과 같은, 산업 및 생활 폐기물이 버려지는 장소로 되어 버렸다.

이러한 변화 속에서 봉사활동의 형태로 자연환경 되살리기의 분위기가 고조된 결과,

강변광장이 탄생하게 되었다. 여기에도 이 사업을 움직인 주요 인물이 여러 명 있었고, 그 중에서도 마을에서 독특한 지역활성화운동의 리더를 맡고 있던 우체국장이 구상으로부터 실현에 이르기까지 귀중한 도화선 역할을 하였다. 더불어 리더를 따라 지역민이나 건설 관련업자들이 차례로 여기에 참여하여 적극적으로 사업을 추진해 나가는 한편, 발주하고 계획, 설계를 제시하는 행정담당자 중에

▲ 사진 3-3 고향의 강변 공원의 준공기념 모습

도 사업의 진행을 유도했던 사람도 있었다. 그들 모두는, 근대공법으로 만들어진 인공구조물 때문에 이전의 자연미 넘치는 강의 풍부한 표정이 사라져 버린 것에, 많은 위화감을 느끼고 있었다. 이러한 강변광장 탄생으로 인하여, 그곳이 사람들의 모임을 유도하는 효과를 자아내고 있다는 것을 명백히 확인할 수 있다. 다시 말하면, 5월 초의 연휴 어느 산촌 마을에서 시작한 「강변축제」의 이벤트는 그러한 배경을 가지고 있었던 것이다. 그날 이래, 아이들이 강변에 돌아왔고 그 옆에서 노인들이 게이트볼에 열중하고 있었으며, 그것을 통해 조금씩 마을생활의 장소로서 강이 친밀하게 다가오고 있었다. 이것은 방재에 대한 관심으로도 당연히 연결될 수 있다고 기대한다.

최근 이러한 「자연과 함께하는 하천공법」(다자연형 공법 또는 근자연형 공법이라고 한다)이 많은 주목을 받고 있고, 각지의 행정부서에서 이 공법을 도입하는 사례가 증가하고 있다. 이것은 원래 독일 등의 유럽 국가들이 선진적으로 시행하여 온 것이다. 일본에서도 여러 지역에서 자발적으로 이러한 요청이 높아짐과 동시에 제도적, 기술적으로 그것을 지원하는 체제가 정비되고 있다. 이러한 움직임은 앞으로 자연방재를 전망하는 데 매우 흥미로운 사항이며 시사점을 제공해 준다.

① 방재와 환경의 질을 모두 높이면 좋겠다고 하는, 일견 모순된 요청이 앞으로 더욱 더 많아질 것 같다. 이 경우 단지 환경을 방재의 보충적 문제로 파악하는 것만으로는 본질적인 해결이 되지 않는다.

② 따라서, 양자의 요청을 단지 협의의 트레이드오프(trade off)의 문제(방재의 질을 더 높이고 싶으면, 환경의 질은 그만큼 희생시킬 수밖에 없다고 하는 문제)로만 여길 것이 아니라, 방재를 더 넓은 시야에서 창조적으로 파악하는 것도 필요하다.

③ 주민들 입장에서 보면 당연히 생활은 그 자체 「그대로」인 것이며, 어디까지가 「방재」이며 어디서부터가 「지역 만들기」인지를 구분하는 데 있어서, 행정이나 전문가의 뜻대로 경계선이 확정되는 경우가 가끔 발생하기도 한다. 그러한 자의적인 경계선도 경우에 따라 실지사회에서 용도변경의 적용사례를 보았을 때, 반드시 행정이나 전문가의 계획 등이 맞지 않을 가능성도 있다.

④ 앞에서 기술한 도쿄도 수미다구의 실례와 돗토리현의 치즈마을의 사례도, 이와 같은 공통점이 있다. 도시나 산촌 및 지역의 커뮤니티가, 현재 살아가고 있는 주거지를 보다 좋은 환경으로 어떻게 꾸며 나갈 것인가에 대해, 자주적으로 혹은 행정과 제휴해서 실천해 나가려는 움직임이 일본의 여기저기에서 태동하고 있다. 방재는 이 속에서 의외로 중요한 팩터가 되고 있다는 생각이다.

3 리스크 매니지먼트와의 관계

위의 사례가 왜 주민에 의한, 주민을 위한, 리스크 매니지먼트에 관련되어 있는지에 대해 검토해 볼 필요가 있다. 그 두 사례가 상징하는 첫 번째 특징은 지역 만들기에 있어 주민의견의 중요성이다. 즉, 최종목적인 방재에 대한 비전, 즉 「지역을 어떻게 변화시켜 새로운 지역으로 창조하고 싶은가」하는 점에 대해, 지역구성민과 행정, 전문가들이 공통적으로 합의한 생각이나 이미지가 없으면 실현성이 낮아지게 된다. 개발 등과 관련하여 다소의 마찰이나 저항이 있어도, 규제와 제도적인 측면에서 그 운용의 방법을 일부 수정하고 주민들이 새로운 기술의 도입 또는 개선을 행정이나 사회에 요청하는 것이 기본이며, 이를 위한 도전과 행동을 선택할 때 「방재도 포함시키는 지역활성화운동」이 필요할 것이다. 이때 거기에는 불확실성이 발생하거나 피해를 입고 실패한 경우와 성공한 경우가 섞이게 되는, 많은 리스크가 혼재하게 된다. 이것은 앞서 서술한 「투기 리스크」의 매니지먼트를, 그 행동을 선택한 사람들이 수행하는 것을 의미한다.

물론 지역주민들이 그런 리스크 전부를 가지는 것은 가혹하며 공정하지도 않다. 행정은 이런 때야말로 해당 리스크를 분담하고, 「리스크를 스스로 해결할 각오를 지닌 주민」에 대해 가능한 한 그 리스크를 경감해 주는 제도가 없어서는 아니 된다. 리스크가 혼재하는 한, 그것을 스스로 해결하려는 각오를 지닌 주민과 그렇지 않은 주민은 구별되어야 하며, 전자가 공적 지원을 받는 것이 타당하다고 생각한다. 그렇지 않으면 진정한 「지역의 활성화」는 기대할 수가 없고, 앞서 말한 행정과 주민의 협조적인 계획실현의 프로세스는 그 좋은 예라고 할 수 있다.

물론 방재는 본래의 의미로서, 「순수 리스크」의 매니지먼트를 우선으로 수행해야 한다. 중요한 것은 앞으로도 행정이 담당하지 않으면 안 되는 것도 명시해 두어야 한다. 또 위에서 소개한 실례는 현 단계에서는 정신적 계몽운동으로 평가할 수 있지만, 방재의 현실에서 보면 어디까지 유효성이 발휘될 수 있을까 라는 의문을 가지고 비판하는 것도 가능하다. 여하튼 이제부터 방재는 「순수 리스크」와 「투기 리스크」 양쪽의 측면을 모두 갖춘, 「그대로의 리스크 매니지먼트」를 필요로 하고 있는 것이 확실하다.

08

/

리스크의 시대
: 방재로부터 재해의 리스크 매니지먼트

현 시점에서 왜 리스크 매니지먼트가 소중하게 되었는가.

최근 일본의 경제나 사회는 크게 변동하고 있는 것 같다. 그것은 리스크 시대로의 이행이라고도 할 수 있다. 예를 들면, 도산할 리 없다고 여긴 은행이 도산한다면 '은행은 절대로 망하지 않는다'라는 것은 역시 신화에 지나지 않은 것일까. 혹은 하락할 리 없다고 여긴 토지가 계속 하락한다면 '토지는 지속적으로 가격이 오른다'라는 것도 역시 신화에 지나지 않은 것일까.

그리고 1995년 1월 17일의 한신·아와지 대지진은 큰 지진이 일어날 리는 없다고 많은 주민들이 생각했던, 안전하여야 할 도시권이 전대미문의 대재해에 습격당하였다. "우리들 지역만은 대지진에 반드시 안전하다."라는 것도 역시 희망사항에 지나지 않았던 것일까.

은행, 토지, 도시방재, 각각의 대상은 다르지만, 실은 여기에 리스크 매니지먼트나 위기관리가 왜 이 정도로 사회의 관심을 모으게 되었는지를 생각하는 열쇠가 숨겨져 있다. 아래에서는 시점을 바꾸어, 이러한 것으로부터 재해와 리스크 매니지먼트와의 관계를 검토하고 실마리를 찾아보기로 한다.

1 리스크 매니지먼트란 무엇인가

'은행은 절대로 도산하지 않는다', '토지는 반드시 가격이 오른다'라는 것이 신화에 지나지 않다는 것을 만일 처음부터 알고 있다면 우리는 어떻게 행동할 것인가. 당연히 대부분은 망하지 않는 안전한 은행을 선택하고, 가격상승이 확실하게 전망되는 안전한 토지를 선택한다고 대답할 것이다.

그러나 위험한 것을 인지하고 있음에도 불구하고 굳이 그 위험한 것을 선택해도 이상하지 않은 경우도 있다. 다만, 100% 위험한 상황이 일어나는 것을 인지하고 있으면서도 그 쪽을 선택하는 것은 어리석은 일이다. 사람들이 합리적으로 판단할 수만 있다면 그러한 어리석은 선택은 일반적으로 회피할 것이다. 오히려 이러한 위험한 상황이 발생할지 아니 할지를 확정적으로 말할 수 없다는 것이 대전제란 것을, 알고 있는지 아닌지가 문제이다. 만약 그것을 판단할 수 있는 충분한 능력이 있다면 「절대(안전)신화」를 믿지 않는다. 그리고 자신이 그런 것(은행이나 토지 등)에 관련된 경우에 '절대로 위험한 것은 일어나지 않는다'라는 「절대 신화」에 빠지지 않는 것, 이것이 「리스크」의 존재를 직시하고 대상에 대한 리스크 매니지먼트를 가능하게 하는 첫 번째 기본이다. 이런 의미로, 21세기에 들어선 일본의 경제사회는 20세기 후반의 버블경제시대와는 다르고 경제적인 면에서 있어서도 리스크 매니지먼트가 불가결하게 되었다고 할 수 있다.

리스크 매니지먼트는 어떤 의미에서, 투기행위 또는 도박행위와 닮아있다고 본다. 이를테면, 비교적 안전성이 높다고 판단되는 은행이나 토지의 구입을 선택(로우 리스크)하여 이에 따라 많은 이득을 기대할 수 없는 행위(로우 리턴)를 택할 것인지, 이와 반대로 위험성의 가능성은 크지만 그것이 일어나지 않을 때는 보다 크게 득을 보는(하이 리턴) 행위가 좋은 것인지. 이것은 리스크와 리턴의 여러 가지 조합 중 종합적으로 계산하여 어느 것이 보다 바람직할 것인지를 선택하는 것이다. 즉 리스크 매니지먼트는 리스크와 리턴에 대한 선택의 방법을 계산하고 결정하여 실행하는 것이라고 할 수 있다. 이것이 리스크 매니지먼트의 두 번째 기본적인 특징이다. 방재에 대한 이전의 많은 경험과 상황발생 시 적절하게 대처할 수 있는 판단은, 리스크 매니지먼트의 본질을 파악하고 있다는 의미이다.

좋은 의미로의 도박성 판단의 묘미는, 행위자 자신이 그 결과의 리턴을 그대로 자신의 것으로 받아들인다는 점에 있다. 그러나 그 리턴은 때로는 큰 손실 등으로 연결될지도 모르지만, 가능하다면 받아들이고 싶지 않은 결과가 비록 일어나더라도 그것을 수용하여야 하는 것이 도박의 묘미라고도 할 수 있다. 이것을 전문적으로는 「자기책임」의 원칙이라고 한다. 즉 리스크 매니지먼트는 자기책임의 원칙이 반드시 수반되는 선택의 방법을 말한다. 이것이 리스크 매니지먼트의 세 번째의 특징이다.

2 방재와 리스크 매니지먼트

한신·아와지 대지진재해와 같이 좀처럼 일어나지 않는 직하형 도시지진재해와 같은 전대미문의 비참한 지진재해 발생 직후, 방재 리스크 매니지먼트나 위기관리에 대한 대비와 대책이 수립되어 있지 않았다는 것이 전문가들로부터 지적을 받았다. 이렇게 위기관리가 허술한 상태에서 발생된 재해로부터, 최근 리스크 매니지먼트 위기관리방법을 방재에도 도입해야 한다는 주장이 현실성을 가지게 되었고, 이것이 일반 사회적 인식으로 받아들여지게 되었다. 이러한 현상이 왜 필요한 것일까. 위에서 말한 리스크 매니지먼트의 기본적인 특징을 다음과 같이 검토해 볼 필요가 있다.

① '절대로 위험한 일은 일어나지 않는다'는 안전신화는 금물이다. 또한 도시의 구조물

은 결코 파괴되지 않는다는 것도 막연한 믿음의 산물이라는 것을, 한신·아와지 대지진재해를 실제 겪고 난 후 재해의 심각성을 통해 깨달았을 것이다. 이것은 리스크 매니지먼트의 필요성에 대한 첫 번째 조건이다.

② 리스크 매니지먼트란 리스크와 리턴의 방법을 선택, 산정 및 결정하고 이것을 실행하는 것이라고 할 수 있다.

지금까지는 '재해가 일어나지 않을 것이다'라고, 아무런 사전대책을 세우지 않는 경우가 많이 있었다. 이러한 상황에 대해 어떠한 대책 등이 강구되지 않고 있다면, 이는 리스크 매니지먼트가 되지 않고 있다고 판단한다. 그러나 대책을 수립하는 과정에서 리스크와 리턴을 산정한 결과, 대책을 세우지 않는 선택이 제일 좋다고 판단, 재해대책을 세우지 않는 것 또한 리스크 매니지먼트로 볼 수가 있다.

왜냐하면, 재해에 대한 방안을 강구하지 않는 대신에 이 자금을 다른 목적으로 사용하는 편이 결국 이득을 취할 수 있다고 계획을 선택한 결과이기 때문이다. 예를 들어 한신·아와지 대지진재해 후, 개인주택의 내진성을 진단하는 제도가 여러 지방의 지자체별로 도입하게 되었다. 그러나 내진진단으로 '지진이 발생하면 붕괴할 가능성이 높아 위험하다'라고 판정되어도, 자기 집의 내진성을 높이기 위한 보강·개축에 착수하려고 하는 사람은 의외로 적다고 한다. 개인에 따라 발생할 확률이 낮다고 판단되어, 비용을 들이는 것보다 그것으로 인테리어에 투자하여 편하게 살자고 생각하면, 그것 또한 개인적 판단에 의한 리스크 매니지먼트로 볼 수 있다.

사실 재해가 일어나지 않는다면, 재해가 일어나지 않게 미리 대책을 세우는 등 그것을 실행하는 수고와 큰 비용을 줄일 수 있다. 그렇기 때문에 다만 방재라는 개념에서, 재해와 관련된 과학적인 정보의 분석과 지식, 경험, 주변의 자연환경 등을 활용하여 재해대책을 강구할 것인지 아닌지에 대한 사전준비는, 매우 중요한 리스크 매니지먼트의 선택이다.

3 방재를 위한 리스크 매니지먼트에는, 실질적인 이익이 수반되어야 한다.

1. 인명과 관련된 리스크 매니지먼트

은행이나 토지를 선택하는 것과 달리, 방재의 기본은 사람들의 인명과 재산 등에 직접 관계되는 리스크 매니지먼트다. '우선 살고 봐야 한다.'라고 하는 의미는 인간의 삶에 있어 무엇보다도 매우 중요한 사항이고, 그만큼 중요한 리스크 매니지먼트임에 틀림없다. 하지만 우리는 평상 시 그렇게 심각하게 받아들이지 않는 경향이 있다. 예를 들면 위에서 서술한 것처럼 '재해에 대비한 주택보수나 보강(내진구조) 등은 당분간 하지 않는다'라는 식으로, 그만큼의 돈을 다른 곳에 사용하기로 결정해버리는 생각들이 있다.

2. 목전에 직면한 「생사」와 남의 일이라고 생각하는 「생사」

방재가 「삶과 죽음」과 관계되는 어려운 선택인 것에도 불구하고, 우리가 그만큼 심각하게 받아들이지 않고 결과적으로는 자신의 생명을 걸고 다른 선택을 해버리는 것은 왜일까. 그 하나의 이유로는, 눈앞에 닥친 「생사」와 관계되는 것이 자신에게는 일어나지 않을 것으로 판단하기 때문이다. 즉, 그것은 자신과는 관련이 없다고 생각되는 「생사」이며, 그것보다는 눈앞에 보이는 「생활의 풍요로움」이 우선이기 때문이다. 문제는 그것이 우리와는 관련이 먼 작은 사건이라는 생각들이다. 재해와 관련된 방재의 취약점은, 지금 당장의 것이 아니기 때문에 생각하고 싶지 않은, 「나와는 관련이 없을 것 같은 사건」이라고 생각하고 싶은 심리 등이 작용하는 것이다. 따라서 「일어날 수 없는 것」으로 처리하려는 것은 각종 재해와 관련된 방재의 함정이다. '방재는 잊을 만할 무렵에 찾아온다'라고 하는 데라다 씨의 유명한 말과 유비무환, 확실하게 이것을 직시하고 있다.

3. 재해는 항상 우리 곁에 있다는 인식의 전환

위에 나오는 그런 함정으로부터 빠져 나오기 위해 재해를 남의 일로 생각하지 않는 장치가 무엇보다 필요하다.

그것은 방재에 대한 건전한 사고이다.

① 재해로부터 우리를 지켜 주는 것은 행정당국이라는, 행정에 대한 과도한 의존심을 버리는 것이다. 재해로 인해 생명이나 재산을 잃어버리고 실의에 빠지는 쪽은, 우리 자신이기 때문이다. 행정이 담당하는 방재는 완벽할 수가 없으며, 이에 맞서는 최후의 보루는 우리 자신, 즉 해당 주민들이다.

② 우리들의 생활지역이나 커뮤니티에 있어서, 어떠한 재해가 어떻게 일어날 수 있는지에 대해 보다 현실적이고 구체적인 정보가 필수불가결하다. 행정이나 방재에 관계되는 전문가는 적극적으로 이러한 리스크에 대한 정보를 일반인들에게 제공해야 한다. 또한 주민들도 그러한 리스크 정보를, 적극적으로 행정이나 전문가로부터 수집하고 재해감소를 위해 실질적으로 활용하는 행동이 무엇보다 필요하다.

③ 주민 스스로 해당 지역의 방재에 대하여 주도적으로 고민하고 방재대책을 구축하는 활동이 무엇보다 중요하다. 상기의 ②의 리스크 관련정보도 행정당국이나 전문가에게만 정보제공을 요구하지 말고, 주민 개개인 스스로가 그러한 리스크 정보의 제공자라고 하는 인식이 필요하다. 자기들의 지역이나 커뮤니티 특유의 문제는 다름 아닌 지역주민 자신이 제일 자세하게 알고 있기 때문이다. 또한 행정이나 전문가에게 정보제공을 요구하는 경우에도, 어떠한 리스크 정보가 필요한가를 가장 잘 알고 있는 것도 주민들이기 때문이다.

이와 함께 보다 효율적인 방재대책 수립에 있어서는 행정당국이 완수해야 할 역할도 지극히 중요하다. 이러한 사항들이 근간이 되어 안전사회의 기반 만들기의 일익을 담당해 가는 것에는 변화가 없을 것이다.

그러나 한정된 「사회적 재정」속에서 모든 것들을 행정당국에 맡겨버리는 것은 바람직하지 못하다. 그리고 무엇보다도 먼저, 재해에 있어서 곤란을 당하게 되는 것은 다름 아닌 우리 각자, 나아가서 지역주민들이기 때문이다. 또한 안전한 지역이나 커뮤니티를 필요로 하는 것도 주민 자신이기 때문이다. 이러한 의미에서 자기책임의 원칙이 그대로 들어맞는 매니지먼트는 없다고 말할 수 있다. 즉, 재해의 리스크 매니지먼트는 자기책임의 원칙이 반드시 적용되는 선택의 방법인 것이다.

09
맺는 말

　지금까지 방재와 지역 만들기는 서로가 소원한 관계로 있었다. 한때 「도시계획」은 제도적으로도 경직되어 이러한 소원한 관계를 촉진시킬지언정 해소할 방안에 대해서는 기여하지 않았다. 그러나 지금 「지역 만들기」나 「마을 만들기」라는 오래되었지만 새로운 개념처럼, 지역과 방재는 사람들 주위의 「그대로의 생활」의 질을 높이기 위해 이인삼각 하는 것이 요구되고 있다.

　이 장에서는 이와 같은 방재에 대한 새로운 요청이 「이전으로 돌아가기」의 특징을 나타내고 있다고 설명하였다. 방재력을 방재리스크 변화에 적합한 형태로 높여가기 위해서는, 이전부터의 어프로치와 더불어 주민주체에 의한 리스크 매니지먼트가 필요하다는 것을 지적하였다. 거기에 구체적인 예를 제시하면서 방재와 지역 만들기에 대한 융합의 가능성과 그 유효성을 검토하였고, 그것이 왜 리스크 매니지먼트에 연결되는지에 관해서도 고찰하였다. 그 결과, 앞으로의 방재는 「순수 리스크」와 「투기 리스크」를 조합한 「그대로의 리스크 매니지먼트」가 필요하다는 것이 드러났다.

　　물론 지금까지 진행되어 온 방재의 어프로치가 근본적으로 고쳐져야 한다는 주장은 아니다. 행정이 중심이 된 전문기술 집단으로서의 리스크 매니지먼트가 앞으로도 핵심을 담당하여 가는 것은 확실한 사항이다. 그리고 한마디로 「방재」라고 해도, 그 의미의 영역에는 상당한 폭이 존재하고 있음은 사실이다. 따라서 이 책에서의 논점이 어디까지 일반성을 유지할 수 있을까에 대해서는, 각자가 상황에 맞게 깊이 생각해 볼 필요가 있다. 그러나 「주민에 의한, 주민을 위한 리스크 매니지먼트」도 함께하지 않으면, 전자의 어프로치는 조만간 한계에 부딪치는 것은 명백하다고 할 수 있다. 이런 점에서 시민들이 방재의 새로운 영역에 조금이라도 관심을 가질 수 있는 계기가 되었다면 다행이라고 생각한다.

　　확실히 시민들의 방재에 대한 이미지의 변화와 관심의 증가는 새로운 방재의 행방을 좌우한다. 이것이 필자의 메시지이다.

 참고문헌

1) 岡田憲夫・矢守克也・杉森直樹：コミュニティの防災意識形成と変容過程に関する基礎的考察—長崎災害を事例として，1993
2) 建設省河川局：日本の河川，1990, p. 23, p. 26
3) 堺屋太一：組織の盛衰，PHP 研究所，1993, p. 151
4) 墨田区都市整備部開発促進室：一寺言問/路地専あらまし，1992 年 12 月
5) 墨田区都市整備部開発促進室：一寺言問/会古路地あらまし，1991 年 12 月

〔岡田　憲夫〕

재해를
극복하기
위하여

크라이시스
매니지먼트
입문
(위기관리)

CONTENTS

01
/
머리글
: 아쿠타가와 류노스케가 본 관동대지진재해

일본의 노벨문학상 작가 아쿠타가와 류노스케의 『대진잡기』라고 하는 작품이 있다. 1922년 10월 발행된 초판에서, 그는 관동대지진 직후에 목격한 이재민들의 모습에 대해, '이재민들은 뜻밖에도 한가롭고 사람들 사이에는 친근함이 가득 차 있었다'라고 표현하고 있다.

현재 우리가 재해통계를 통해 아는 관동대지진은, 도쿄시의 번화가에서 발생한 큰 화재를 비롯하여 각지에서 큰 피해가 발생한 결과, 사망자·행방불명자 142,072명, 전파건물 128,266채, 소실(유실) 주택 447,128채로 일본에서 가장 심각한 피해를 가져온 지진재해이다.

지진의 체험자로서 아쿠타가와 류노스케가 관찰한 지진 직후의 한가로운 광경도, 재해통계에서 나타나는 처참한 모습도, 어느 쪽이나 관동대지진의 진실을 말하고 있다. 여기에는 모순된 사실 즉, 재해는 결코 단편적으로 파악할 수 있는 것이 아니라 거기에는 다양한 측면이 존재하고 있다. 즉, 어느 시점에서의 재해의 모습인가, 또는 어느 장소에서의 재해의 모습인가, 누구에게 있어서의 재해의 모습인가 등, 재해를 보는 시점에 따라 재해 또한 그 모습을 바꾸는 것이다.

재해에 다양한 측면이 존재하는 것은 관동대지진에만 국한된 것이 아니라, 어느 재해도 다양한 측면을 가지고 있다. 재해의 발생빈도는 낮기 때문에 한 사람이 몇 번이나 큰 재해를 경험하게 되는 것은 지극히 보기 드물다. 그러나 수많은 재해를 비교해 보면, 거기에는 재해 시에 문제가 되는 일, 그 발생의 순서, 그 위에 대처방법에 있어서 상당한 공통성이나 규칙성이 존재한다. 즉, 방재의 지혜가 세대나 지역을 넘어 계승되고 있다. 그러므로 이러한 지혜를 체계적으로 정리하여 새로운 지혜를 더해 발전시켜 나아가는 것은, 방재에 있어 중요한 과제이다.

본장에서는 이러한 재해발생 후 해당 사회나 이재민이 체험하게 되는 문제 및 그 발생 순서, 대처법 등에서 볼 수 있는 공통점이나 규칙성 등을 일괄하여 「재해과정(Disaster process)」이라고 정의한다. 더욱이 이러한 재해과정을 체계적으로 이해함으로써, 이후 발생할 수 있는 재해로부터 사람들이 경험하는 괴로움을 가능한 한 경감시키는 것을 목표로 시도되는 것을, 크라이시스 매니지먼트라고 부른다. 재해를 파악하는 방법과 재해 시의 사람들의 행동을 파악하는 방법을 분명히 한 후에, 재해과정에 관한 지금까지의 연구 성과의 한 부분을 소개한다.

02
사회현상으로서의 재해

　재해의 과정에서 취급되는 것은 사회현상으로서의 재해이다. 재해의 연구는 지금까지 자연현상으로서의 재해를 대상으로 하고, 자연과학적인 연구가 주류였다. 자연현상으로서의 재해는 응용역학으로서의 과제이다. 자연에 의한 외력을 객관적·정량적으로 파악하여 거기에 대항할 수 있는 구조물을 만드는 것이 방재라는 생각이 주류였다. 이러한 노력은 큰 성공을 거두어 〈그림 4-1〉에 나타나듯이, 1946년부터 1995년 사이에 1961년의 이세완 태풍재해를 마지막으로 사망자·행방불명자가 천 명 이상 된 적은 없었고, 재해로 인한 사망자·행방불명자의 총수도 감소경향을 나타내고 있었다. 이러한 통계를 바탕으로 일본에는 충분한 방재력이 정비되어 앞으로 대규모 재해는 일어날 수 없다고 하는 자만심이 생겨났다. 그러나 그것이 잘못된 생각이라고 증명된 것이 1995년의 한신·아와지 대지진재해이다. 사망자 6,400여 명, 건물의 전, 반파 25만 채, 추정 피해액수 10조 엔에 달한 이 재해는, 일본의 방재력이 결코 충분치 못하다는 결과이다. 그와 동시에 그 후의 이른바 위기관리가 잘 되지 못한 것은, 재해발생 후 재해과정에 대한 이해가 결여되어 있었다는 것이다.

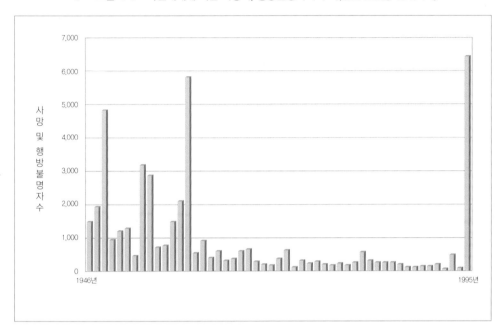

그림 4-1　자연재해에 의한 사망자, 행방불명자의 추이(일본 건설성 홈페이지)

한신·아와지 대지진재해의 교훈 중 하나는, 방재는 자연과학적인 대처만으로는 불충분하고, 실제로 재해를 체험한 이재민과 지역사회의 재해복구문제를 취급하는 사회현상으로서의 측면을 고려하였을 때, 비로소 완전한 방재의 행위가 되는 것이다. 따라서 재해를 당하였던 사람들이 그때 무엇을 느끼고, 무엇을 생각하고, 어떻게 행동할 것인가를 인지할 필요가 있다. 또한 사람들에게 그러한 행동을 시키는 인간특성이나 사회특성에 대한 생각도 필요하다.

이 책에서는 재해를 체험한 이재민의 대응에 대해 고찰한다. 자기 자신이 실제 재해를 체험했을 경우, 어떠한 위험이 존재하고 어떠한 문제가 존재하는지, 또 그러한 위험이나 문제를 어떻게 극복할 것인지 라는 사고의 시점으로부터 방재라는 행위가 시작된다.

1 재해란 무엇인가

사전에서 「재해」를 찾으면 '비정상인 자연현상이나 인위적 원인에 의해, 인간의 사회생활이나 사람의 생명 등에 영향을 받는 피해'라고 나와 있다. 이 정의로서는, 재해에는 비정상인 자연현상을 원인으로 하는 것과 인간의 행동을 원인으로 하는 것, 크게 2종류로 나눌 수 있다. 일반적으로 전자를 자연재해, 후자를 인위재해라고 구별하고 있다. 일본의 경우 전자를 재해, 후자를 사고·사건이라고도 한다. 교토대학 방재연구소는 자연재해에 대한 방재를 연구하는 기관이며, 이 책에서는 자연재해를 대상으로 하는 것을 원칙으로 한다.

사전상의 정의에서 또 하나 중요한 지적으로 인간에게 피해를 미치는 것을 재해로 규정하고 있다. 예를 들어, 2000년에 발생한 돗토리현 서부지진은 지진의 규모를 나타내는 매그니튜드(magnitude)로서는 1995년 효고 현 남부지진을 웃돌고 있다. 그러나 지진발생의 피해의 규모는 한신·아와지 대지진재해의 그것과는 비교되지 않을 정도의 소규모였다. 이러한 예는 지진피해가 단순한 외력으로서의 지진규모에 의해 일률적으로 정해지는 것이 아니라, 오히려 지진에 습격당하는 지역이 가지는 사회특성이 피해의 규모를 규정하는 것을 나타내고 있다. 고베지역과 같이 인구 집중이 높은 지역에 지진이 일어나면, 사회생활의 혼란은 비약적으로 증가하므로 대규모 재해라고 부르게 되는 것이다.

이러한 의미에서, 방재학에 있어 재해를 「유인」과 「소인」이라는 2종류의 요인으로 나누어 파악하는 것을 알 수 있다. 즉 유인은 재해의 계기가 되는 자연의 힘의 크기이며 외력(Hazard)이라고도 한다. 효고 현 남부지진은 한신·아와지 대지진재해의 계기가 된 「유인」이다. 한편 소인은 해당 사회의 구조적인 측면의 재해대처능력에 있어서의 취약성(Vulnerability)이다. 도시지역과 같이 인구밀도가 높고 건축구조물 등의 평면적인 분포가 밀집된 경우, 지진에 대해 취약하게 되며 동시에 도시규모가 큰 만큼 재해에 대한 취약성은 강해지는 것으로 나타난다.

재해를 소인과 유인으로 파악하면, 해당 사회가 가지는 방재력을 초월하는 외력에 의해 습격을 당하는 경우에 재해가 발생한다고 할 수 있다. 재해를 이렇게 정의하면, 피해의 감소를 목표로 하는 방재는 ① 유인인 외력에 대한 이해가 필요하고 ② 소인인 해당 지역과 사회의 방재력을 향상시키는 것이라고 하는 2개의 방안이 존재한다.

2 재해의 외적 요소에 대한 이해의 심화

방재의 궁극적인 목표는 외력을 완전하게 제어하는 것이다. 그러나 그것은 현재의 과학기술로서는 불가능하다. 이를테면 지진의 발생은 피할 수 없고, 게다가 지진은 지금도 그 발생을 직전에 예지하는 것이 불가능한「돌발재해」이다. 그러나 단층운동에 의한 지진은 활단층과 같이 같은 장소에서 같은 규모로 주기적으로 일어나는 성질이라고 알려져 있다. 따라서 지진의 발생 메커니즘에 대해 올바르게 이해하고, 재난지진의 발생 이력이나 활단층의 조사결과를 이용해 향후 일어날 수 있는 지진을 예측해보고, 거기에 대항할 수 있도록 사회의 방재력을 향상시키는 방법을 모색하는 것은, 합리적인 방재대책을 구축하는 대전제에 해당한다.

3 사회 방재력의 향상

대부분의 경우 외력은 제어할 수 없어도, 해당 사회의 방재력을 향상시킴으로써 재해 시 발생되는 피해를 저감할 수가 있다. 높은 방재력을 가지기 위해서는 〈그림 4-2〉에 나타난 바와 같이, 피해억제(Mitigation)와 피해경감(Preparedness)이라고 하는 2가지 요소의 적절한 조합이 필요하다. 피해억제란 재해에 의한 피해를 예방하기 위한 대책이다. 한편 피해경감이란 만일 피해가 발생했을 경우에도 피해 규모를 확대시키지 않고 조기복구를 가능하게 하는 대책이다. 피해억제는 방재대책의 기본이고, 〈그림 4-2〉에 나타나듯이 외력의 힘과 그 발생확률의 사이에는 반비례의 관계가 성립되고 있다. 예를 들어 미소지진은 매일 많이 발생하고 있지만, 매그니튜드 7을 넘는 거대지진의 발생은 평균 10년에 한 번 있을 정도의 확률이다.

피해억제는 어느 정도 이하의 지진외력에 습격당하였을 때, 전혀 피해를 입지 않고 해결되는 것이 사명이다. 피해 정도를 연속적으로 파악해 보면, 예상되는 피해를 다른 형태로 옮겨놓는 대책도 피해억제의 일종이다. 예를 들어 건물의 기둥에 외력에 대한 내성을 증가시킴으로써, 순간적으로 붕괴되지 않도록 보강하는 것으로 인적 피해를 감소시킨다고 판단할 수 있다.

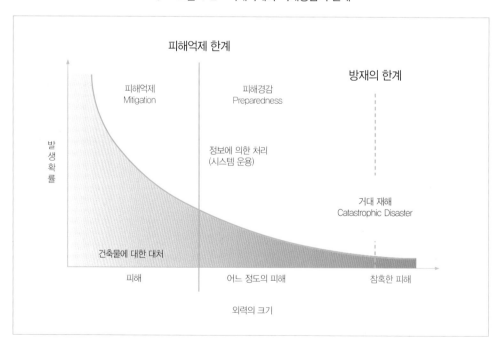

그림 4-2　피해억제와 피해경감의 관계

피해억제 대책의 실시에 대해서는 발생 가능한 피해의 심각함과 그 확률을 고려하여, 피해억제 효과가 큰 것으로부터 순서대로 정비해 나가는 것이 요구된다. 지금까지 일본의 지진방재는 공학적인 노력에 의해 구조물의 내진성 강화에 오랜 세월 노력해 왔으며, 이 부문에서는 세계제일의 수준에 있다. 그 때문에 일본에서는 방재를 구조물에 의한 피해억제와 같은 의미를 가지며, 이는 엔지니어가 담당하는 것이라는 인식도 있었다. 그러나 이런 한신·아와지 대지진재해는 일본의 피해억제 대책의 한계를 그대로 보여주었다. 피해억제의 한계를 끌어올리는 것은 기술적으로는 가능하다. 그러나 그러기 위해서는 방대한 자금과 긴 시간을 필요로 한다. 위기관리의 대책 측면에서 방재를 보았을 경우, 피해억제책만에 의지하는 방재는 합리적이라고 하기 어렵다는 것이 밝혀졌다.

따라서 피해억제의 한계를 미리 정하여, 현실에서 발생한 피해의 확대를 차단하고 신속한 복구를 가능하게 하는 대책을 사전에 준비해 두는 피해경감대책도 필요하다. 말하자면 피해경감대책은 피해억제대책의 안전장치(fail safe)로서 역할을 하는 대책이다. 그 실현을 위해서 재해대응을 위한 구체적인 계획과 정보처리체제를 정비하고, 그것을 정확하게 운영할 수 있는 조직과 인재를 육성하는 훈련을 평소에 할 필요가 있다.

1995년의 한신·아와지 대지진재해는, 일본의 방재체제가 피해억제대책에 과도한 신뢰를 두어 피해경감대책이 형식적인 것에 지나지 않았던 것으로 밝혀졌다. 〈그림 4-2〉에 나타난바와 같이, 거대지진재해란 피해억제한계를 몇 배나 상회하는 외력에 의해서 발생되는 재해이다. 피해억제수준의 향상을 단기적으로 도모하는 것은 용이하지 않다. 그렇다면 당면한 사회의 방재력을 향상시키는 주체는 피해경감대책을 보다 충실하게 구축하여야 한다. 구체적으로 재해정보를 적확하게 처리할 수 있는 시스템의 확립과 방재의식이나 지식의 계발, 방재관련조직의 강화가 필요하다. 더 중장기적으로는 앞으로의 구조물이나 시스템의 갱신시기를 파악하여 순차적으로 피해억제수준의 향상을 도모하는 것이, 사회 방재력의 향상을 도모하는 현실적인 방향일 것이다.

03

/

재해 시 인간행동의 모델화

사회현상으로서 재해를 바라볼 때, 발생한 재해에 대해 인간은 어떻게 대응하는가는 사회 방재력을 구성하는 중요한 요인이다. 이 절에서는 재해 시의 인간행동을 어떻게 모델화할 수 있는지에 대해서 검토해 본다.

1 준 정상 상태의 유지

우리의 일상생활은 통상 안정되어 있고 질서유지가 잘되어 있다. 매일 거의 같은 시간에 일어나 같은 곳을 다니며 같은 일을 하고 똑같이 집으로 돌아와 똑같이 취침한다. 그러한 생활을 반복하는 것이 일과이며, 이러한 행동들이 때로는 지루하다고 하는 사람도 나타난다. 이러한 통상적인 생활을 벗어나기 위해 가끔은 일탈을 위해 여행을 떠나는 사람도 있다. 여행이라는 경험을 통해 지금까지 유지해 온 일상질서의 패턴과는 별도의 질서패턴을 체험하기도 한다. 여행자는 평상시와 다른 장소에서 평상시와 다른 시간을 보내고 평상시와 다른 행동을 취하기도 한다. 동시에 여행자는 여행지에서 거기에도 역시 일정한 질서의 성립이 있다는 것을 발견한다. 다른 질서패턴을 체험하는 것은, 그때까지 암묵리에 자신을 다루어 왔던 질서와 또 다른 질서를 상대화시켜 새로운 인식의 대상을 가지는 효과도 있다. 그 의미에서는 여행은 자기 인식의 수단이 되고 있다.

우리의 일상생활이 안정되어 있다고 해도, 도장을 찍듯이 완전하게 같은 것의 반복은 아니다. 자세히 보면 일어나는 시간이나 취침시간은 매일 다소는 차이가 나고 하는 일도 매일 완전히 같다고는 할 수 없다. 따라서 일상생활은 완전하게 안정되어 있는 것이 아니라, 안정되어 있다고 봐도 지장이 없다고 하는 정도이다. 그러한 상태를 「준 정상 상태(Quasi–stationary Equilibrium)」라고 부른다.

우리의 일상생활이 유사 정상 상태를 나타내는 배경에는 힘의 밸런스가 깊게 관계되어 있다. 인간의 일 중에서 준 정상 상태를 유지하고 있는 것은, 일상생활뿐만이 아니라 우리의 신체를 유지하는 다양한 생리활동으로부터 각국의 연횡합종에 이르기까지 많은 예가 존재한다. 어느 경우에도 거기에는 힘의 밸런스 문제가 깊이 관여하고 있다. 우리의 생활에는 물리적인 힘은 물론 경제·정치·문화라고 하는 다양한 국면의 힘이 작용하고 있어서, 그러한 힘이 서로 대항할 때 밸런스의 활동이 작용, 인간 활동이 안정된다고 생각한다.

우리의 일상생활은 거기에서 일어나는 다양한 힘의 균형에 의해 유사적 정상 상태를 나타내고 있다고 설명했지만, 이 생각은 특별히 새로운 생각이 아니고 심리학에서는 지극히 일반적인 생각이다. 예를 들면 사회심리학의 시조라고 하는 쿠르트 레빈(독일 심리학자)은 인간행동의 변화를 다음과 같이 설명한다.

그는 인간의 행동 모습(B)은, 그 사람 자신이 가지는 힘(P)과 그 사람이 처해 있는 환경이 가지는 힘(E)의 사이에 성립하는 균형 상태에 의해 정해지고,

$B=F_{(P, E)}$

로 정의하였다. 이 유명한 등식은 "통상 같은 환경이더라도 사람에 따라 행동에 개인차가 있고, 같은 사람이라도 때와 경우에 따라 행동을 바꾼다."라고 해석된다. 그러나 개인에게 작용하는 힘의 장소의 밸런스와 행동변모의 관계에 대해서도 다음과 같이 설명된다. ① P와 E의 사이에 힘의 균형이 유지되고 있을 때는, 사람의 행동도 안정되어 있고

같은 행동이 반복 된다. ② 지금까지의 힘의 균형이 파괴되는 사태가 나타나면, P, E 사이의 새로운 균형을 회복하는 데 유효한 행동이 선택되어, 그때까지는 볼 수 없었던 새로운 행동의 변화가 일어난다. ③ 개인에게 일하는 힘의 균형이 파괴되는 계기에는 인간 측의 변화에 기인하는 경우도 있지만, 때로는 환경적인 측면으로 생긴 변화에 기인하는 경우도 있다.

매일의 일상생활 속에서 시시각각 우리는 이러한 힘의 변화를 체험하고 있다. 예를 들어, 공부나 운동을 계속하고 있으면 체내의 에너지가 소비되어 혈액 중의 혈당치가 저하된다. 그러면 우리는 공복감을 느껴 식사를 하고 싶은 욕구가 생겨 그것을 해소하기 위해 섭식행동을 취하고, 혈당치가 일정 레벨로 돌아오면서 동시에 만복감이 생겨 섭식행동이 억제된다. 이 일련의 과정은, Homeostasis라고 부르는 부의 피드백 과정이며, 혈당치를 지표로 하는 〈그림 4-3〉에 나타나는 밸런스의 회복과정으로 볼 수 있다.

그림 4-3 인간행동을 준 정상 상태의 유지과정으로 본 모델

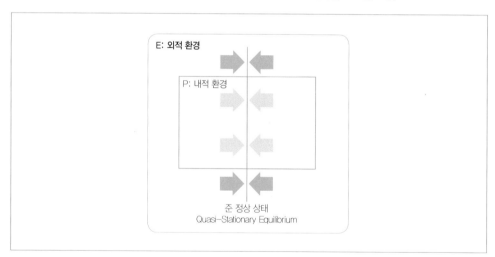

심리학에서는 욕구를 생리적 욕구와 사회적 욕구로 크게 나눈다. 생리적 욕구란 굶주림, 갈증, 휴식 등 동물로서의 인간이 가지는 욕구이다. 이것은 생체가 생존에 필요로 하는 물질이 결핍, 그것을 회복하기 위해 발생한다고 할 수 있다. 앞의 공복감의 예로 나타낸 부의 피드백에 의한 밸런스의 회복이 일례이다. 사회적 욕구란 다른 사람으로부터 인정받고 싶다든가 부자나 권력에 대한 욕구로, 사회적인 존재로서의 인간만이 가지는 욕구이다. 거기에는 이러한 목적을 위해 유효성이 높다고 생각되는 행동이 강화되고 행동으로서 반복되어지는, 즉 유효성이 낮은 행동이 소거된다는 포지티브(positive)한 피드백 과정이 존재한다. 그 결과 특정의 목표달성에 부합하는 특정의 행동이 채택되는 대응관계가 성립되기 위해서는, 행동의 예측이 가능해진다. 이와 같이 보면 인간이 가지는 제반욕구를 만족시키기 위해 행동의 선택이나 행동목적의 선택에 있어서, 준 정상 상태의 유지가 목적인 행동을 선택함으로써, 우리는 일상생활의 질서유지를 도모하고 있다고 생각한다.

2 재해와 인간행동

이상과 같이 인간행동을 모델화하면, 〈그림 4-4〉에 나타나듯이 재해는 갑작스러운 사태와 대규모의 외적 환경의 변화라고 정의할 수 있다. 따라서 개인에게 있어서 재해는, 이러한 환경변화에 의해 발생된 새로운 현실에의 적응 과정이라고 정의할 수 있다.

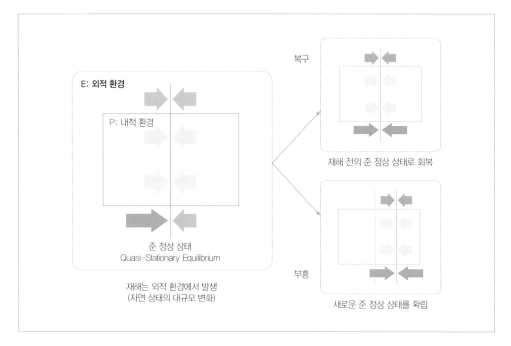

그림 4-4　인간행동의 준 정상 상태 모델로 본 재해와 그 후의 대응

1995년 1월 17일 오전 5시 46분에 발생한 효고 현 남부지진을 기점으로, 심각한 피해를 받은 한신·아와지 지역의 사회는 일변하였다. 진도 7의 흔들림에 의해 6,400명 이상의 인명이 희생이 되고 25만 채의 건물이 파괴되는 경험을 어느 누가 예상하였을 것인가. 그 후 장기간에 걸쳐 라이프라인의 두절에 의한 생활의 고충이나 여진의 공포 속에서 살아가는 삶을 겪어야 했다. 한신·아와지 대지진재해라고 불리는 이 재해는, 이곳 이재민들에게 이러한 어려운 현실의 경험 위에 스스로의 인생을 각자의 제약조건을 근거로, 피해 이전 상황으로 재구축함이 요구되고 있다. 즉, 이재민들의 관점에서 보면 재해발생 이후에 일어나는 재해과정이란, 이재민들이 재해에 의해 생긴 새로운 현실에 적응되어 가는 인생의 재구축을 도모하는 것이라고 할 수 있다.

'지진 이전의 생활로 돌아가고 싶다', '1월 16일 이전처럼 살고 싶다'라고 바라는 것은 이재민들의 공통된 생각이며, 그런 목소리가 큰 것은 지진 후 새로운 현실의 어려움을 시사하고 있다.

먼저 서술한 바와 같이, 사회의 방재력을 향상시키는 방안에는 2개의 측면이 있다. 피해억제력과 피해경감력 각각의 향상이다. 재해 시의 인간행동이라고 하는 측면에 있어서 이 2개의 방안은 다음과 같다. 피해억제력의 향상이란, 예방대책을 강구해 피해의 발생을 회피하는 것으로 일상의 삶에 있어 위기의 발생을 미리 막는 것이다. 피해경감력의 향상이란, 만일 재해로 인하여 삶의 위기가 발생했을 경우, 생활의 재건과정이 수월할 수 있도록 이재민을 지원하는 힘을 높이는 것이다. 이렇게 생각하면, 한신·아와지 대지진재해는 재해이재민 삶의 재구축을 어떻게 지원할 것인가가 큰 과제이며, 이는 일본 최초의 대규모 재해인 것이다.

재해 때문에 발생한 인생의 위기를 넘어 새로운 현실에 적응하고자 인생을 재구축하는 주체는, 어디까지나 한 사람 한 사람의 이재민들이다. 그들이 자기 나름의 인생설계를 가지고 목적을 향해 나아가려는 「의지」를 되찾아 긴 복구의 과정을 지속적으로 해나가지 못하면, 재해로부터의 복구는 요원하다고 본다. 다만 방재관계자로서 할 수 있는 것은, 재해 후에 생기는 새로운 현실에 대한 환경정비의 추진을 통하여, 지역 이재민 모두가 극복해 나가는 인생의 재건과정이 조금이라도 원활하게 이루어지도록 지원하는 것이다. 그러기 위해서는 재해 후에 이재민의 행동을 올바르게 이해하는 것이 중요하고, 이러한 것을 재해복구과정이라고 부른다.

3 평상시 인간행동과 재해 시의 인간행동

재해 시의 인간행동이라고 하면 패닉을 연상하는 사람이 많다. 갑작스런 환경변화로 인해 로버트 루이스 스티븐슨의 작품 「지킬박사와 하이드」에서 지적한 바와 같이, 재해를 당한 사람의 경우 일부는 평소와 달리 인격이 돌변하여 그전과는 전혀 다른 불합리한 행동을 취할 경우가 발생하며, 그 결과 사회적인 혼란이 일어나기도 한다. 거기에는 평상시와 재해 시의 인간행동을 규정하는 메커니즘이 변화한다고 하는 암묵적인 전제가 있다. 그러나 인간이 행동을 일으키기까지는 다양한 과정이 존재하고 있어서 그것을 시스템적으로 파악할 필요가 있다. 패닉을 두려워하는 사람은 이러한 인간의 행동시스템이 2종류 존재하고 있어, 그것들이 평상시와 재해 시에 바뀐다고 가정하고 있는 것이다. 그러나 그것보다 개인의 행동을 지배하는 시스템은 기본적으로 공통이며, 그 기능은 평상시와 재해 시를 연속된 것으로 모델화하는 편이 자연스러운 것 같다. 아래에서는 평상시와 재해 시를 연속적으로 파악하는 〈그림 4–5〉에 나타나 있는 인간행동의 모델에 대해 설명한다.

그림 4–5   인간행동의 모델

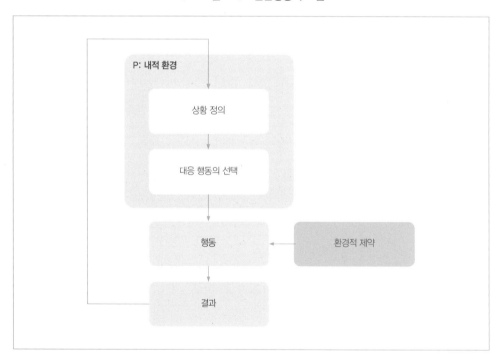

〈그림 4-5〉의 모델은 개인이 속해 있는 환경적인 측면은 어떻게 되어 있는지, 특히 거기에 어떠한 변화가 발생하고 있을까에 대해 상황인식을 가지는 것으로부터 출발한다. 그러한 변화가 위기라고 해석되면, 비로소 개인에게 있어서 위기감이 발생한다. 개인으로서의 위기 상황이 닥치게 되면, 다음에는 피해의 회피나 경감을 목표로 한 대응행동을 선택하는 과정으로 이어지게 된다. 이것은 말하자면 'WHAT'을 규정하게 되고, 대응책이 선택되면 그 행동을 실행으로 옮기는 'HOW'의 검토로 옮겨간다. 그때 행동실현을 향해 환경적 측면에서 제약 상황을 체크하게 된다. 즉, 개인이 선택한 대응행동이 주어진 환경적 제약 속에서 실현 가능한가 아닌가를 결정하게 된다. 마지막에 이러한 행동의 실행 결과, 거기에 따르는 다양한 환경변화가 일어나며 이에 따라 그다음의 인간행동을 부분적으로 규정한다고 하는, 피드백 과정을 생각해야 할 필요가 있다.

다음의 절에서는 이와 같은 인간행동을 모델화했을 경우, 재해 시의 인간행동에 어떠한 위험성이 있는가를 분석해 본다.

4 재해 시의 인간행동이 보여주는 4종류의 위험성

위에서 말한 바와 같이 인간행동을 모델화하면, 평상시와 재해 시에 보여지는 인간행동의 차이는 이 모델에 입각해서 수행되는 정보처리의 결과에 따른다고 할 수 있다. 상황의 정의, 대응행동의 선택, 환경적 제약, 결과의 피드백 타이밍이라는 4가지 모델로 이용되는 단계로서, 각각 재해 시의 인간행동을 위험하게 할 가능성이 존재한다. 바꾸어 말하면 재해 시의 인간행동이 가지는 위험성에는 적어도 다음과 같은 4종류가 존재한다. ① 위험을 인식하지 못한 채로 행동하는 위험 ② 위험이라고 인식하면서도 그에 대해 유효한 대응행동이 존재하지 않는 위험 ③ 위험에 대한 유효한 대응행동으로서 선택한 것이, 환경적인 제약으로 인해 실현되지 않는 위험 ④ 상황의 변화와 인간행동과의 타이밍의 엇갈림에 의한 위험이다. 아래에 순서대로 설명하기로 한다.

1. 무감지행동 : 위기를 인식하지 못한 채로 행동하는 행위

재해에 의해 위험이 발생한 것을 인식하지 못한 채 행동하는 위험성을 가리키는 것이며 무감지행동이라고 부른다. 말하자면 '무엇이 일어나고 있는지 모른다'는 것 때문에 발생하는 위험성이다. 「지각=인지」는 소방용어로서 중요한 의미를 가지고 사용되고 있다. 소방에서는 화재발생시간과 화재인지시간 2개의 시간대로 구별하여 각각의 시각을 기록해 둔다.

화재발생시간은 물리현상으로서 화재가 발생한 시간이고, 화재인지시간은 사람들이 화재를 눈치 챈 시간을 말하며 사회적 현상으로서의 화재가 발생한 시간이다. 화재피난이나 초기소화 등의 방재활동에 있어서, 화재발생부터 방재활동을 할 수 없게 될 때까지의 시간에는 제한이 있으므로, 화재인지의 시간이 매우 중요한 역할을 가진다. 화재발생 후 짧은 시간 안에 화재를 인지하면, 피난이 가능하거나 초기소화에 임할 수 있는 시간도 길어진다. 반대로 화재의 인지가 늦어지면 이에 따라 피난이나 초기소화의 가능성이 감소하는 것을 시사한다. 따라서 화재발생부터 화재인지까지의 시간을 단축하는 것, 즉 화재라는 위험을 지각하지 않고 행동하는 시간, 이것을 단축하는 것이 방재행동에 있어서 지극히 중요하다. 위기를 인식하지 않고 무지각의 행동을 계속할 때의 위험성은, 단지 화재에 국한된 문제만이 아니라 재해 시에 일반적으로 적용되는 보편적인 문제이다.

왜 위기를 인식할 수 없는 무지각행동을 하게 되었는지를 생각해 보자. 그 하나의 요인으로서, 개개인이 가진 재해에 대한 지식의 부족을 들 수 있다. 고속교통체계가 정비됨에 따라 우리의 행동반경도 확대되어 새로운 장소에도 부담 없이 나가게 되었다. 그 결과, 그 지역의 위험성에 대해 충분한 지식이 없는 사람이 재해에 휘말릴 위험성도 커진다. 예를 들어 1983년 동해중부지진에서는, 쓰나미 때문에 100명의 희생자가 나왔다. 그 중에는 스위스 관광객이나 산촌학교에서 소풍을 왔던 초등학생 13명 등, 해당 지역에 대한 기초지식을 모르는 사람이 희생자의 과반수를 차지하였다. 이러한 경우 외지의 사람은 지역에 대한 올바른 상황인식이 어렵고, 결과적으로 무지각의 상황인식이 피해상황을 키웠다고 할 수 있다.

또한 무지각의 행동은 재난이재민 자신에게 위험을 증대시킬 뿐만 아니라 사람들을 재해로부터 지키는 방재담당자에게도 큰 문제이다. 토석류나 눈사태 등 국소적인 발생가능성이 높은 토사재해 등에서는, 피해발생 초기부터 재해인식까지 긴 시간이 필요한 경우가 있다. 재해에 대한 인식이 늦으면 늦을수록 구조대의 편성이나 출동이 늦어지고, 이재민의 생존확률이 저하되기 때문이다.

2. 심리적 패닉 : 위기라고 인식하지만 유효한 대응을 하지 못하는 행위

심리적 패닉은, 위기의 존재를 올바르게 인식하고 있으면서 그에 대한 효과적인 대응행동을 찾아낼 수 없는 상태를 가리킨다. 말하자면 '어떻게 하면 좋을지를 모른다'는 것 때문에 생겨나는 위험성이다. 예를 들어 천식발작처럼, 발작이 시작되면 최악의 경우 생명과 관계되는 위험한 상황이라고 자각을 해도 자신의 의사로는 발작을 멈출 수 없는 상황이다. 이러한 상황은「심리적 패닉」이라고 하며, 그 메커니즘의 연구가 임상심리학의 분야에서 활발히 행해지고 있다.

3. 집단적 패닉 : 유효한 대응행동을 인식하지만 환경적 제약에 의해 실현되지 않는 행위

예를 들면 화재가 났을 때, 개인으로서는 올바른 상황인식을 가지고 최선의 대응행동을 생각하여 곧바로 비상구를 통해 실외로 나가는 것을 선택하였다고 가정하자. 그러나 실내에는 다수의 사람들이 존재하고 있고 그들이 일제히 실외로 대피하려고 비상문 쪽으로 달려들게 되면, 결과적으로는 큰 혼란이 발생할 위험성이 높아진다. 이러한 사태를「

집단적 패닉」이라고 부른다. 즉, 개인레벨에서는 위기에 대해 유효한 대응행동으로 선택한 행동이라고 하여도, 환경적 측면에 있어 처리능력을 넘어서는 행동의 집중이 일어나는 경우이다. 집단적 패닉은 방재담당자가 가장 우려하는 사회적 혼란 발생에 관한 위험한 상황이다. 또한 지금까지의 무지각한 행동이나 심리적 패닉과 달리, 집단적 패닉은 개인의 행동으로서는 적합한 대응행동이라고 하여도 그 발생량이 환경의 처리능력을 넘어버릴 때 발생하는 위험성이다.

지금까지의 연구에서는 피난 시의 행동, 은행예금의 인출, 슈퍼마켓 물건의 싹쓸이 그리고 전화의 폭주, 이 4종류의 행동이 집단적인 패닉을 일으키는 것으로 알려져 있다. 그 중에서도 재해발생 직후 재난지역으로 전화가 집중되어 전화통화가 어려워지는 전화의 폭주는, 최근 발생한 어느 대규모 재해에서도 발생하고 있는 문제이다. 예를 들어 〈그림 4-6〉에 나타나듯이, 한신·아와지 대지진재해 시에는 재난지역 사람들의 안부를 확인하는 것이나 각종의 연락, 병문안 등의 목적으로 재난지에 통화가 집중되어, 재난지인 효고현에 걸려온 통화량은 평상시의 50배나 되어 엄격한 통화제한이 필요하였다.

그림 4-6 한신·아와지 대지진 직후에 발생된 전화 통화량

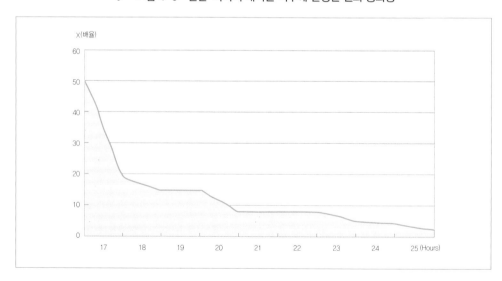

4. 상황과 행동 타이밍과의 불일치

마지막의 위험성은, 어떤 시점에서 이루어진 상황인식에 근거하여 그 조건하에서는 최선의 대응행동 선택이 이루어졌다고 했을 때, 그 후에 발생한 상황의 변화 때문에 이전의 대응행동이 유효하다고 말할 수 없게 되는 위험성이다. 즉, 올바른 상황인식이 되어 있지 않은 점에 있어서는 무인식의 행동과 같지만, '무엇이 일어나고 있는지 모른다.'라는 무지각한 행동에 비해서, '잘 되어야 할 일이 예상 외의 결과로 끝나, 그다음에 처리해야 할 일에 대해 모르게 된다.'라는 타입의 위험성이라고 설명할 수 있다.

이상으로, 재해 시의 인간행동과 평상시의 인간행동도 기본적으로는 같은 정보처리시스템에 근거하고 있지만, 외적인 환경이 갑자기 대규모로 변하는 재해 시에는, 인간 정보시스템의 각 단계에서 위험한 행동을 범할 수 있는 위험성이 있다는 것을 분명히 알 수 있다.

5 　재해 시 인간행동이 가진 4종류의 위험성을 저감하기 위하여

위에서 언급한 4종류의 위험성을 저감하는 것은 방재에 있어서 중요한 과제이다. 재해 시의 인간행동이란, 재해로 인해 발생된 환경변화에 따라서 이에 대한 상황처리를 반복하는 과정이다. 따라서 재해 시 인간행동을 규정하고 위험성을 감소시키는 것은, 사람들이 재해로부터 잘 벗어날 수 있는 가능성을 높인다고 할 수 있다. 아래에 어떠한 방책이 있을까를 생각해 본다.

1. 무지각행동의 위험성을 저감

무지각행동의 원인이 되는 위험성을 줄이는 최선의 방법은, 재해현장에 처한 사람들이 지금 무엇이 일어나고 있는가를, 보다 정확하게 상황을 인식할 수 있도록 하는 것이다. 그

러기 위해서는 재해 때문에 생겨난 환경변화를 의미 있는 변화로 사람들에게 인식시키는, 그에 대한 매뉴얼을 미리 가지고 있을 필요가 있다.

왜냐하면 이러한 인식에 대한 매뉴얼을 가지고 있지 않으면, 항상 변화하는 환경의 어느 부분은 변화의 의미를 두어야 하고, 어느 부분을 무시해야 하는가에 대해 일관성 있게 결정을 할 수 없기 때문이다. 따라서 그러한 인식에 대한 매뉴얼을 재해발생 이전부터 사람들에게 주지하여 두는 것이 중요하다. 그러기 위해서는, 다양한 방법을 통한 폭넓은 방재교육을 충실하게 수행하는 것이 필요하다. 학교수업이나 지역강연회 혹은 매스컴 등을 통해 재해 시에는 어떠한 일이 일어날 것인지, 무엇이 위험을 알리는 징조인지, 어디에 주목하고 있으면 좋을 것인지에 대한 재해과정에 관한 구체적인 지식을 평상시 사람들에게 공유시키는 것이 중요하다.

2. 심리적 패닉의 위험성을 저감

심리적 패닉의 원인이 되는 위험성을 줄이려면, 개인이 가지고 있는 대응행동에 대한 지식의 폭을 확대하는 것이 유효하다. 어떠한 경우에도 통용되는 만능의 대응행동은 존재하지 않기 때문에, 일어날 수 있는 다양한 상황에 보다 유연하게 대응할 수 있도록 가능한 한 다양한 대응행동을 가지는 것이 중요하다. 시스템을 다중화하는 것은 유효한 방재대책이며 재해 시의 인간행동에도 이것은 적용된다. 즉, 대응행동으로서 복수의 선택사항을 가질 수 있다면, 재해의 위험성도 감소된다고 생각한다. 때문에 가상체험을 제공해 줄 수 있는 방재훈련이 유효하다고 말할 수 있다. 특히 다양한 상황을 설정해 훈련을 반복함으로써, 단순한 지식만이 아닌 실제체험의 축적과 결합된 훈련을 하는 것이 행동선택사항을 다양하게 진행, 촉진시키는 데에 중요한 사항이라고 생각된다.

3. 집단적 패닉의 위험성을 저감

집단적 패닉의 원인이 되는 위험성을 저감시키기 위해서는, 환경의 처리능력을 넘는 행동의 과도한 집중을 피하지 않으면 안 된다. 그러므로 환경의 처리능력 그 자체를 향상시키는 것이 가장 직접적인 대책이고, 그것은 이른바 시설의 확충과 시설의 정비이다. 그러나 이러한 방법은 비교적 많은 시간과 자금을 필요로 한다. 그뿐만이 아니고 사람들의 행동집중을 피하는 방법도 생각할 필요가 있다. 이러한 두 종류의 방법을 보완적으로 조합하는 것이 현실적인 대응이 된다.

행동의 집중을 피하는 기본적인 방법은 사람들의 행동을 시간적·공간적으로 분산시키는 것이다. 많은 기업에서 채용되고 있는 플렉스타임(flextime)제도는 아침의 혼잡을 해소하기 위해 사람들의 행동을 시간적으로 분산시킨 예이다. 그 외 비상구를 여러 군데 준비하는 것도 행동을 공간적으로 분산시키는 예가 된다. 이것 외에도 선택되는 행동 그 자체를 다양화시켜 특정한 행동의 집중을 저감하는 것도 가능하다. 또한 일견 모순된 방법이지만, 이용효율을 올리는 것으로 이용자 수를 감소시키는 방법도 있다. 예를 들어 캘리포니아주의 고속도로에서 실시하고 있는 HOV(High Occupancy Vehicle) 전용레인의 설정을 비롯한 카풀운동의 추진은, 승용차 1대당의 승차인원수를 늘리는 것으로 전체의 차량대수를 감소시키려고 하는 시도이다.

4. 상황과 행동 타이밍 불일치의 위험성을 저감

재해발생 시 생각했던 대로의 결과가 나오지 않는 상황을 개선하려면, 시시각각으로 변하는 재해상황을 실시간으로 사람들에게 알려줄 수 있는 정보시스템의 구축이 중요한 과제가 된다. 리얼타임에 대한 정보를 공유하려면, 속보성을 살린 텔레비전이나 라디오를 중심으로 하는 방송매체가 정보시스템의 주역이 된다고 예상된다. 그 이외에도 활자매체인 신문이나 양방향으로의 커뮤니케이션이 가능한 전화, 인터넷 등의 매체도 존재한다. 또한 이전부터의 소문도 재해 시에는 중요한 커뮤니케이션 매체인 것이 증명되고 있다. 중요한 점은, 이들 다양한 미디어의 우열을 겨루는 것이 아니라 각기 다른 특성들을 잘 조합하는 것이다. 그러기 위해서는, 재해발생부터 어느 단계에서 어떠한 정보를 이재민과 주변지역의 사람들에게 제공해 나가야 할 것인가에 대한, 전체적인 정보제공의 틀을 형성하는 것이 필요하다.

무지각행동의 방지에 도움이 되는 인식구조의 확립이나 심리적 패닉의 방지로 연결되는 대응행동 선택사항의 다양화는, 재해저감 측면에서의 교육·계발의 중요함으로 나타나고 있다. 집단적 패닉을 방지하기 위한 환경적인 배려나 정확한 타이밍에 대응행동을 지원하기 위한 정보시스템의 정비는, 재해 시의 인간행동의 위험성을 저감시키기 위해 정보가 주는 역할이 큰 것으로 나타나고 있다.

04

재해의 시간경과에 따른 인간행동

지금까지 재해를 파악하는 방법과 재해발생 시 인간의 행동을 파악하는 방법에 대하여 검토하였다. 이러한 생각을 근거로 본 장에서는, 재해과정(Disaster process)에 대해 검토하기로 한다. 즉 재해발생 후 이재민이나 재해대응자가 체험하는 문제, 그 발생순서, 그리고 대처법 등에서 볼 수 있는 공통성이나 규칙성에 대하여, 지금까지의 연구에서 밝혀진 것을 소개한다.

1 위기를 체험한 사람의 행동

위기를 체험한 사람들에게는, 그때의 상황을 어떻게 받아들였는지, 그때 어떻게 행동하였는지의 측면에서 공통점은 무엇인가. 퀴블러 로스(정신의학자)는 죽음에 직면한 말기 암 환자가 체험하는 개인적 위기의 관찰을 통해서, 인간이 죽음에 이르기까지는 현실의 부인, 노여움, 거래(타협), 우울증, 수용이라고 하는 5개의 주요한 단계를 거친다고 밝히고 있다.

즉 개인적인 위기상황에 대응하는 공통성이 존재하는 것을 시사하고 있다. 또 자연과학에 의한 집단적인 위기의 경우에도, 카터(사회심리학자)는 이재민에게 재해 이후, 충격, 피해파악, 합리화, 소송청구, 강한 욕구라고 하는 5개의 행동패턴이 나타나며, 그것들을 차례로 체험한다고 지적하고 있다. 이상의 2개의 보고는, 개인적인 위기든 집단적인 위기든, 위기에 직면한 인간행동에 공통되는 위기대응행동의 패턴이 존재하고 있다는 것을 시사한다.

2 　 자연재해 후의 인간행동 5단계

　자연재해의 이재민에게 보이는 행동의 공통성을 직접 취급한 카터의 5단계를 자세히 살펴보면, 제1단계인 충격기는 재해 직후의 시기이다. 현실의 변화에 강한 쇼크를 받아 이재민 자신에게 무엇이 일어났는지를 파악할 수 없는 시기라고 설명하고 있다. 제2의 피해파악기는 재해에 의한 손실이 밝혀지는 시기이다. 이 시기의 이재민은 재해로 인해 잃은 것에 대한 강한 슬픔에 잠기는 한편 무사했던 것에 감사한다고 설명하고 있다.

　제3의 합리화기는 피해상황을 정리, 새로운 현실에 대해 적응을 개시하는 시기이기도 하다. 이때 현실의 불합리함에 관해서 대부분의 이재민에게서 나타나는, '왜 나는 이런 일들을 당하지 않으면 안 되는 것인가'라고 하는 생각을 정당화하기 위해, 이재민은 '피해를 받은 것은 자신만이 아니다'라고 하는 자기암시의 답을 준비하고 자신과 타협을 가지게 된다. 한신·아와지 대지진재해의 사례로 보면, 재해발생으로부터 최초의 며칠간이 이 시기에 해당된다. 그 사이에 가족의 안부 등이 확인되어지고, 그것이 피난처에서 사람들이 침착하게 되는 과정이다. 퀴블러 로스의 정의와 비교하면 「설마…」라고 여기는 감정이, 지배적인 현실부인의 시기에 해당한다고 할 수 있을 것이다. 한편 현실에 큰 변화가 생기고 있다는 것이, 직접적인 체험이나 다양한 정보 등에 의해 밝혀진다. 그러한 단편적인 정보처리에 놓인 사람은 재해 시에도 충분히 냉정하고 이성적으로 된다. 그러나 큰 변화에 따른 새로운 현실의 변화는 혼돈상황에서 누구에게도 충분히 파악되어지지 않은 상태이다. 따라서 전체적으로 새로운 현실파악을 할 수 없기 때문에, 종래의 인식을 우선시킨 결과 어떤 종류의 현실을 부정하는 생각이 성립하고 있는 시기고, 결과적으로는 불합리적이라고 할 수 있는 행동들이 일어난다고 할 수 있다.

제4의 소송청구기에 들어가면, 일단 새로운 생활에 익숙해져서, 왜 자신이 이러한 불합리한 일을 당해야 하는가 라는 분노가 해소된다고 볼 수 있다. 이 시기는 퀴블러 로스의 분노의 시기와 직접 관계가 있고, 그 경우 '왜 나만 병에 걸리는지, 다른 사람은 왜 병이 들지 않는지'라는 의문을 품게 된다. 자연재해의 경우, 분노의 대상은 이러한 파괴를 일으킨 자연의 외력으로 향해지는 것은 아니다. 오히려 재해대응을 실시하는 방재담당기관으로 비난이 집중되는 형태가 취해지는 것이 보통이다. 방재담당기관이 보여준 늦장 대응, 융통이 없음, 무관심함, 불공평함 등 방재담당기관의 대응미비가 강하게 규탄된다. 극단적인 경우, 재해담당자에 대한 물리적인 폭력으로까지 발전하는 위험성조차 있다. 1995년 1월 17일에 발생한 한신·아와지 대지진재해의 경우에는 라이프라인의 복구 및 피난처 활동이 가장 왕성하던 3월 말까지가 이 시기이고, 즉 재해발생으로부터 최초의 3개월 정도가 이 시기에 해당한다고 할 수 있다.

한편으로 이 시기는 한신·아와지 대지진으로 크게 주목받은 봉사활동의 최고 활성기이기도 하고, 재난지로 향한 사람들의 도움이 몰려든 시기이기도 하였다. 이런 상황을 「재해 유토피아」라고 부르고 있다.

왜 재해 후 불편한 생활 속에서 사람들 사이에 선행이 이어지고 재해 유토피아가 성립되고 있었는지에 대한 배경으로서, 위기대응에 있어서의 퀴블러 로스의 제3기와의 관련성을 생각하면 흥미로운 가설이 성립한다. 퀴블러 로스는 제3기를 「거래」라고 부르고 환자가 '병이 치료된다면, 뭐든지 하고 어떤 일이라도 참는다'라고 생각하게 된다고 지적하였다. 이런 심정을 재해대응에 옮겨놓으면, 재난지 내, 외부에서의 선행이 이루어짐으로 인해 거기에 따라 재해의 무게가 낮아지는 「거래」라는 것을, 이재민은 무의식 속에서 타

협하고 있다고 해석할 수 있다.

제5기의 탐욕기에 들어가면, 이재민에게는 재해에 의한 상실이라는 사실을 받아들이는 대신에, 이 기회에 앞으로의 생활을 위해 가능한 한 많은 보상을 받으려는 마음이 강해지는 시기라고 설명되어 있다. 카터에 의하면, 이 시기의 재난지는 재해 유토피아에서 벗어나 슬픔이나 괴로움으로 가득 차고 이재민이 안타까운 모습으로 보이는 시기이지만, 어느 재난지에 있어도 반드시 나타나는 시기라고 한다.

한신·아와지 대지진재의 경우는 건물의 피해검증, 가설주택의 입주, 재해에 의해 발생한 폐기물처리, 복구계획의 제시 등과 금전적으로 피해액이 산정되어 개인의 재산적 권리가 제한되는 등 재해에 의한 상실이 현실화되고 그와 동시에 재해의 정도에 따라 이재민 사이의 삶의 격차도 명확하게 나타나는 시기가 이에 해당되었다. 이러한 상황에 있어 이재민의 사이에 불공평감이 강해지고, 그것을 조금이라도 해소하기 위해 제공되는 원조 등에 대한 권리투쟁이 표면화되는 시기라고도 할 수 있다. 탐욕기에는 직접적인 권리투쟁뿐만 아니라 행정의 힘을 과대평가하여 행정이 모든 문제를 해결할 수 있다는 환상을 가지게 되는 일도, 이번 지진으로 관찰된 사실이다. 이 재해에서는 4월 이후가 이 단계에 해당된다고 할 수 있다. 이 시기는 이재민의 기분도 침체되기 쉽고 퀴블러 로스의 제4기인 우울증 증상이 나타나는 시기가 이에 해당된다고 할 수 있다.

3 개인적인 위기와 집단적인 위기

〈그림 4-7〉은 말기 암 환자가 체험하는 개인적인 위기와 자연재해 시 이재민이 체험하는 집단적인 위기가 닥쳤을 때, 개인이 어떻게 인생의 위기를 극복하는가를 시계열적으로 나타낸 모델이다. 어느 쪽이나 인생을 강의 흐름에 비유하고 있다. 퀴블러 로스가 취급하는 개인적인 위기는, 내적 환경의 변화에 의해 개인은 지금까지의 인생의 흐름으로부

터 이탈하여 현실의 부인, 노여움, 거래, 우울증상의 과정을 거쳐, 암 환자로서의 자기를 수용해 다시 인생의 흐름이 비교적 부드럽게 되어가는 과정이다.

개인적인 위기의 특징으로서 위기에 직면한 개인을 둘러싼 외적 환경이 안정되어 있다는 것을 알 수 있다. 병원을 비롯한 각종 지원시설이나 제도가 정비되어 있고 또는 이전에 유사한 위기를 체험한 사람이 주위에 존재하고 있는 것은, 현재 위기에 직면한 개인의 위기대응의식을 지원하고 있다고 볼 수 있다.

그림 4-7 2종류 삶의 위기 – 개인적 위기와 집단적 위기

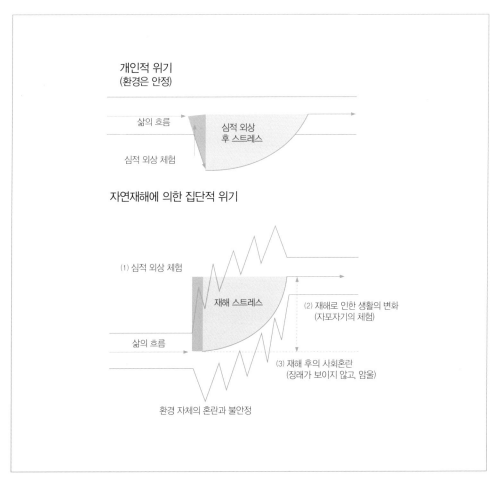

한편 카터가 언급한 집단적인 위기의 경우는, 외적 환경 그 자체가 급격히 변화하여 혼란하기 때문에, 이러한 변화에 적응할 수 있도록 각자가 지금까지의 경로를 변경하지 않으면 안 된다는 점에서 크게 차이가 난다.

재해에 의한 집단적인 위기에서는, 한신·아와지 대지진재해 때 병원의 붕괴가 많이 있었던 것처럼, 사회의 위기대응서비스가 제공불능상태가 되어버리는 위험성도 있다. 또한 재현기간이 긴 재해의 경우에는, 과거에 이와 같은 경험을 체험한 이재민의 멘토를 두는 것도 어려운 것이 사실이다. 외적 환경변화이기 때문에 이재민의 지원이 어려운 것이 특징이다.

이러한 차이점은 있지만 두 종류의 위기상황에는 공통점도 있다. 위기에 의해 성립된 새로운 현실은 개인에게 있어서 많은 미지의 일을 포함한 불확정성이 높은 상황이라고 볼 수가 있다. 또는 사람들은 과거와 현실, 2개의 현실이 서로 어떠한 대응관계에 있을까를 알아야 할 필요도 있다. 여하튼 새로운 현실을 정확하게 파악하는 것이, 그 후의 삶을 재구축하고 진행시키는 데 있어서의 전제조건이 되고 어느 쪽이든 공통점은 있다. 따라서 새로운 현실에 관한 정보의 요구가 높아질 것으로 예상되며, 또 그러한 상황이 개인에게 있어서 때로는 큰 스트레스가 되는 일도 공통점이 되고 있다. 인생의 위기에 직면한 개인이 체험하는 스트레스는 「심리적 외상 후 스트레스(Post traumatic stress)」라 부른다.

이상으로부터, 이재민의 심리적 고통을 경감시키고 인생의 위기를 극복하는 과정을 조금이라도 수월하도록 지원하는 것이 방재의 사명이라고 본다. 그 실현을 위해서는 적어도 ① 심리적 외상 체험을 줄 수 있는 어려운 체험은 가급적 회피할 것 ② 재해로 인한 그 후의 생활의 변화를 가능한 한 작게 할 것 ③ 재해 후의 사회 혼란을 가능한 줄이는 것, 이 3개 측면의 대책을 종합적으로 실시하는 것이 중요하다고 생각한다.

05

이재민에게 있어서 재해발생부터 복구까지
: 재해과정의 개요

재해는 사람들의 일상생활을 중단시키는 급격하고 수많은 환경적 측면의 상황변화라고 정의할 수 있다. 대규모 재해의 발생에 의해 사람들 주변 힘의 관계는 크게 변화하게 된다. 재해 때문에 생긴 이러한 힘의 불균형을 없애고 되돌리든가, 혹은 새로운 균형을 얻을 것인가를 사람들은 생각한다고 본다. 그 사이에 사람들은 종래의 일상생활과는 다른 불안정한 생활을 해 나가야 하기 때문에, 사람들은 각각의 생활상의 요구에 변화를 일으키게 하거나 새로운 요구를 원한다거나 할 수 있다. 그것이 사람들에게 큰 스트레스를 주는 일로 알려져 있다. 이러한 사람들의 요구는 재해발생 이후의 사회의 변화를 반영하고 있고, 재해발생으로부터의 시간적 경과에 따라 이재민의 요구가 어떻게 변화하는지를 아는 것이, 재해과정의 이해에 있어서는 불가결한 사항이다.

〈그림 4-8〉은 지진재해 발생 후, 심리적인 시간경과와 물리적인 시간경과를 대비해서 모델화한 것이다. 가로축은 물리적인 시간경과인 한신·아와지 지진재해로부터 복구

까지 필요한 10년간을 나타내고 있다. 한편 세로축은 심리적인 시간경과를 나타내고 있다. 심리학의 연구에서는 인간의 시간감각은 대수로 평가하는 것을 제시하고 있으므로 세로축에서는 분을 단위로 상용대수로서 10년간을 표시하고 있다.

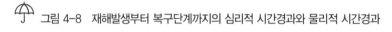

그림 4-8 재해발생부터 복구단계까지의 심리적 시간경과와 물리적 시간경과

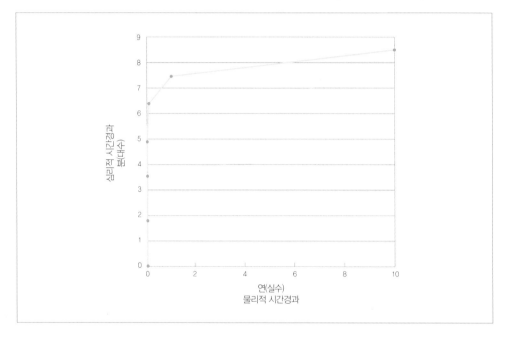

이 그림에서 주목해야 할 것은 재해 직후부터 처음 수개월에 나타나는 그래프의 기울기는 거의 세로축과 병행하고 있는 데 비해, 그 후에 계속되는 긴 기간에서 그래프의 기울기가 거의 가로축과 병행이 되는 것이다. 이것은「응급대응기」라고 부르는 재해발생 직후부터 처음 수개월간에 일어나는 심리적인 시간경과와 그 후의「복구기」에 들어갔을 때의 심리적 시간경과 사이에는, 큰 질적인 차이가 존재하다는 것을 시사하고 있다.

응급대응기의 특징은 사태가 점점 급변하는 것이고 사람들은 그러한 변화에 따르는 것만으로도 큰일이었다. 한신·아와지 대지진재해의 경우, 최초 1분간은, 본진이나 여진의 흔들림에 신변의 위험을 느끼고 있었고, 1시간째부터는 가족의 안부확인에 필사적으로 되었다. 지진재해 첫날은 앞으로의 생존을 생각하기 시작하였고, 일주일째는, 물이나 식량의 확보, 화장실 문제 등 매일의 생활만으로도 큰일이었다. 한 달째에는, 재난지의 피난소 생활도 침착한 분위기로 됨과 동시에 많은 봉사활동자가 몰려들어 도움의 손길이 흘러넘치고 있었다. 3개월째에는, 라이프라인이 복구되어 피난소로부터 가설주택으로 사람들이 옮기기 시작하였다. 지진재해부터의 최초 3개월간, 사태는 언제나 급속히 전개되어 간다. 이러한 급속한 사태의 전개가 응급대응기로 보여지는 세로축의 평행한 그래프의 기울기이다. 그것은 무의식중에, 재난지의 사람들에게 복구도 이 템포로 끝날 것이라는 환상을 주게 했을 정도이다.

지진재해 후 이재민들의 인터뷰나 재해대응자와의 대화를 통해서, 재난지의 사람들이 이런 지진재해에 임할 때 취한 행동과 그때의 생각을 체계화하는 일을 계속해 왔다. 종래 방재의 범위를 넘은 전대미문의 재해에 직면해서 거기서 얻을 수 있는 다양한 교훈을 앞으로의 방재에 활용하기 위해서는, 지금까지의 예측을 버리고 현장의 소리를 가능한 한 모아서 그것을 체계화하는 것이 필수불가결하다고 생각했기 때문이다. 우리는 이 시도를 「재해 에스노그라피(ethnography)」라고 불렀다. 에스노라는 「자기들의 것」이라는 뜻이며, 재해에 대해 재난지의 사람들이 자기들의 말로 재해체험의 기록을 체계적으로 남긴다는 의미이다. 그 결과 재난지 사람들의 인식과 행동에는 재해 발생 후 10시간, 100시간, 1,000시간을 경계로, 큰 질적인 변화가 존재하는 것이 밝혀졌다.

그러나 그러한 사태의 전개가 응급대응기만의 특징이며 복구계획이 실시되는 복구기는 사업완성을 위한 지속적인 노력이 필요하고, 10년이나 되는 길고 단조로운 시간경과가 기다리고 있다는 것을 이재민은 체험하지 않으면 안 되었다. 그래서 복구기의 그래프에 나타난 기울기가 가로축에 평행한 상태인 것이다. 복구의 완성에는 길고 단조로운 시간의 경과가 필요하다는 것을 이재민은 순조롭게 받아들인 것은 아니었다. 재해 에스노그라피의 결과, 수락에 대한 강한 심리적 저항감이 존재하였고 재해발생 10개월째부터 1

년 사이에 가장 강하고 광범위하게 나타났다. 하루라도 빨리 복구가 완료되어 이전처럼 살고 싶은 소원이 이루어지지 못하고, 초조해 봐도 사태의 변화가 나아지지 않는 것을 실감함에 따라 이후 더디게 느껴지는 복구페이스에 일상이 익숙해져, 지진재해로부터 1년이 경과할 무렵에는 절망감이 비교적 줄어들게 되었다. 이러한 심리적 관찰은, 재난지 사람들의 인식이나 행동에는 10시간, 100시간, 1,000시간, 그리고 약 10,000시간의 시점에서도, 복구기를 수용한다고 하는 질적인 변화의 존재를 시사하고 있다. 아래에 서술하는 내용은, 재해 에스노그라피로 밝혀진 재해발생 후 10시간, 100시간, 1,000시간, 10,000시간을 단락으로 한신·아와지 대지진재해를 경험한 재난지 사람들의 재해극복 과정이다.

1 최초 10시간

'무슨 일이 일어났는지 모른다'로부터 시작되는 혼돈의 시기

재해발생 직후 지진재해에 의해 생긴 새로운 현실은 「부정형」이다. 이 시기는 현실 그 자체가 불안정하고 더욱이 혼란으로 가득 차 있어 적절한 상황대처를 하기 어렵기 때문이다. 재해발생 직후는 누구에게라도 '무슨 일이 일어났는지 전혀 모른다'는 무인식의 상태로부터 시작된다. 현실은 큰 관성력을 가지고 있으므로, 새로운 현실을 이해하기 위해서는 많은 정보와 고도의 정보처리가 필요하게 된다.

재난지역 사람들은 모든 감각을 통해서 지진재해에 의한 환경변화를 감수하고 있지만, 그것이 가진 의미를 정확히 파악하지 못하는 것이 일반적이다. 즉, 어떤 상황에 대해서, 지금까지 사람들이 가지고 있던 기본 상식이 작동하지 않는 「혼돈의 상태」에 빠지는 것이다. 그런 상태에 빠진 사람은 새로운 현실에 대해서 효과적인 대응을 할 수 없는 상태가 계속되므로, '아무것도 하지 않고 상태를 관망한다'의 경우가 많아진다. 이 시기를 카터는 「쇼크 상태」라고 명명하였다.

동시에 환경변화가 클수록 새로운 현실의 의미를 파악하기 위해서는 많은 정보가 필요하고 이 시기는 사람들의 감각이 민감하기 쉽다. 그 결과로, 이 단계의 사건은 많은 사람들에게 선명한 기억으로 남을 가능성이 높다.

이 시간대에는 사람들이 할 수 있는 것이 한정되어 있다. 자신의 몸을 지키는 것과 재난지역 주변사람들을 구조하는 것이 그 활동의 중심이 된다. 이 시점에서의 재해는 바로 자신의 눈앞에 전개되는 위협이다. 이 때문에 이 시기의 이재민의 체험에는 공통점이 많으며 자신의 안전과 가족의 안전이 확인되면 이 단계에서 우선의 위협에서 해소된다. 그 다음은 필요하면 주변의 인명구조에 참가하거나 서로 체험담을 공유하며 지내게 되는 단계이다.

자신과 가족들의 안전이 확인되면 재해 전체의 상황파악이 이루어지지 않기 때문에, 재해 이전의 일상생활이 가진 관성력에 의해 이전의 생활로 복귀하고자 한다. 즉, 재해발생 전에 중요하다고 생각한 것이나 예정하고 있던 행동을 기계적으로 실행에 옮기려고 한 사람도 많았던 것이, 재해 에스노그라피 조사로부터 밝혀졌다. 예를 들어, 평상시와 변함없이 출근하려고 한 직장인들이 많았거나 대학 수험료를 입금하기 위해 지진재해 당일 주변은행을 찾아다닌 부모도 있었다.

재난 당시 엉망이 된 실내를 그대로 두고 직장으로 향한 어느 응급전문의는, 도중의 피해상황을 「보기 드문 광경」이라고 생각하여 기념사진으로 찍기도 하고, 1시간 정도 지난 후 어느 주택의 붕괴현장을 보았을 때야 비로소 건물붕괴현장에 많은 사상자가 존재하고 있는 것을 인식, 외과의로서 대처를 시작하였다고 한다. 이러한 사례는 모두, 지진재해 초기단계에서 피해 상황 파악의 어려움과 생활의 일상성이 가지는 구속력의 힘을 나타내는 체험이라 할 수 있다.

'1분 1초를 다툰다'라는 표현과도 같이, 재해발생 직후는 일반적으로 생명에의 위험성이 가장 높은 시간대이다. 지진재해의 경우, 흔들리고 있는 동안에 낙하물로부터 신체 지키기, 인화성 물질의 처리, 쓰나미로부터의 피난과 같은 문제가 시간적으로 긴박한 문제에 포함된다. 이것은 모두 「생명의 안전」을 지켜내고 2차 재해를 막기 위한 공통의 문제들이다.

따라서 방재상의 과제로서 한신·아와지 대지진재해의 긴급과제인 쓰나미로부터의 피난을 들 수 있다. 1983년의 동해중부지진이나 1993년의 홋카이도 남서해지진으로 많은 희생자를 낸 쓰나미 피해를 줄이기 위해, 지진 후 단시간에 쓰나미경보를 발령하고 그것을 빨리 확실히 주민에게 전달하기 위한 체제정비가 진행되어 왔다. 또한 2차 재해의 방지라는 관점으로부터, 지진동을 감지해서 필요한 긴급조치를 강구하는 시스템도 개발되고 있다. 예를 들면 JR신칸센에는, P파와 S파라고 하는 2종류 지진파의 전달속도에 차이가 있는 것을 이용하여 선행하는 P파를 감지, 강한 충격력을 가지는 S파의 도래 전에 자동적으로 신칸센열차를 긴급 정지시키는 시스템을 도입하여, 승객의 안전 확보에 노력하고 있다.

2 발생 후 100시간

지진재해로 잃은 것, 남은 것, 변하지 않은 것을 확인하고 재난지 사회가 성립되는 시기

「쇼크 상태」가 지나면 재해로 인해 생긴 새로운 현실에 대한 적응과정이 시작된다. 재해 때문에 새로운 현실이 생겨났다고 해도, 지금까지 있었던 현실이 모두 없어지는 것이 아니라는 인식이 시작된다. 이 단계로부터 자신에게 있어 이번 지진재해로 잃은 것은 무엇이며, 지진재해에 의해 새로이 생긴 것은 무엇인가, 지진재해의 전후로 변화되지 않았던 것은 무엇인가를 검증하는 과정이 시작된다. 지진재해 직후의 안부 확인행동 등이 이에 속한다.

자신의 생명안전이 확보된 후에 사람들이 요구하는 것은 자신의 아이덴티티(identity)의 확보이다. 아이덴티티는 사람들이 자신은 어떠한 인간이라고 자기규정을 할 때 상대방도 그것을 인정하고 있는 것을 가리킨다. 통상 아이덴티티는 물질적인 자기, 사회적 자기, 정신적 자기와 구별되지만, 그 사람에게 있어서 중요하고 「매우 소중한」 사람과의 관계인 본연의 자세가 사회적 자기를 형성한다. 예를 들어 가족이라고 하는 인간관계가 존재하기 때문에, 자신이 아버지 혹은 남편으로서의 아이덴티티가 성립된다. 뒤집어 말하면, 아내나 아이가 존재함으로써 비로소 자기규정이 가능하게 되는 것이다.

한신·아와지 대지진재해의 경우, 지진발생 시각이 월요일 아침 5시 46분이었으므로 다행히 재해가 발생했을 때 가족 전원이 함께였던 경우가 95%를 넘었다. 그러나 지진이 발생했을 때 만약 자신에게 있어서 아주 소중한 사람의 안전을 확인할 수 없는 경우에는, 누구나 그 사람의 안부를 확인하려고 한다. 자신에게 있어서 둘도 없는 사람의 안전이 확보되지 않으면 자기의 아이덴티티 그 자체가 불안정하게 되기 때문이다. 결과적으로 재해 발생 후 사람들은 주위사람들의 안전이 확인된 다음에, 그 자리에 없는 사람의 안부확인을 동시다발적으로 시작하여 전화(통신)의 폭주나 교통기관의 마비 등이 쇄도하게 된다.

도시화가 진행된 현대사회는 직업분리가 당연시 되어 있다. 그 결과 가정, 직장, 학교, 번화가 등 가족이 다른 장소에서 재해를 당하게 될 위험성이 높아지고 있다. 예를 들어 도쿄에서의 도시직하형 지진을 생각하면, 마루노우치(도심)에 근무하는 남성이 하치오지(외곽)의 자택까지 도보로 귀가해야만 하는 상황이 발생할 수 있다. 도보로 장거리 귀가를 해야 되는 「귀가난민」은 도쿄에서 371만 명, 오사카에서 203만 명에 이른다고 추정되고 있고 이 문제는 「미지의 도시방재과제」로서 해결되어야 할 과제이다.

대도시에 있어서는 재해발생 시 자신에게 소중한 사람이나 지인의 안부확인이 더욱 곤란한 상황이 발생된다. 그러므로 재해 후의 안부확인도 교통기관이나 전화, 통신수단에 의지하지 않을 수 없게 되고 이들의 이용이 집중된다. 최근의 어느 대규모 재해에서도 볼 수 있는 전화의 이상폭주, 터미널과 역의 군중집중이나 도로정체의 발생은, 재해의 발생으로 생겨난 안부확인 요구에 기인하는 당연한 현상이라고 할 수 있다. 따라서 재해발생 직후 전화 및 통신망 구축이나 교통기능을 재해대응 차원에서 확보하는 것은, 재해대응을 추진함에 있어 필수요건이다. 따라서 앞으로의 방재에서는, 재해

발생에 따르는 안부확인 요구의 증가를 전화의 폭주나 교통정체 없이 만족시키는 장치를 구축해야 할 필요가 있다.

안부확인은 거의 100시간 경과 즈음에 대세가 판명된다고 볼 수 있다. 한신·아와지 대지진재해에 의한 희생자의 신원이 판명되어 가는 상황을 신문기사 등을 바탕으로 가시적으로 나타낸 것이 〈그림 4-9〉이다. 이것은 안부를 확인하는 상황이 좋지 않은 경우라고 보면, 피해가 가장 심했던 고베시 히가시나다구, 아시야시, 니시노미야시에서도 거의 100시간 정도로 대부분 많은 안부확인이 완료된 것을 시사하고 있다.

그림 4-9　한신·아와지 대지진재해에 의한 희생자의 신원판명 상황

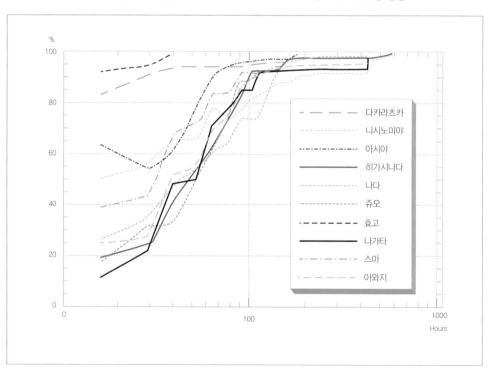

안부확인이 끝난 이재민에게 있어서의 최초의 100시간은, 재해가 만들어 낸 새로운 현실을 실감하게 하는 초기의 과정이다. 자택과 그 주변의 피해, 직장의 피해와 자신의 아이덴티티를 구성하는 중요한 요소의 피해상황 확인이 계속된다. 이와 같이 재해로 잃은 것과 변하지 않았던 것을 확인하면서, 한편으로 재해로 인해 새롭게 생긴 것에도 주목하게 되고, 재해 후의 새로운 현실에 점차 적응을 시작하는 시기가 재해 직후의 100시간이다.

1991년의 19호 태풍으로 최장 5일간의 정전을 체험한 히로시마 시민을 대상으로 한 조사에서는, 실제의 정전기간에 관계없이 3일간이 「인내」의 한계라고 응답하였다. 여기서 말하는 인내심에는 다양한 의미가 담겨져 있지만, 식사도, 휴식도, 목욕도 하지 못하고, 옷도 갈아입지 못한 채로 충분한 수면도 취하지 못하는, 비상시 대응으로 보낼 수 있는 한계가 3일간이라고 할 수 있다. 그 이상 길어지는 경우에는, 정전이 계속된다고 하는 비일상적인 상황에서도, 여기에 따른 일상생활(비상시)의 기본 루틴(routine)을 확립하지 않을 수 없게 된다는 것이다. 즉, 지금까지의 생활스타일을 변경하지 않고, 생활상에서 발생하는 제 반욕구를 억누를 수 있는 대응의 한계가, 대략 3일간이라고 해석할 수 있다. 지금까지의 일상생활과 동떨어진 생활이 그 이상 계속될 것 같으면, 그것은 비일상적인 상황으로부터 비상시에 따른 새로운 일상으로 모습을 바꾸어, 사람들은 그 속에 생활방식의 확립을 위해 행동하게 된다.

재해발생 후의 100시간에는, 이재민 측에 새로운 현실에 적응하는 움직임을 볼 수 있는 것과 동시에, 재난지 사회의 각 섹터에서도 조직적인 재해대응이 시작되는 시기이다. 대피소가 제 기능을 하기 시작하고, 편의점이나 슈퍼마켓이 업무를 재개하고 사람들의 봉사활동도 본격화하는 시기이다. 말하자면, 재난지라는 비일상적인 사회가 출현해, 사람들은 그 속에서 일정기간 살아가기 위한 질서를 확립하기 시작하는 시기이다. 그런 의미에서는, 재해발생으로부터 최초의 100시간은 재난지 사회에 있어서 중요한 성립기이다.

3 발생 후 1,000시간

재해 유토피아의 시기

가족의 안부나 자택의 피해 정도, 업무상의 영향 등, 재해로 인해 자신에게 어떠한 영향이 있었는지를 파악한 후, 이재민에게 있어서 일상생활의 복구가 중요한 과제로 된다. 지진재해를 예로 들면, 지진으로 산란한 실내를 정리하고 건물 파손부분의 응급처치를 하고 여기서 발생된 쓰레기 등을 처리한다. 만약 주택이 거주 불가능한 정도로 파괴되었을 경우에는, 임시대피소의 장소를 찾는 등 이재민도 하여야 할 일이 산적되어 뒷정리로 매우 분주한 시기이다.

더구나 지진은 전력, 수도, 도시가스, 교통기관이라는 라이프라인을 비롯하여 도시기능을 유지하기 위한 각종 사회서비스 시스템의 기능을 정지시켜 버린다. 일본을 덮친 전후 최대의 재해라고 하는 한신·아와지 대지진재해의 경우에는, 전력은 6일 만에 복구되었지만 수도·도시가스·교통기관이 전면적으로 기능을 회복하기까지는 3개월이 필요하였다. '있는 것이 당연하다'라고 여겨온 라이프라인의 기능이 정지됨으로써, 그때까지 어렵지 않게 여기고 있던 식료품이나 물의 확보, 화장실이나 목욕이라고 하는 평상적 일들이 날마다 큰 문제가 되었다. 일상생활에 있어 필수적인 라이프라인의 기능은 복구공사가 완료될 때까지 응급조치에 의해 대체, 유지되었다. 급수차에 의한 응급급수나 도시락의 배포, 생활필수품이나 휴대용 가스레인지의 지급 등은 많은 재난지에서 실시되고 있다.

이러한 상황 속에서 이재민에게 불만사항을 질문하게 되면, 급수차가 오는 시간과 장소를 모르기 때문에 급한데도 몇 시간이나 기다려야 했고, 정전이나 단수가 언제 해결되는지 등의 생활관련 정보가 부족하고, 자신들에게는 상황을 예측하거나 제어하는 힘이 없다면서 무력감을 배경으로 한 불만이나 분노가 높아져 있었다. 그런 감정과 행동은 재해대응을 맡고 있는 방재담당기관에 대한 비난이나 불평하는 형태를 취하는 것이 보통이다. 방재담당기관이 보여준 늦장 대응, 융통이 없음, 무신경함, 불공평함 등, 방재담당기관의 미비한 대응이 강하게 지적된다.

예를 들면 전술한 태풍 19호가 발생한 히로시마시에서의 정전 때에는, 중부전력 히로시마지점에 걸려온 전화문의가 정전 첫날 하루 1,400건이었던 것이 정전 5일째에는 약 3배인 4,000건까지 증가하였다. 한신·아와지 대지진재해에서는, 이러한 생활정보에 대한 요구를 재난지역 안에서 어떤 매개체를 이용해서 만족시키면 좋을까 하는 것이 중대한 과제였다. 라이프라인의 기능이 정지함에 따라, 생활의 불편함을 낮추기 위해 대체서비스를 제공하는 조직이 거의 모이고 많은 봉사활동자로부터의 지원도 본격화되면서, 이재민도 일단 새로운 생활에 익숙해지고 재난지 사회도 안정과 질서를 찾기까지는 재해발생 2주간이 필요하다. 그 후 재난지 사회는 일종의 안정기를 맞이하여 이른바 「재해 유토피아」의 시기를 체험한다.

재해 유토피아라는 말은 미국의 재해연구자가 사용하기 시작한 개념으로, 재난지역 사회는 보통의 시장원리가 아니라 사람들의 도움을 기본으로 서로 협조하여 운영하는 일종의 원시공동체 사회라고 말하고 있다. 거기에 사는 사람들은 기본적인 사회서비스의 기능정지 때문에, 누구나 거의 똑같은 생활 지원을 체험하면서 평등하게 다루어지는 일상을 보내고 있다. 유통이 뜻대로 되지 않는 재난지에서는 비록 비용을 지불해도 필요한 물자나 서비스를 받기가 어렵다. 그 때문에 재난지의 사람들은 시장경제가 유지되고 있는 재난지역 밖에 나가 필요한 서비스를 받든지, 다양한 구호물자의 배급에 의지하든지, 스스로의 힘으로 해결할 수밖에 다른 대처의 방법이 없었다.

이러한 상황 속에서 사람들은 경제력을 기준으로 하는 일상의 가치관이 통용되지 않고, 일상의 문제해결에서는 그다지 높게 평가되지 않는 것들이, 재해 시에는 높고 가치 있게 변해버리는 생활을 경험하였다. 이 시기는 한신·아와지 대지진재해에서 크게 주목받은 봉사활동이 가장 왕성하게 이루어진 때이며, 총 150만 명이라는 지원자가 재난지를 방문하였고 동정이나 공감과 도움으로 재난지가 가득 차 있던 인상을 주는 시기이기도 하였다.

4 1,000시간 경과 이후

새로운 현실의 안정화와 자립지원 시기

처음에는 혼란하던 재해 후의 새로운 현실도 이윽고 침착성을 보이기 시작한다. 한신·아와지 대지진재해와 같은 대규모 재해도 약 3개월 만에 라이프라인은 복구되었다. 신학기와 함께 봉사활동 젊은이들도 떠나고 4월에 자위대는 완전 철수하였다. 3월에는 지하철 약물사건이 발생해 사회의 관심은 사이비종교단체로 옮겨지고, 그로부터 매스컴도 떠나면서 재난지는 매스컴에서도 별로 다루어지지 않게 되었다. 이 단계에서 재난지역은 표면적으로는 지진재해 이전상태로 돌아가, 재난지에 일상생활이 돌아왔던 것이다.

지진재해 후의 현실 그 자체가 안정되고 그 윤곽이 확실하게 되면, 비로소 진정한 의미의 현실적응과정이 시작한다. 그리고 재난지는 원시공동체를 벗어나 복구가 본격적인 궤도에 오르기 시작하는 시기를 맞이한다. 이 시점으로부터 자신의 거주지에 큰 피해가 나오지 않았던 사람들에게 있어서는, 재난지의 사회서비스가 회복되는 것은 그들의 일상생활도 회복되는 것을 의미한다. 거기에 비해 거주지에 큰 피해가 나온 이재민에게는, 지금부터 확실히 그들 자신의 생활재건과정이 시작되려고 하는 시기인 것이다. 한신·아와지 대지진재해 때는 48,000채의 가설주택이 완성되어 최대 17만 명의 사람들이 5년간 임시생활을 체험하였다. 그리고 그 대부분이 약 38,000채의 신축된 재해복구공영주택으로 주거를 옮겨 현재에 이르고 있다.

복구단계에서는 피해는 모두 금액으로 환산되어 그것에 대한 대응책도 금액으로 표현되고 있다. 그 중심은 주택의 피해이므로 피해액은 얼마이며 주택재건에 필요한 금액조달의 문제는 어떻게 하는가 등이 이재민들에게 다가온다. 다양한 종류의 힘이 필요하였던 재해 유토피아의 시기와는 달리 이 시점에서는 손실을 되돌리는 힘인 경제력이 중요하게 된다. 비록 피해액은 같아도 그 의미는 이재민이 가지고 있는 경제력에 따라 다르다. 큰 자산을 가진 사람이나 수입이 많은 사람에게는 주택의 상실은 그다지 어렵지 않게 해결할 수 있는 정도의 가벼운 피해일지도 모른다. 한편 경제력이 풍부하다고 할 수 없는 사람에게는 그것은 원래대로 돌아갈 수 없을 만큼의 무거운 피해가 되는 경우도 있다. 이러한 세대 간의 차이를 재난지의 사람들은 불공평하다고 받아들인다. 이 시기를 경계로 재난지의 분위기는 확실히 변하고, 그때까지 같은 주택재건을 목표로 하던 이재민들 사이에서도 격차가 벌어져 뿔뿔이 흩어지게 된다.

회복기에 들어가 재해로 인해 생긴 새로운 현실이 침착성을 보였다고 하는 것은, 그 현실이 자신의 인생에 있어서 어떠한 의미를 가지는지를, 이재민 스스로가 검증하도록 요구하는 단계에 이른 것을 의미한다. 이때 이재민에게는 새로운 현실 안에서 「가능한 한 유리한 위치」에 자신을 두는 것이 중대한 관심사이다. 예를 들어 이재민이 받은 물적 손실에 대해서는 의연금, 보험금, 긴급융자, 각종의 감면조치 등 여러 가지 경제적인 지원조치가 준비되어 있다. 그러나 의연금의 배분, 보험금수령의 사정, 공적 융자액의 결정, 감면조치의 신고에 있어서, 어느 경우에도 「이재증명」을 근거로 자격이나 금액의 결정이 이루어진다. 「이재증명」이란 이재민이 주민등록을 두고 있는 주택의 재해 정도를, 지방지자체가 전파, 반파, 일부 파손, 무피해라는 4개의 수준으로 판정한 결과로서 증명하는 것이다.

그 외에 수급자격을 공평하게 판단할 수 있는 수단이 없기 때문에, 「이재증명」은 재해발생 후 모든 경제 지원책의 수급자격을 결정하는 기준이 되고 있다. 그 때문에 이 시기 건물피해의 재해도 판정에 일반 이재민의 관심이 집중된다. 파괴된 건물이 25만 채나 되는 한신·아와지 대지진의 경우에는 전파와 반파건물이 각종의 지원대상이 되었다. 그 때문에 전파인가 반파인가, 특히 반파인가 일부 파괴인가의 판정은 재해를 입은 지방지자체에게 지극히 어려운 판단이 되었다. 피해 그 자체는 연속적이기 때문에 전파에 가까운 반파도 있고 반파에 가까운 일부 파괴도 있다. 그러나 판정은 어디까지나 그것은 반파이며 일부 파괴이다. 그런 만큼 이재민은 재해도의 판정기준이나 판정수속에 대해 강한 관심을 가지므로, 재해도 판정방법의 객관성과 공평성은 지극히 중요하다.

예를 들면, 1983년의 동해중부지진으로 큰 피해를 입은 아키타 현 노시로시에서는 시

내 전체 21,000채의 건물 중 약 15%인 3,000채는 재해 시 시청의 재해도 판정으로 이 재증명을 받았다. 그러나 시청의 판정결과에 만족하지 않는 세대도 20% 이상이나 되어 재조사를 하였고, 최종적으로 재해도 판정결과가 확정되기까지는 지진으로부터 4개월이 걸렸다. 같은 문제는 한신·아와지 대지진재해에서도 반복되어서, 어느 재해마을에서는 재조사한 결과, 일부파괴가 반파판정으로 바뀐 가족은 모여 있던 친척과 함께 만세삼창 을 하였다고 한다. 또는 새로운 이재민 지원책이 발표될 때마다 주택피해의 재조사 요구 가 지진 후에도 수년간 계속되었다고 한다. 이러한 이재민의 측면을 카터는 탐욕기로 명 명하고 있는 것이다.

복구가 목표인 이재민에 대해 다양한 경제 지원책이 준비되어 있어도, 공적 지원만으로 이재민의 인생재건을 도모하는 것은 불가능하다. 1994년의 노스릿지 지진 시에 로스앤젤 레스시의 재해대응으로 핵심적인 역할을 완수한 한 명은, 이것을 "재해 후 이재민이 바라 는 것과 이재민에게 제공할 수 있는 것과의 사이에는 결코 채울 수 없는 강이 있다."라고 표현하였다. 그렇다면 복구의 단계에서 필요한 것은, 재해로 위축된 사람들의 잠재력을 활성화시켜 이재민 본래의 힘을 되찾게 하고, 생활재건을 향해 스스로 노력하는 자세로 일상의 활동을 해나가도록 이끄는 것이다. 이 과정을 Self-empowerment 라고 부른다.

복지나 간호의 세계에서는 간병을 하는 경우, 극진하게 돌보는 만큼 클라이언트(client)의 자립력이 약해져 간병인에게의 의존성이 조장된다고 알려져 있다. 재해복구에서도 같은 문제가 발생하고 있다. 복구의 도달목표는 「이재민」을 자립하는 「시민」으로 되돌리는 것 이다. 간병이 클라이언트의 자립을 목표로 하듯이 재해복구는 이재민의 자립을 목표로 하고 있다. 그 과정에서 재해 전의 상황으로 돌아가는 것이 아니라, 자기의 결정과 책임 을 전제로 한 새로운 세계의 질서를 확립하는 것이 필요하다. 물론 그러한 상황에 모든 이재민이 도달할 수 있는 것은 아니다. 그래서 곤란한 이재민을 지원하는 지원책도 당연 히 세이프티 네트(safety net)로서 준비해야 한다. 거기에야말로 봉사활동 본래의 모습으로 활 약할 수 있는 장소이다. 그러나 그것은 자립지원책을 보완하는 역할이라는 것을 명확하게 이해하여야만 한다.

자립지원의 중요함은 이해가 되어도, 재해 유토피아로부터 복구기까지의 이행은 결코 부드럽다고 말하기 어려운 측면도 있다. 한신·아와지 대지진재해의 경우도 지진재해 발생으로부터 10개월 전후로 재난지의 많은 사람들이 이행의 어려움을 경험하였다고 한다. 이 시기는 지진재해 발생 이래 활동을 계속해 온 사람들의 심신의 피로가 극한에 이르렀던 시기였다. 즉, 축적된 피로 때문에 면역력이 쇠약해져 점차로 병이 드는 한편, 당초부터 재해대응에 종사해 온 대부분의 사람들이 「절망감」이라는 말을 했던 시기였다.

응급기에는 상황이 날마다 계속 변하고 사람들을 흥분시키고, 유동적인 현실에 대응하면서 혹은 남보다 뒤지지 않으려고 하는 등 모두가 긴장되는 시기이기도 하다. 주위환경이 차례차례로 변화하므로 외적인 환경변화에 사람들의 주의가 집중되고, 그것을 대상으로 사람들은 피로를 축적시키면서 매일매일을 보낸다. 이 대지진재해로부터 반년이 지난 1995년 7월에 복구계획이 확정되었다. 복구가 계획책정의 단계로부터 실행의 단계로 옮기면 응급기와는 달리 새로운 변화는 거의 일어나지 않게 되고, 이를테면 복구에 종사하는 일상성이 확립되는 것이다.

이 재해발생으로부터의 불과 반년 동안에 사태는 급속히 전개되어 복구가 본격화하기까지 도달하였다. 그것은 무의식중에 재난지의 사람들에게 복구도 이 템포로 생각보다 빨리 완료된다는 환상을 주었다. 그러나 그것은 무리이고 복구에는 긴 시간이 필요하다는 것을, 재난지의 사람들은 언젠가 받아들일 필요가 있었다. 한신·아와지 대지진재해의 복구계획은 계획완성까지 10년을 전망하고 있었고, 그 사이 10년이라는 길고 넉넉한 어떤 의미로는 단조로운 시간경과가 복구의 완성에는 필요하다는 것을 받아들여야만 하였다. 그에 대한 심리적인 저항감이 「절망감」의 정체였다고 해석할 수 있다. 복구는 간단하게 끝나지 않고 긴 시간이 필요하다는 각오를, 이재민들이 가지도록 요구했던 것이 지진재해 발생으로부터 10개월째의 시기였다고 할 수 있다.

복구에는 긴 시간이 필요하다는 각오로 초조해 봐도 사태가 변하지 않는 것을 실감함에 따라, 복구가 천천히 진행되는 페이스에 익숙해지고 이재민들도 일상에 적응해 갔다. 지진재해로부터 1주년을 지났을 무렵에는, 사람들로부터 「절망감」이라는 말을 들을 기회는 적어졌다.

복구기는 장기간에 걸쳐 안정의 시기이기도 하다. 거기서 문제는 무엇으로 이재민 복구를 완료하였다고 판정하는 것일까라는 것이다아직 이재민의 생활재건에 요구되는 명확한 기준이 존재하고 있지 않고 그 전에 생활재건이란 무엇인가의 명확한 정의조차 이루어지지 않고 있었다.

한신·아와지 대지진재해로부터 5주년이 경과한 것을 계기로, 고베시에서는 지진재해 복구검증을 안전도시, 주택·도시재건, 항만·산업, 생활재건의 4분야에 대해 행하였다. 이 지진재해로 처음 주목받은 생활재건분야에서는, 나머지 3분야와 달리 우선 무엇을 생활재건이라고 하는가를 확실히 할 필요가 있었다. 생활재건의 정의를 요구한 고베시의 검증회의에서는, 경영분야에서 넓게 이용되어 왔던 TQM(Total Quality Management)의 생각을 적용하여 시민이 중심이 된 일련의 워크숍으로 TQM 방법의 하나인 친화도법을 이용해 문제구조의 명확화를 도모하였다. 일련의 워크숍의 결과 시민들이 생활재건에 관련된 1,823건의 일을 지적하였고, 그것을 내용의 유사점에 따라 순차적으로 구조화해 나가면 최종적으로 〈그림 4-10〉에 나오는 7개의 요소로 정리된다. 여기서, 생활재건에는 이들 7개 요소 각각이 만족할 수 있는 상태로 되는 것이 필요하다고 이재민들이 생각하고 있는 것이 밝혀졌다.

고베시민이 가장 중요시한 것은 「거주」의 재건이다. 이것은 물리적으로는 주택의 제공을 의미하지만, 생활재건이라는 관점에서 생활의 기반이 되는 「거주」를 제공하는 것이 중요하다고 나타났다. 즉, 도시의 재건이라고 하는 하드(hard) 면뿐만이 아니라 거기에 전개되는 사람들의 삶이라는 것에 관심을 가질 필요가 지적되었다.

그림 4-10 　고베시 복구검증회의에서 시민들이 제시한 생활재건 7요소

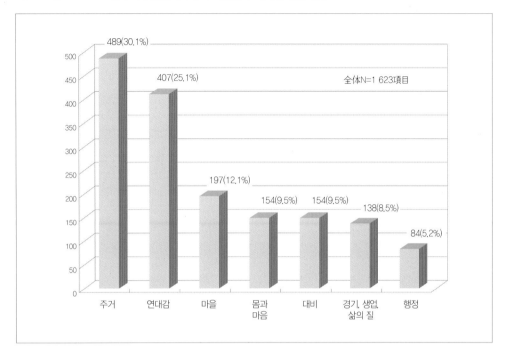

「연대감」은 고베시민에게 제2의 요소로, 더구나 「거주」와 거의 같은 정도의 무게를 가지고 있는 중요한 요소이다. 사람은 다양한 형태로 연결을 요구하고 있고 그것은 눈에는 안보이지만 매우 중요한 것이라고 인식하고 있다. 재해라는 것은 거듭되는 이주 때문에 지금까지의 연결을 잃는 것이고 동시에 새로운 이주지에서 또 새로운 연결을 가지는 것이다. 그러나 사람과 사람의 연결을 맺고 유지하는 일도 노력이 필요한 어려운 것이다. 그러나 그러한 「사람과 사람의 연대」를 풍부하게 하는 것이 생활재건에 있어서 중요한 과제이며, 그것이 부족한 경우에 문제가 일어난다고 할 수 있다.

제3의 요소는 「마을」이다. 공공인프라와 개인주택 사이에 지역의 공유부분으로서 마을의 요소가 존재하고 있어서 그 부분이 어떻게 복구되는가가 지역의 복구형태를 규정짓는다고 생각한다.

　제4의 요소는 「몸과 마음」이다. 생활재건을 진행시켜 나가는 데 있어서 「심신의 건강」이 대전제가 된다고 생각하고 있다. 단지 신체적인 건강뿐만이 아니라 재난체험의 의미를 어떻게 부여할지를 포함한 정신적인 건강도 중요하다고 생각된다.

　제5의 요소는 「대비」이고 안전도시기반에 관련된 항목이다. 안전도시란 단지 사회기반을 재해에 대해 강하게 만드는 것만이 아니고, 시민 개개인의 안전에 관한 의식이나 생활관습의 자세까지 포함한 넓은 의미의 「대비」로서의 충실을 요구하고 있다.

　제6의 요소는 「살림살이」이다. 말하자면 생활하는 사람으로서 경제를 실제로 체험하는 느낌을 말한다. 현재의 상황은 일단 먹고 살 수는 있지만, 여유가 없는 것이 불안을 만들고 있다.

　제7의 요소는 「행정과의 관련」이다. 대부분의 시민은 지진재해 전까지 행정과의 관계를 크게 의식하지 않고 일상을 지내왔지만, 지진재해를 계기로 긴밀하게 행정과의 관계를 가지지 않을 수 없다. 재해복구에 있어서도 행정이 담당하는 역할이 크기 때문에 문제는 올바른 관계의 자세이다.

　이상 7개의 요소를 보면 「거주」와 「마을」은 '주택도시재건', 「대비」는 '안전도시', 「살림살이」는 '경제'에 관련된 요소이며, 복구검증에서 드러난 이 세 측면들이 모두 생활재건에 영향을 주는 것으로 나타나고 있다. 또한 「연대감」, 「몸과 마음」, 「행정과의 관련」의 3개요소가 생활재건분야 특유인 요소이며, 특히 사람과 사람의 연대, 사람과 행정의 연대의 중요함이 나타났던 것이 큰 특징이다.

06

크라이시스 매니지먼트로서의 재해대응

1 크라이시스 매니지먼트와 리스크 매니지먼트

지금까지, 재해 시의 인간행동의 모델화와 재해발생으로부터 복구까지의 재해 과정에 대해 개략적으로 설명해 왔다. 그중 재해는 그 지역민의 지금까지의 생활양식 유지가 곤란해지는 외적 환경의 급진적 변화이며, 사람들은 재해로 인해 생긴 새로운 현실에 적응하도록 요구되었다는 것을 재삼 강조해 왔다. 그 이유는 현실에의 적응과정이 리스크 매니지먼트와는 다른 크라이시스 매니지먼트의 본질이라고 생각하기 때문이다. 한신·아와지 대지진 이래 위기관리는 유행어가 되었다. 위기관리에 해당하는 영어로서, 어떤 사람은 크라이시스 매니지먼트를 붙이고 다른 사람은 리스크 매니지먼트를 붙이고 있다.

각각의 의견을 보면, 기본적으로는 공통되는 부분도 많아 극단적으로 말하면 어느 쪽을 사용해도 상관없다는 인식조차 있다. 덧붙여서 최근 일본 리스크 연구학회가 편집한 「리스크학 사전」을 봐도, 리스크 매니지먼트와 크라이시스 매니지먼트 양쪽으로 가자고 논의하고 있는 이는 가와타씨뿐이다. 그러나 이 2개의 개념은 완전히 다른 것이다.

리스크란 본질적으로는 미래를 논하기 위한 개념이고, 그에 대한 크라이시스는 현재를 논하기 위한 개념이다. 예를 들어 방사능누출 리스크를 생각해 보면, 리스크를 논의하고 있는 시점에서는 아직 대상인 방사능누출은 발생하고 있지 않다. 그에 비해 방사능누출에 직면하고 있는 것이 크라이시스이다. 따라서 리스크 매니지먼트는 미래의 리스크를 예상하여 지금 어떠한 대책을 강구해야 할 것인가를 생각하는 것이다. 리스크를 피할 수 있는 대책은 없는지, 만일 피할 수 없는 경우라면 어떤 대책을 미리 강구해 두면 좋은 것인지를 생각하는 것이 리스크 매니지먼트의 본질이다. 기본적으로 리스크는 예상하는 크라이시스의 어려움과 그 발생확률의 합으로 정의되므로, 이것이 가장 큰 것으로부터 차례로 대처해서 전체로 합해지는 총계를 극소화하는 것이 리스크 매니지먼트의 기본전략이다. 즉, 리스크 매니지먼트는 미래의 위기에 대해, 현시점에서 가장 합리적인 대책을 선택하기 위한 방법론을 제공하는 역할이고 합리성이 강조된다.

거기에 대해 처리해야 할 과제가 현실에 존재하고 있는 것이 크라이시스이다. 크라이시스에 있어서 처리해야 할 과제는 어떤 의미로서는 필수항목이다. 피해를 가능한 한 확대하지 않고 문제를 해결하는 것이 제일 우선적인 과제이다. 그 때문에 어떠한 위기가 발생해도 충분히 대처할 수 있는 유연한 대응력을 기르는 것과 동시에, 그러한 사태에 직면하지 않게 사전부터 크라이시스의 발생을 미리 막는 것이 크라이시스 매니지먼트의 본질이다. 기본적으로는 현재 있는 위기를 취급하는 크라이시스 매니지먼트는, 주어진 제약조건 속에서 실현 가능한 해결책을 요구하는 역할이며 현실에의 적응력이 강조된다.

이상과 같이 크라이시스 매니지먼트와 리스크 매니지먼트를 정의하면, 양자의 관계는 〈그림 4-11〉과 같이 나타낼 수 있다. 〈그림 4-11〉에서는 방재는 본질적으로 순환적인 성질을 가진다고 파악된다. 재해발생 후 시간경과에 따라 응급대응기, 복구·부흥기로 대응이 진행된다.

그림 4-11 재해대응에 대한 위험관리와 위기관리

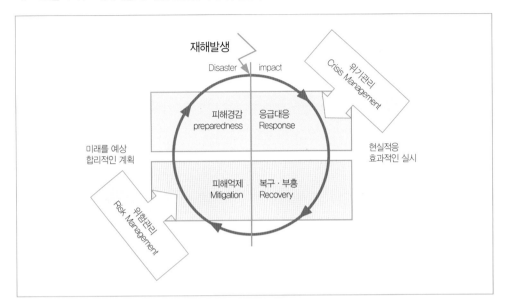

복구·부흥기 때 처리하는 다양한 대책은 실질적으로 다음의 재해를 가정한 피해억제의 대책이다. 동시에 피해억제의 한계를 넘는 외력에 대해 피해를 경감시킬 수 있는 대책의 정비도 사전에 필요하고, 그것이 응급대응기의 대응능력을 결정하고 있다. 그러므로 리스크 매니지먼트란 사전에 피해억제대책을 합리적으로 결정하는 것이 주안점이다. 또한 피해경감대책도 포함한 합리적인 계획의 입안을 목표로 하고 있다. 한편 크라이시스 매니지먼트는 재해발생 직후 응급대응기 때의 대응능력 향상이 주안점이다. 크라이시스의 발생 때의 조직운용, 정보처리, 후방지원 등을 중심으로 상황에 따라 유연하게 전개할 수 있는 능력향상과 크라이시스의 발생예방을 목표로 하고 있다. 결론적으로는 양자의 시점으로부터 시작하는 대책의 강화가 필요하다.

2 위기관리를 위한 5개의 질문

크라이시스 매니지먼트와 리스크 매니지먼트의 양 측면을 가진 것을 위기관리라고 한다면, 위기관리는 본질적으로 다음에 제시하는 5개의 질문에 답하는 것이다.

① 위기관리에 있어서 무엇을 목표로 하는지, 바꾸어 말하면 지켜나가야 할 것은 무엇인가

② 목표의 달성을 막는 문제는 무엇인가

③ 문제의 원인은 무엇인가

④ 문제의 발생을 피하는 방법은 무엇인가

⑤ 만일 문제가 발생했을 때 그 영향을 극소화할 수 있는 방법은 무엇인가

어떠한 위기관리과제에 있어서도, 도달해야 할 목표를 명확하게 세우는 것이 가장 먼저 취해야 할 단계이다. 지켜야 할 대상과 수준이 명확하게 될 때까지는 목적달성을 위해 무엇을 하면 유효한 행동이 되는지가 뚜렷하지가 않다. 목표를 설정함과 동시에 비로소 목표의 달성을 막는 문제점도 명확하게 보이는 것이다. 바꾸어 말하면 목표의 설정방법 여하로, 목표달성을 위한 수단도 목표달성을 막는 문제점도 달라지는 것이다. 더욱이 목표의 명확화는 대응의 우선순위설정을 재촉하게 된다.

재난지에서는 각종 자원의 제약이 있으므로, 자원을 어떤 업무에 집중적으로 지원할 필요도 발생한다. 그런데 각자는 자신이 담당하는 업무의 우선순위를 인식하기 어렵기 때문에 어떤 업무를 중지해야 할 것인가도 사전에 조정해야 할 중요한 과제이다.

위기관리의 제2단계는 개선되어야 할 문제의 구조를 정확하게 파악하는 것이다. 품질관리의 문헌에서는 문제점을 「본래 존재해야 할 자세나 존재를 희망하는 수준으로부터 벗어난 것」이라고 정의하고 있다. 문제점이란 결코 막연한 것이 아니라 목표로 하는 이상과 현실 사이에 존재하는 엇갈림이며, 본질적으로 일관성 있게 파악할 수 있는 것이라

고 생각한다. 따라서 위기관리는 일관성 있게 파악되는 문제점을 개선하는 것과 다름없다. 문제점을 개선하려면 그 원인을 분명히 알 필요가 있다. 원인이라고 생각되는 요인을 적당하게 변경하는 것만으로 문제점이 개선되는 일은 드물다. 원인 상호 간의 인과관계도 포함해 문제발생의 전체구조를 분명히 해야지만, 비로소 효과적인 대책도 가능하게 된다. 이것은 손자가 말하는 「적을 안다」에 해당하고 방재에서는 해저드 애널리시스(Hazard Analysis)의 실시에 해당된다.

전문가에게는 자신이 할 수 있는 것에서부터 문제를 일으키는 경향이 있다. 자신의 입장이 불리하지 않게, 기존의 질서를 깨뜨리지 않게, 라고 하는 움직임도 눈에 띄기 쉽다. 그것은 스스로 대처할 수 없는 문제는 존재하지 않는다고 생각하는 부정(Denial) 경향의 현상이기도 하다. 지금까지도 예상 외의 일 때문에 심각한 재해는 발생하고 있다. 그런 의미에서 합리적으로 생각할 수 있는 최악의 시나리오에 의거하여, 피해억제책과 피해경감책의 최고의 조합 제안이 요구된다.

위기관리의 마지막 단계는 구체적인 피해억제책과 피해경감책의 선정이다. 한정된 시간 내에 재해대책을 효과적으로 진행시키기 위해서는, 대책 전체를 아우르지 않고 중요한 것을 추려 중점적으로 대책을 진행시킬 필요가 있다. 여기에서는 재해에 의한 피해를 어떻게 파악할 수 있을지가 중요하게 된다.

일본의 재해통계에서는 인적 피해와 물적 피해 및 그 피해액의 추정치를 피해라고 보고 있다. 인적 피해는 사망자·행방불명자수, 중경상자수를 조사한 것이고, 물적 피해로는 각종 공공시설의 피해건수 및 그 피해액, 주택과 비주택을 포함한 건물의 피해 정도와 그 숫자를 조사한 것이다. 그 이외에, 재해로 인해 사회의 다양한 기능적 피해나 재난지의 사람들이 경험하는 괴로움 등은 피해로서 고려되지 않는다. 앞으로 일본을 비롯한 세계의 방재수준 향상을 위해서, 피해과정의 개요에서 나온 생활재건 7개 요소의 예와 같이, 이재민들이 무엇을 중대한 피해라고 생각하여 그 복구를 도모하려고 하는 것일까에 대해 깊이 분석할 필요가 있다.

재해대책기본법에서는 국토, 생명, 재산의 보전을 방재목적으로 하고 있다. 그러나 지금까지는 이 3개의 목표를 달성하기 위해 방재활동의 질에 관한 문의는 많지않았다. 재해 그 자체가 발생빈도도 낮고 재해 입는 지역도 한정되어 있기 때문인지, 방재활동의 질은 문제가 되지 않았다. 방재활동이란 재해복구사업으로서 얼마나 많은 공공사업을 유치하느냐에 달려 있고, 그 외에는 재해구조법으로 규정되어 있는 것만 실시하면 된다고 생각하고 있을지도 모른다. 방재담당기관은 자신이 할 수 있는 것을 하면 된다고 하는 이른바 「프로덕트 아웃(Product-out)」의 생각을 가지고 있다. 거기에는 이재민들의 요구에 대응하려고 하는 자세나 그들의 납득을 얻으려고 하는 자세는 부족하다고 할 수 있다.

그러나 한신·아와지 대지진은 지금까지의 일본의 방재태도를 크게 바꾸었다. 규모의 확대화는 문제를 변질시킨다고 말하지만 종래의 재해대응 자세에 많은 의문을 던졌다. 또한 「재해복구」라고 하는 새롭고 더구나 응급대응에 비해 훨씬 복잡하고 어려운 과제도 제기되었다. 재난지에서는 물리적인 재건뿐만 아니라 이재민들의 인생의 재건도 추구하게 되었다. 이러한 변화를 요약하면, 재난지의 사람들이 요구하는 것에 대응하려고 하는 방재가 시작되었다고 말할 수 있다. 이를테면 방재에 「마켓 인(Market in)」의 생각이 생겼다고 해도 좋다.

일반적인 기업활동과 달리 방재활동에 「고객만족」은 있을 수 없다. "이재민이 요구하는 것과 행정이 제공하는 것과의 사이에는 큰 강이 있다."라고 개탄했던, 노스릿지 지진에서 복구를 담당했던 로스앤젤레스시 직원의 말을 한 번 더 상기하면 좋겠다. 그렇기 때문에 방재활동으로서의 목표는 「고객만족」이 아니고 「이재민 납득」이다. 재해과정의 이해는 이러한 대전제하에 이루어지는 것이다.

 참고문헌

1) 芥川竜之介：1923，『大震雑記』，芥川竜之介全集第6巻，岩波書店
2) 『理科年表』，1995，丸善
3) 林　春男・重川希志依：1997，「災害エスノグラフィーから災害エスノロジーへ」，地域安全学会論文報告集，No. 7, pp. 376–379
4) 林　春男：「阪神・淡路大震災における災害対応─社会科学的検討課題」，実験社会心理学研究，1996，35-2，194-206
5) 林　春男：1993，「災害をうまく乗り切るために」，京都大学防災研究所公開講座「生活と防災」，pp. 63–85
6) Lewin. K.：1948, "Resolving social conflict : Selected papers on group dynamics", New York : Haper & Row
7) 林　春男：1985，「災害状況でのパニックについて」，弘前大学人文学部文経論叢，20，pp. 1–24
　林　春男，1990，「災害時のパニック─その虚像と実像」，月刊消防，31，1，pp. 4–12
8) E. Kubler-Ross：1969, "On death and dying", London : Tavistock
9) W. N. Carter：991, "Disaster Management", Asian Development Bank, pp. 303–304
10) 林　春男：1996，「心的ダメージのメカニズムとその対応」，こころの科学，65号，pp. 27–33
11) 林　春男：2001，「災害からの復興とこころのケア」，『防災学ハンドブック』，朝倉書店，pp. 674–689
12) 田中　聡，林　春男，重川希志依：1999，「被災者の対応行動にもとづく災害過程の時系列的展開に関する考察」，自然災害科学，No. 18-1, pp. 21–29
13) 林　春男（編）：2000，「神戸市震災復興総括・検証生活再建分野報告書」，京都大学防災研究所巨大災害研究センター Technical Report，2000-02
14) 日本リスク研究学会（編）：2000，『リスク学事典』，TBS ブリタニカ
15) 林　春男：「『マーケットイン』の防災を目指して」，自然災害科学，No. 18-2, pp. 154–163

〔林　　春男〕

한국의
지속 가능한
안전마을 만들기

읍·면·동
커뮤니티
방재론

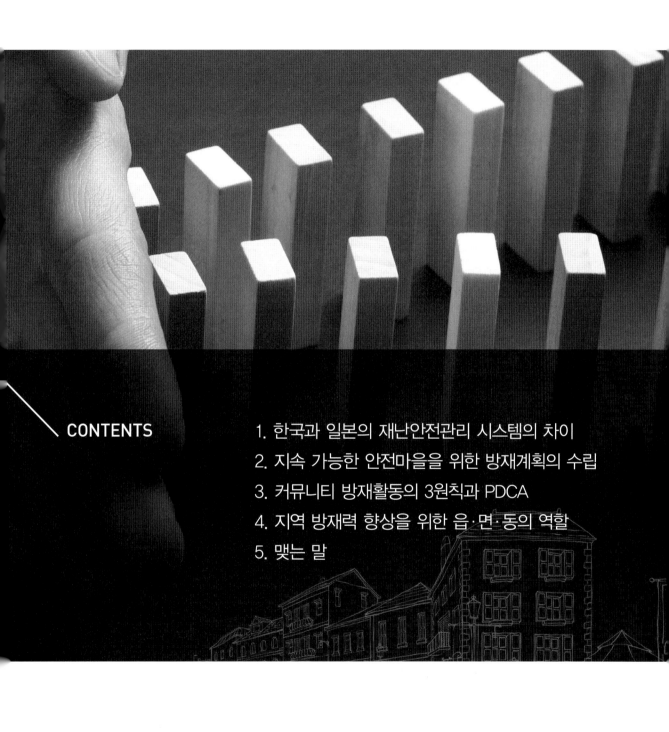

CONTENTS

01

/

한국과 일본의
재난안전관리 시스템의 차이

한국의 재난 및 안전관리에 대한 국민적 관심과 예방 대비 사업에 대한 체계적 투자 확대는 2014년 4월 16일 일어난 세월호 참사와 2016년 9월 12일 경주와 2017년 11월 15일 포항에 연이어 일어난 지진*으로 인한 큰 재난의 경험이 있었기 때문이다.

그동안 한반도는 일반적인 겨울철 화재사건과 여름철 태풍과 홍수 등 풍수해로 인한 간헐적인 자연재해가 보통이었고, 소방력의 지속적인 확충과 풍수해 방재사업의 투자의 결과로 큰 인명 피해나 재산에 대한 막대한 영향을 미치는 사건, 사고가 많지 않아 안전에 관한 국민적 관심이 크게 없었던 것이 사실이다.

세월호 사고 이후 재난에 대한 경각심을 높이고 국민의 안전의식 수준을 높이기 위하여 매년 4월 16일을 '국민안전의 날'로 정하고 국가안전 대진단과 전국 단위의 재난대비 훈련도 매년 실시하고 있다. 한편 국내 지진 관측 이래 최대 피해가 일어난 경주와 포항

지진으로 인해 우리나라도 더 이상 지진 안전지역이 아니라는 인식과 아울러 재난이 바로 자신의 생명과도 직결된다는 경각심이 안전 방재 분야에 대한 국가나 지방 예산 투자에 있어 우선순위로 자리매김 하는 데 있어 중요한 전환점이 되었다.

현재 대한민국 헌법 제34조에 "국가는 재해를 예방하고 그 위험으로부터 국민을 보호하기 위하여 노력하여야 한다."라고 규정하고 있고, 지방자치법 제9조에 지방자치단체의 사무범위에 재해대책의 수립 및 집행, 지방소방에 관한 사무가 분장되어 있고, 지방교육자치에 관한 법률 시행령 제6조에 교육장의 분장사무의 범위에 학교체육·보건·급식 및 학교환경 정화 등 학생의 안전 및 건강에 관한 사항이 규정되어 있다.

그리고 최근에는 각종 사건·사고, 재난, 폭력 등에 노출되어 인간으로서 누려야 할 생명·신체·재산 등에 대한 권리가 심각하게 위협받거나 제한당하고 있어 안전에 대한 권리, 즉 안전권을 인간의 존엄과 가치, 생명권 등을 뒷받침하는 핵심적·기초적인 기본권으로 헌법에 직접 명시하여 강화해야 한다는 논의가 활발히 진행 중이다.

그러나 국가가 아무리 헌법상에 안전기본권을 명시하고 각종 중앙행정기관에서 재난안전 규정을 강화하고 대응시스템을 갖춘다 하더라도 언제 닥칠지 모르는 재난에 완벽히 대응하기에는 한계가 많다. 특히 2011년 3월 11일 일본 후쿠시마 원전사고의 사례에서 보듯이 예고 없이 복합적으로 일어나는 재난의 성격과 광역적인 지역으로 걸쳐 일어나는 주민들의 피해 등을 고려할 때 평상시나 재난 발생 시 유관기관과의 협력체계의 구축과 함께 주민 중심의 커뮤니티 방재계획, 그리고 자발적인 방재훈련활동들은 무엇보다 중요하다고 본다.

앞에서 살펴보았듯이 안전 방재선진국이라고 하는 일본의 지역방재의 경우, 중앙정부·지방정부 그리고 지역주민들이 어떻게 역할분담을 통해 재난 전 사전준비, 재난 후 복구대응, 그리고 복구 후 모니터링을 통한 지역방재계획의 수정 반영 등 시스템화된 위기관리활동들과 주민들에 의한, 주민들을 위한 리스크 매니지먼트를 하는지를 살펴보았다. 우리에게 시사하는 바가 많다고 본다.

[표 5-1]에서 보듯이 한국과 일본의 방재계획 체계를 비교해 보면, 법령과 관리주체의 역할 등에는 크게 차이점이 없다. 그러나 가장 크게 다른 점은 지역방재계획에서의 재난안전관리의 시스템이다. 일본의 경우 도, 도, 부, 현 방재회의(회장 : 知事)와 시, 정, 촌 방재회의(회장 : 市町村長)가 유기적인 협력관계가 유지되는 반면, 한국의 경우 시·도 안전관리계획(시장·도지사)과 시·군·구 안전관리계획(시장·군수·구청장)이 수직적인 지휘통제관계로 되어 있다. 그리고 [표 5-2]에서 보듯이 일본의 재해대책 체계는 시정촌 방재기관과 주민단위의 방재조직이 유기적으로 연결되어 커뮤니티 중심의 민관협력 지역방재시스템을 갖추고 있다.

표 5-1 한국·일본의 방재계획 체계

표 5-2   일본의 재해대책 체계

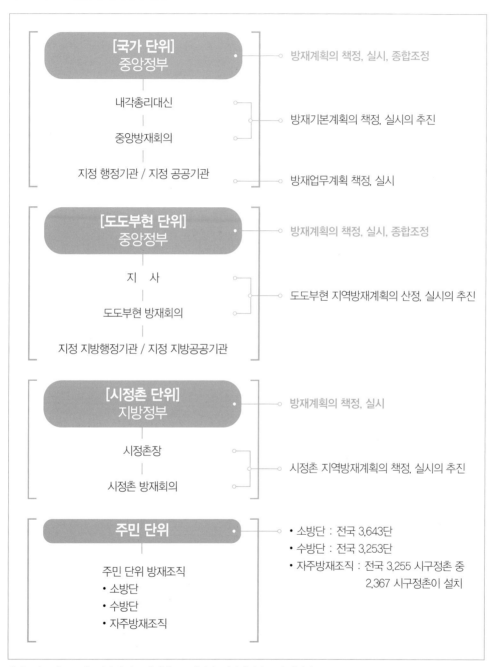

출처 : 읍 · 면 · 동 기능전환에 따른 방재기능 보강방안, 행정자치부 국립 방재연구소, 2001

특히 지방자치의 역사와 제도의 차이로 인해 일본의 경우 가장 작은 지방자치 단위인 우리나라의 읍·면·동으로 볼 수 있는 정촌까지 방재회의가 구성되어 있는 반면, 우리나라의 경우 시청·군청·구청까지 안전관리계획이 되어 있다 보니 주민들에 의한, 주민들을 위한 읍·면·동 중심의 커뮤니티 방재계획과 주민안전관리에는 한계가 많은 것이 사실이다.

그리고 다음 [표 5-3]에서 보듯이 국내 재난안전 관련법령은 '원자력안전법', '원자력시설 등의 방호 및 방사능 방재대책법' 등 원자력안전위원회의 관장 법령을 제외하더라도 대략 127개로 복잡다기하여 각종 중앙부처와 연동하면서 지역마다의 실정과 여건을 고려한 지방중심의 주민 맞춤형 방재안전관리에는 한계가 있으므로 우리나라도 일본처럼 지방정부 중심의 재난관리 체계가 되어야 된다는 것은 자명한 일이다.

이러한 한국과 일본의 지방분권의 역사와 한국의 현 지방자치제도의 한계에 대한 문제인식을 가지고 않고 앞 장에서 언급되어 온 일본의 방재계획론을 이해하다 보면 아직도 우리가 갈 길이 멀다는 것을 알 수 있다. 사실 이 책 저술에 참여하게 된 이유이기도 하다.

근본적으로 1889년부터 시정촌제의 시행으로 시작된 일본의 지방자치제도는 백여년 이상의 역사 속에서 주민자치 중심의 지역방재론이 정립되어 왔다고 보면, 우리나라의 경우 1995년 지방자치단체장 선거가 부활되면서 지역개발 중심의 제한된 지방분권의 역사를 이어오고 있다 보니 민선자치단체장들은 돈만 들고 치적효과가 바로 나타나지 않는 지역방재와 주민안전관리에 대해서는 등한시 하는게 현실이다.

표 5-3 : 국내 재난안전 관련 법령(127개)

출처 : 국립 재난안전연구원, 김현주박사 발표자료 중 발췌

필자는 경상북도 환경해양산림국장시절 대형 산불과 구제역 사태로 인한 대규모 가축 매몰지 관리, 칠곡 캠프캐롤 고엽제 사건, 경주부시장을 하면서 경상북도에 유일하게 발생한 메르스 사태, 재난안전실장을 하면서는 111년 만에 겪은 폭염 재난과 콩레이 태풍에 대한 대응 등을 직접 진두지휘하면서 많은 경험을 하였다.

지방공무원은 무슨 업무를 하든 어떻게 보면 일년 내내 재난에 노출되어 있고, 지역 재난관리가 지방행정의 가장 기본적인 지방공무원의 의무이지만 아직도 지방정부가 아닌 지방자치단체라는 자치제도를 하고 있는 한국의 현실 속에서, 그리고 재난 담당공무원들이 일반적으로 평균 근무 보임이 1년 정도밖에 안 되는 현실(필자도 재난안전실장 1년 보임)에서 일본과 유사한 지역방재 대응시스템을 요구하는 것은 지방공직자에게 너무 가혹한 일이기도 하다.

따라서 5장에서는 앞으로 우리나라가 지방자치단체가 아니라 지방정부라는 지방분권을 확실히 보장받는 시대로 이행되리라 보고, 경상북도의 사례를 참고하여 일본의 현 제도와 비교하면서 우리나라 실정에 맞는 지역방재와 안전관리를 위해 지속 가능한 안전마을의 방재계획, 그리고 커뮤니티 방재활동의 3원칙과 PDCA, 지역 방재력 향상을 위한 읍·면·동의 역할 그리고 종합 결어에서는 지역특화 방재계획의 수립, 안전교육의 중요성, 유관기관 간 협업체계의 구축, 주민 안전의식의 중요성 등을 중심으로 살펴보기로 한다.

02

지속 가능한 안전마을을 위한
방재계획의 수립

  1절에서 살펴 보았듯이 한국과 일본의 지방자치의 역사와 경험의 차이로 인해 한계도 있겠지만 우리나라 실정에 맞는 지역방재와 안전관리를 위해서는 일본 시스템을 참고로 커뮤니티, 마을공동체의 방재가 우선시되는 상향식(bottom-up) 재난관리시스템으로 개편되면서 중앙정부와 유관기관 등과의 유기적인 협력이 절실하다고 본다.

  그 이유는 재난의 형태와 유형이 지역마을마다 특성이 복잡다기할 뿐만 아니라 각종 재난 시 주민 입장에서는 제일 먼저 대피와 응급구조가 필요한데, 그 지역의 지형지물 등의 숙지와 우선 긴급응급구조 대상 등 지역의 현안 정보를 제일 잘 아는 것은 커뮤니티, 마을공동체이기 때문이고, 마을공동체 스스로가 방재력을 키우기 위한 노력과 훈련 등이 선행되어야 한다고 본다.

  Strong Family, Strong Community, Strong Country라는 말이 있다. 강한 가족공동체 속에 강한 지역공동체가 있고, 강한 지역공동체가 있어야 강한 나라가 자연스레 만들어지는 것이다. 이러한 강한 지역과 나라를 위해서는 국민들 개개인의 안전성 담보가 제일 중요하고, 안전한 지역공동체 정책이야말로 지속 가능한 발전으로 나아가기 위한 필요조건인 것이다.

우리나라 환경부가 관장하는 '지속가능발전법'에는 '지속가능성'에 대해 "현재 세대의 필요를 충족시키기 위하여 미래 세대가 사용할 경제·사회·환경 등의 자원을 낭비하거나 여건을 저하(低下)시키지 아니하고 서로 조화와 균형을 이루는 것을 말한다."라고 정의하고 있고, 지속 가능한 안전마을에 대한 지방자치법규로 가장 참고가 될 만한 것은, 전라남도 순천시와 경기도 부천시의 조례이다.

순천시의 '지속 가능한 마을공동체 활성화 조례' 제2조(정의)에 따르면, '지속 가능한 마을공동체'란 "주민 개인의 자유와 권리가 존중되며 상호 대등한 관계 속에서 마을에 관한 일을 주민이 결정하고 추진함으로써 주민들의 일상생활 속에서 고유한 공동체 문화를 지속적으로 유지해 나가는 공동체를 말한다."라고 말하고 있고, 제3조(기본이념)에 다음과 같이 각 호의 기본이념을 기초로 하여 마을 만들기를 추진해야 한다고 규정하고 있다.

1. 주민의 자발적인 참여와 자치에 기초한다.
2. 주민과 지역사회, 상호 신뢰와 연대의식을 바탕으로 한다.
3. 주민과 마을의 개성을 살리고, 문화의 다양성을 존중한다.
4. 살기 좋은 지역사회는 좋은 마을, 좋은 가정에서 시작된다는 것을 기본으로 한다.
5. 도시 전체의 생태 환경과의 조화와 미래 세대와의 공존을 지향한다.

여기서 볼 수 있듯이 살기 좋은 지역공동체의 기본은 안전한 마을이 기반이 되어야 하며, 안전한 마을은 좋은 가정에서 시작된다. 그리고 주민의 자발적인 참여와 자치의식에 기초하여 지역사회의 상호 신뢰와 연대의식을 바탕으로 안전한 마을을 주민 스스로가 만들고자 노력하여야만 지속 가능한 지역공동체가 형성되는 것이다.

부천시의 '안전마을 지원 조례'에는 '안전마을'이란 "생활환경과 기반시설을 정비하고 개선하여 주민의 안전한 삶이 확보되는 마을을 말한다."라고 규정하고 있고, 안전마을

사업을 다음 각 호의 사항을 포함하여야 한다고 하고 있다.

1. 재해예방사업 : 도로포장, 상·하수도 정비 및 개량, 급경사지 정비, 산사태우려지역 정비, 감전사고 예방, 화재예방 사업 등
2. 범죄예방사업 : 보안등과 가로등 설치 및 보수, CCTV 설치 및 보수, 폐공가정비, 비상벨 설치, 도로시설물 시인성 강화 등
3. 생활안전사업 : 안전교육, 쓰레기 무단투기 예방, 국토대청결운동 전개, 기초질서 지키기, 주정차질서, 불법 광고물 정비, 보행환경 개선, 주차장환경 정비, 교통시설물 정비, 공원 및 공중화장실 정비, 노약자 편의시설 확충 등 생활환경 정비
4. 주거환경사업 : 노후 급수관 교체, 도색, 외벽 청소, 담장정비, 무인택배함 설치 등
5. 그 밖에 시장 및 시민공동체가 필요하다고 인정하는 사업

이처럼 전남 순천시와 경기도 부천시의 조례를 참고해 보면 대략적인 안전마을은 무엇이고, 안전마을 만들기를 위해서는 시민공동체가 주관하여 무슨 사업을 해야 되는지를 알 수가 있다. 이처럼 한국에서도 지역사회 구성원들이 공동으로 직면하는 재난·범죄·생활안전·주거환경 문제를 해결하기 위하여 시민 공동체가 자발적인 참여와 협력을 통해 안전한 마을을 만들고, 안전을 증진하기 위한 행·재정적 노력들을 지속적으로 하고 있는 것은 고무적인 일이다.

앞에서 살펴본 바와 같이 지속 가능한 안전마을의 개념과 안전마을을 만들기 위해서는 현장 중심의 위기관리매뉴얼을 마련, 주민 중심의 자발적인 재난대응 훈련, 민관협력의 지속적 네트워크 등이 왜 중요한지, 그리고 일본처럼 잘 작동되고 있는지 등을 살펴보면서 문제점을 지적하고 개선방안을 제시해 본다.

먼저 우리가 왜 현장 중심의 커뮤니티 방재가 중요한지는 다음의 [표 5-4]에서 보듯이 일반적으로 자기가 사는 마을의 형태나 주거형태들의 특성 등에 따라 재난 위험요소도 많이 다르기 때문이다.

표 5-4 읍·면·동 마을 형태에 따른 재난 유형의 차이

마을 형태	주거 형태	재난 위험요소	취약한 재난 유형
읍·면	자연마을의 노후 개별주택	• 산사태 • 풍수해 • 지진해일 등	주로 자연재난 취약
동	고층 APT 등 공동주택	• 전기, 가스, 수도, 정보통신 등의 life-line 마비나 도로 교통망과 도시 구조물	주로 사회재난 취약

　도시에 살든 농어촌에 살든 우리 모두는 하나의 조그만 동네 고향마을, 즉 읍·면·동 마을공동체에서 살아왔고, 함께 살아가고 있다. 그럼 자기가 살고 있는 가장 작은 마을단위에서 과연 우리 지역이 얼마나 잘 안전하게 관리되고 있는지를 분석해 보자. '재난 및 안전관리기본법' 제3조(정의)에 '재난관리'란 재난의 예방·대비·대응 및 복구를 위하여 하는 모든 활동을 말한다고 규정하고 있다. 지속 가능한 안전마을 만들기를 위하여 이 재난관리 규정 측면에서 우리나라의 현 상황을 분석해 보자.

　먼저 예방과 대비 측면에서는, 현재가 과거와 다르기를 바란다면 과거를 공부하라는 어느 철학자의 말을 빌리지 않더라도 먼저 내가 사는 마을의 각종 자연재난과 사회재난의 과거 재난 이력 등 빅 데이터의 분석과 재해 경험자의 정보관리가 제일 중요하다고 본다.

　그러나 우리나라의 경우 각종 범죄나 교통사고가 일어난 자료는 국가경찰이, 해상에서 일어나는 사고에 대해서는 해양경찰이, 화재사건이나 119 응급구조로 출동된 정보는 광역자치단체인 광역시장·도지사가, 일정규모 이상의 대형 댐과 저수지, 고속도로, 송유관과 도시가스배관망의 정보 등은 수자원공사, 도로공사 등 각종 공공기관이나 특별행정기관이 직접 관리한다.

* 우리나라는 일본과 달리 지방경찰제도가 완벽하게 시행되고 있지 않고, 소방서도 시·군·구가 아니라 광역자치단체 소속으로 되어 있다.

　즉, 다시 말해 주민 입장으로 내가 살고 있는 우리 동네 관점에서 어디에서 교통사고가

많이 나고, 강력범죄 등 우범지역인지를 자세하게 알 수가 없을 뿐 아니라 각종 산사태, 하천범람, 지진해일 등 자연재난에 대응한 마을 단위의 피해 예측지도(hazard map)는 시·군·구 본청에서 직접 관리하고 있어 마을 단위를 중심으로 한 읍·면·동에서는 데이터 관리가 되어 있지 않고 있다.

예를 들어 아래 〈그림 5-1, 2〉에서 보듯이 자기 사는 마을 인근에 어디서 교통사고 사망자가 많이 발생하는지, 그리고 어디가 119 구조·구급 발생 밀집지역인지에 대한 정보 제공이 되어야, 스스로 안전에 대한 예방을 한다든지, 지역 관청에다가 커뮤니티 안전시설에 대한 투자를 요구할 텐데, 우리나라의 경우 마을단위에서는 알 수도 없고, 그런 빅데이터를 요구할 수도 없다.

물론 현재 행정안전부와 국립 재난안전연구원은 생활안전지도 서비스를 운영하고 있으며, 다음과 같은 내용으로 전국 단위, 시·군별로 사고가 일어난 곳에 대한 위험이력 통계 등 빅데이터와 지역안전지수를 실시간 공표하고 있다(www.safemap.go.kr).

- · 교통안전(학교주변 교통사고, 도로횡단 교통사고, 도로운행 교통사고)
- · 재난안전(산사태 위험도, 홍수범람 위험도, 해수침수 예상도)
- · 치안안전(성폭력, 강도, 절도, 폭력)
- · 맞춤안전(어린이, 여성, 노인안전)
- · 시설안전(노후건물, 유해화학시설 분포, 주유시설 현황, 시설안전등급도)
- · 산업안전(건설공사 현황, 산재지정 의료기관)
- · 보건안전(방역관심정보, 초미세먼지, 미세먼지, 오존, 교육환경보호구역)
- · 사고안전(추락낙상 사고주의구간, 시설점검 현황, 해양관심 정보, 산행안전지도)

하지만 우리나라 읍·면·동사무소에서는 이러한 국가가 제공하는 데이터를 활용하여 지역주민 들이 쌍방향적으로 정보를 공유하면서, 내 고장을 안전한 마을로 만들어 나가기 위하여 마을방재 지도 등을 함께 작성하고 이를 개선하기 위해 노력하는 곳은 없다. 즉, 지역안전을 위해서는 지역주민들이 자기고장에 대한 각종 중요한 통계지표, 지수 등을 알 수 있도록 하는 데이터 분권이 필수라고 본다.

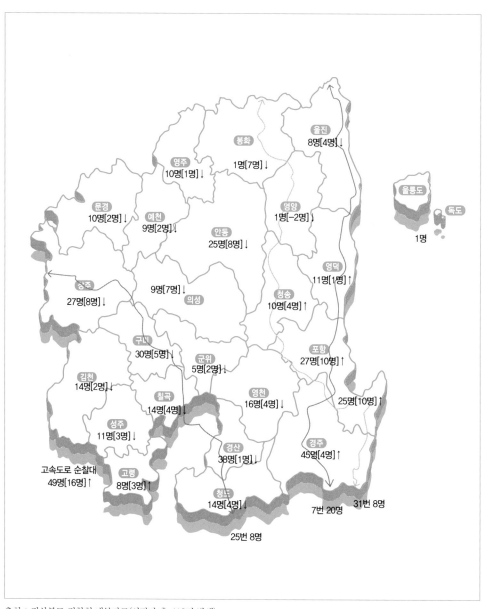

그림 5-1 경상북도 교통사고 사망자 발생지도(2018.12.31.기준)

출처 : 경상북도 경찰청 내부자료(사망자 총 418명 발생)

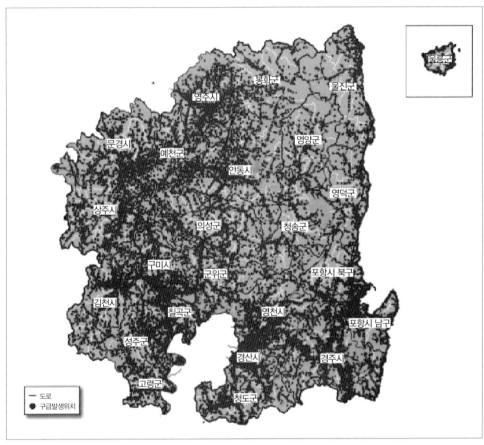

그림 5-2   경상북도 119 구조·구급 발생위치 밀집도 및 발생위치 다발지역

(2017년 기준)

출처 : 행정안전부, NIA 한국정보화진흥원 제공, 경상북도 소방본부 내부자료

아울러 다음의 [표 5-5]에 보듯이 우리나라의 경우 총 저수용량 30만 톤 이상의 저수지, 댐은 범람·붕괴 등에 따른 대규모 피해예방을 위해 관련규정에 따라 비상대처계획 (Emergency Action Plan) 수립이 되어 있으나 시·군 단위에서 댐·저수지 관리주체(관할 시·군, 한국농어촌공사, 한국수자원공사 등)와 함께 비상대처계획 수립을 하고, 비상상황 발생 시 주민대피 및 고립지역 인명구조, 이재민 수용시설 제공, 비상대기 출동반 운영, 응급복구 및 안전대책 등을 실시하고 있으나 읍·면·동 단위에서는 주도적인 자체 재난관리계획은 없으며, 주민들은 자

기 마을이 EAP 대상지역인지도 모르고 있는 것이 태반이다.

또한 '재난 및 안전관리기본법' 제34조의5(재난분야 위기관리 매뉴얼 작성·운용)에 따르면 재난을 효율적으로 관리하기 위하여 재난유형에 따라 '위기관리 표준매뉴얼', '위기대응 실무매뉴얼', '현장조치 행동매뉴얼'을 작성·관리하고 있으나, 시·군·구청 단위까지만 작성·운용되고 있어 읍·면·동, 커뮤니티 지구 단위의 현장 중심의 위기관리 매뉴얼은 아예 없다. 따라서 읍·면·동장은 위기 시 대피인원이 몇 명이고, 우선 대피재난 취약계층이 얼마나 있는지를 아예 모른다.

표 5-5 비상대처계획(EAP) 수립 근거

구분	자연재해대책법 제37조	농어촌정비법 제20조	하천법 제26조
수립원인	태풍·지진·해일 등 자연현상	농업생산기반시설의 붕괴 등을 발생시킬 수 있는 현상	하천시설의 붕괴 등을 발생시킬 수 있는 현상
수립대상	대규모 인명 또는 재산피해가 우려되는 시설물 또는 지역 1. 내진설계대상시설물 2. 해일, 하천범람, 호우, 태풍 등 피해 우려 시설물, 지역 3. 붕괴 위험이 있는 저수 지·댐(다목적 댐, 발전용 댐, 총 저수용량 30만톤 이상인 댐, 중앙·지역 본부장이 고시하는 저수지·댐) 4. 자연재해위험지구 중 지역 본부장이 필요하다고 인정하는 시설	농업생산기반시설 1. 총 저수용량 30만 톤 이상인 저수지(2012.5.18. 부터 시행) 2. 포용조수량 3천만 톤 이상인 방조제 3. 그 외 저수지·방조제 중 농림축산식품부장관이 필요하다고 인정하는 시설	하천시설 1. 다목적 댐 2. 발전용 댐 3. 그 외 총 저수용량 30만 톤 이상인 댐
수립주체	시설물 관리자	농업생산기반시설을 설치하려는 자	하천시설물을 설치하려는 자

그리고 다음 [표 5-6]에서 보듯이 각종 중앙부처의 법률 및 지침에 따라 재해 취약지구에 대한 방재지구가 부서별로 여러 곳에 지정되어 있다 보니, 시·군·구청에서는 해당 부서마다 지구관리카드를 각각 별도 관리하고 있고, 해당 읍·면·동에서는 담당자 1명이 그 업무 전체를 총괄하기 때문에 위기 시 민첩한 현장 대응시스템을 갖출 수가 없는 것이 현실이다.

표 5-6 법률 및 지침에 의한 방재지구 지정 현황

관련법		대상지역(지구)	
법률	국토의 계획 및 이용에 관한 법률	방재지구	
	재난 및 안전관리 기본법	자연재해위험개선지구	
	자연재해대책법	자연재해위험개선지구	
		해일위험지구	
		상습설해지역	
		상습가뭄재해지역	
	급경사지 재해예방에 관한 법률	붕괴위험지역	
	하천법	홍수관리구역	
지침	자연재해위험개선지구 관리지침	자연재해위험개선지구	침수위험지구
			유실위험지구
			고립위험지구
			붕괴위험지구
			취약방재시설지구
			해일위험지구
	풍수해저감종합계획 세부수립지침	하천재해 위험지구	
		내수재해 위험지구	
		사면재해 위험지구	
		토사재해 위험지구	
		해안재해 위험지구	
		바람재해 위험지구	
		기타재해 위험지구	

출처 : 김현주 외, 도시방재력 개념을 적용한 도시방재계획, 국토연구원, 2015.2.

일본의 경우, 다음에서 보듯이 지역 커뮤니티에서 재난 유형에 따라 매우 구체적으로 특 정하여 건물마다 피난이 필요한 재해와 피난방법을 써 두는 '재해·피난카드'의 작성을 제안하고 있고, 주민들은 스스로 비상대비용품 리스트를 만들어 집안에서 직접 비축 관리할 것을 권고하고 있으며, 잘 따르고 있어 우리와는 무척 대조적이다.

[재해·피난카드의 기재 이미지 : ○○시 ○○정 ○○번지 ○반○호]

재해	피난행동	주시할 정보	위험한 상황
A천	자택 2층	○○관측소 우량	○○mm
B천	○○피난장소	○○수위관측소	○○m
토사재해	○○공민관	○○관측소 우량	○○mm
쓰나미	없음		
고조	없음		

비상용품 준비 시 주의사항 4가지

☑ 1년에 2회는 체크하자!

- 다음 체크날짜를 정해 두자.
- 음료수 및 식품의 유효기간, 약품 및 건전지의 사용기한 등을 체크하여 새것으로 교환하자. 오래된 물품의 경우 사용 가능 여부를 미리 확인하자.
- 보존식품은 교환할 때 시식을 해 보자.
- 의류 등 계절에 따라 바뀌는 필수품은 연 2회, 봄과 가을에 교체하자.

☑ 사용법을 익히고 익숙해지자!

- 사용법을 익혀서 실제 상황에 도움이 되도록 하자. 어려움 없이 사용할 수 있도록 익숙해질 수 있는 기회를 만들자.
  - 로프 묶는 법
  - 간이 변기 사용법
  - 구급약 상자의 내용물, 부상 처치법
  - 삼각건 사용법
  - 간이 방한구(비상용 담요) 등.

☑ 일용품의 편리함, 다양한 지혜를 배우자!

- 일용품 중에는 비상시에 다양한 용도로 사용할 수 있는 것이 있다. 그 가능성을 알고 실제로 사용해 보자.
  (신문지, 랩, 비닐봉투 등)
- 과거의 재해 경험자의 의견 속에서 지혜와 아이디어를 찾아 보자.
- 정보를 웹사이트 등에서도 입수하여 확인해 보자.

☑ '자조(스스로)'와 함께 '공조(더불어)' 대비

- 비상시에는 누구든지 타인을 돕거나 타인의 도움을 받을 가능성이 있다. 각 가정의 대비와 더불어 마을모임 또는 자치회 등의 공조 대비가 어디서 어떤 식으로 이루어지는지 확인해 두자.
- 자치회가 제공하는 해저드 맵, 비상시 행동, 대비 정보를 확인해 두자.
- 지역의 방재훈련에 참가하자.

출처 : 일본 효고 현, '인간과 방재 미래센터'가 만든 한국어판 '방재 비상용품을 준비하자! 체크리스트' 내용 중 발췌

아울러 일본의 경우, 내각부(방재담당)의 '시정촌에 있어서의 방재대책' 홈페이지를 인용해 보면 다음과 같이 우리의 읍·면·동 단위까지 지구단위 방재계획을 수립하여 실천하고 검증절차에 따라 계속 보완하고 있어 시사하는 바가 많다.

특히 [표 5-7]에서 보듯이 일본은 도시의 특성에 맞는 다양한 생활거점형 방재공원에서부터 광역 방재거점 도시공원까지 갖추고 있는데, 그 공원 내에는 재난 시 사용할 수 있는 비상급수와 취사도구뿐만 아니라 각종 응급구호물품을 구비하고 있으며, 평상시에는 주민들을 위한 다양한 레크리에이션 기능을 하는 일반적인 생활공원의 역할을 주로 하고 있다. 즉, 생활공원을 만들 때부터 재난대피를 고려한 설계를 통해 방재와 주민복지를 겸해 지역 커뮤니티의 활성화를 꾀하고 있는 것이다.

| 지구단위 방재계획 가이드라인에 대하여 |

1. 지구방재계획과 가이드라인

2014년의 재해대책기본법에서는 지역 커뮤니티에 있어서의 공조에 의한 방재활동을 추진하기 위해 시정촌 내의 일정한 지구의 거주자 및 사업자(지구거주자 등)가 실시하는 자발적인 방재활동에 관한 '지구방재계획제도'를 창설(2006년 4월 1일 시행). 본 가이드라인은 지구거주자 등에 의한 계획작성 등의 촉진을 목적으로 하고 있음.

2. 가이드라인의 활용방법 등

본 가이드라인에서는 ① 개요로 전체상을 파악하고 ② 목적, 레벨, 지구의 특성 등에 따라 필요한 부분을 참조하며 ③ 지역 커뮤니티의 과제와 대책에 대해 검토하여 ④ 지구방재계획을 작성하는 동시에 계획에 따른 활동을 실천하는 것이 중요

3. 각 장의 주요 내용

제1장 제도의 배경

동일본 대지진에서는 지진·쓰나미에 의해서 시정촌의 행정기능이 마비되어 지역주민 자신에 의한 자조, 지역 커뮤니티에 있어서의 공조가 중요한 역할을 담당했기 때문에 자조·공조 역할의 중요성이 높아지고 있다.

제2장 계획의 기본적 사고

① 지역 커뮤니티 주체의 바텀업형 계획
② 지구의 특성에 따른 계획
③ 계속적으로 지역 방재력을 향상시킬 계획

제3장 계획의 내용

지역의 특성에 따라 자유로운 내용으로 계획을 작성. 평상시, 재해 직전, 재해 시, 복구·부흥기의 각 단계의 방재활동을 정리하고, 전문가, 소방단, 각종 지역단체, 자원봉사 등과의 제휴가 중요

제4장 계획제안의 절차

지구방재계획을 규정하는 방법은, ① 시정촌 방재회의가, 지구거주자 등의 의향을 근거로 해 규정하는 방법, ② 지구거주자 등이 계획의 초안을 작성하고, 계획제안을 실시하여, 거기에 따라 규정하는 방법이 있다.

제5장 실천과 검증

재해 시에 계획에 따라서 방재활동을 실천할 수 있도록 매년 방재훈련을 실시하는 것이 중요. 또, 훈련결과를 검증하고, 활동을 개선하는 것과 동시에, PDCA(Plan-Do-Check-Act) 사이클에 따라서 정기적으로 계획을 재검토하는 것이 바람직

출처 : 일본 내각부(방재담당) 자료 중 발췌(2014년 6월 4일)

아울러 이러한 방재공원에도 '방재력 평가항목'을 도입하여 의무적으로 구비하여야 할 응급구호물품과 재난 시 필요한 생존시설 등을 체계적으로 갖추도록 유도하고 있다. 우리나라의 경우 도심공원 어디에도 비상시 응급식수를 위한 저장수조와 비상시 사용할 수 있는 취사시스템까지 갖추고 있는 방재공원은 거의 없다. 왜냐하면 음료식수 시스템은 음용수 기준으로 지속적으로 관리하는 것이 더 어렵기 때문이다.

다음은 재난이 일어난 후 대응과 복구 측면에서 보더라도 재난의 신속한 예보·경보의 발령과 피해발생 시, 응급조치와 긴급구조를 위한 현장성을 높이기 위하여 커뮤니티 차원의 지구단위 방재계획이 필요하다는 것이다.

필자가 재난안전실장으로 근무하던 2018년 콩레이 태풍으로 가장 많은 피해가 있었던 영덕군의 사례를 든다면, 최근 국지성 호우가 많아지면서 각 지역별로 하천범람이나 해수가 역류하는 수준이 다르고, 마을방송을 해도 몸이 불편한 고령자가 많아 주로 집안

표 5-7 **일본의 방재공원 유형**

종류	역할	공원종류	
		일본	한국
광역방재거점 기능을 지닌 도시공원 (광역방재거점형 공원)	• 주로 광역적 복구, 부흥활동 거점을 하는 도시공원	광역공원 등	광역권 근린공원
광역피난지 기능을 지닌 도시공원 (광역피난지형 공원)	• 지진, 화재 등 재해 발생한 경우 광역적 피난에 이용되는 도시공원	도시기간공원 광역공원 등	도시지역권 근린공원
1차 피난지 기능을 지닌 도시공원 (1차 피난지형 공원)	• 지진, 화재 등 재해 발생한 경우 일시적 피난에 이용되는 도시공원	근린공원 지구공원 등	근린생활권, 도보권 근린공원
피난로 기능을 지닌 도시공원	• 광역피난지와 안전한 장소로 연결되는 피난로나 녹도	녹도 등	
석유화학공장 지대 등과 배후 일반시가지를 차단하는 완충녹지	• 주된 재해를 방지하는 목적과 완충녹지 등의 도시공원	완충녹지	완충녹지
생활권방재거점 기능을 지닌 도시공원 (생활권방재거점형 공원)	• 주로 생활권방재활동 거점을 하는 도시공원	가구공원 등	소공원 어린이공원

출처 : 도창희, 도시공원의 방재력 평가와 방재공원 계획에 관한 연구, 부산발전연구원, 2011

에서 생활하고 있어 비가 많이 내릴 때는 잘 들리지도 않고, 평소 대피훈련이 되어 있지 않아 어디로 피난가야 되는지도 모르고, 대피를 권유해도 집에 있기를 고집하는 등 총체적인 문제점이 노출되었다. 아울러 개개인 가정 내의 우선 긴급복구가 필요함에도 나중에 정부가 지원하는 보상을 못 받을 것을 우려해 스스로 응급복구를 하지 않고 관청에 모든 것을 의존하는 경우가 허다하다.

특히 시·군 단위에서 민방위 비상경보 사이렌을 요청하면 작동할 수 있었으나 읍·면·동장은 요청한 적도 없고, 우리나라의 경우 의용소방대장의 소집권한도 관할 소방서장에게 있지 읍·면·동장에게는 없다. 결국 재난을 관리하고 최일선에서 제일 먼저 안전취약계층부터 구조 구급을 해야 하는 읍·면·동에서는 대피소 지도(shelter map)나 재난도우미 지도(helper map)를 별도 체계적으로 관리하지 않고 있어 신속한 대응과 복구가 불가능한 것이다.

일본의 경우, 앞에서 보았듯이, 각종 재난에 대비해 권역별, 유형별, 커뮤니티 단위로 그 지역 실정에 맞게 방재공원이 만들어져 있고, 각 커뮤니티별로 대피소 지도(shelter map)를 관리하면서 주기적인 훈련과 방재 전문가를 육성하고 있다. 아울러 중앙정부(자위대, 국가경찰, 국토교통성 등)와 광역자치단체(도도부현) 및 시정촌 등이 유기적인 역할분담과 협력체제 속에 각종 재난에 대응하고 있다.

광역방재거점에서는 재해 시 소방, 경찰, 자위대 등 각 부대의 진출 활동 거점기능과 이재민 구호물자의 집적, 분류, 배송거점 그리고 물자호송요원과 환자이송의 이·착륙거점의 헬기장 기능을 주로 하고, 평상시에는 재난대응능력 향상을 위한 방재인력 육성 거점과 이재민 물자 및 재해대책용 기자재 비축기지 및 스포츠·레크리에이션의 진흥의 대규모 공원으로서의 기능을 하고 있다. 참고로 일본 효고 현의 경우 다음 〈그림 5-3〉에서 보듯이 서로가 역할 분담이 되는 6개의 특화된 광역방재거점시설들을 확보하고 있으며, 평상시에도 주민이 참여하는 다양한 방재활동들을 수행하고 있다.

☂ 그림 5-3 효고 현 내 광역방재 거점시설 현황

타지마 광역방재거점
(토요 오카시)

단바 광역방재거점
(단바시)

니시 하리마 광역방재거점
(가미 고리정)

현 전체 광역방재거점
(미카시)

아와지 광역방재거점
(미나미 아와지시)

한신 미나미 광역방재거점
(니시노미야시)

효고 현 광역방재센터

• 위치 : 효고 현 미카시
• 면적 : 대지면적 51,400.00㎡, 14개동

숙박동
센터본관
교육동
헬리콥터 이착륙장
주기장

옥내훈련장
수영장
훈련장 A
주 훈련탑 A/B/C
훈련장 B

〈모의화재 훈련실〉 〈로프 도하 훈련〉 〈옥내 훈련장 내부〉 〈철도사고 훈련용 차량〉

출처 : 일본 효고 현청 발표자료 중 발췌(광역방재센터 내에서의 방재활동들)

그리고 각종 재난 시 제일 먼저 고려해야 하는 것이 우선 대피와 구조 대상들을 체계적으로 관리하면서 1대 1로 긴급상황 시 서로 간 비상연락을 통해 응급구조할 수 있는 방재리더, 즉 재난도우미의 체계적 육성과 관리이다. 일본 히가시 대지진의 경우에 사망자 중, 60세 이상이 점하는 비율이 65%이었고, 장애인의 사망률이 일반시민의 사망률의 약 2배가 되었던 통계에서도 보듯이 재난에 가장 취약한 것이 노약자와 장애인이다. 특히 각종 재난 시 비상연락 문자메시지를 볼 수 없거나 비상경보 사이렌을 듣지 못하는 독거노인이나 언어소통에 장애가 있는 외국인, 거동 불편 장애인 등은 더욱 더 관리가 필요한 재난취약계층이기 때문이다.

우리나라의 경우에도 '재난 및 안전관리 기본법' 제3조(정의)에 '안전취약계층'이란 어린이·노인·장애인 등 재난에 취약한 사람을 말한다고 규정하고 있다. 커뮤니티 방재를 위해서는 각 지역별로 안전취약계층에 대한 체계적인 관리와 방재리더인 재난도우미 지도 (helper map)를 만들어 재난 시 신속한 대응을 위한 유기적인 동원 체계와 훈련시스템을 갖추는 것은 필수라고 본다. 일본 내각부에서는 2013년도부터 재해대응 전문인력의 양성을 도모하고 있으며, 방재리더로 요구하는 인재상이나 능력에 대해서 다음과 같이 정리를 하고 있다

방재리더로 요구되는 인재상

위기사태에서 신속·정확하게 대응할 수 있는 사람
- 정확하게 상황을 파악·상정하고, 적시에 판단·대응함으로써 피해의 최소화를 도모할 수 있다.
- 수요의 변화와 다양성에 유연하고 기민하게 대처하여 빠른 회복을 꾀할 수 있다.
- 재해로부터 얻은 교훈을 근거로 하여, 계속적인 개선을 추진할 수 있다.
- 하드와 소프트를 균형 있게 조합하여 최선의 대책을 실시할 수 있다.
- 조직 안에서 솔선해서 방재력을 높일 수 있다.

국가·지방의 네트워크를 형성할 수 있는 사람
- 방재 관계기관 등과 긴밀히 제휴·협력하여, 최선의 대책을 추진할 수 있다.
- 평소 때부터 다양한 주체와 제휴·협력하여, 자발적인 방재활동을 촉진할 수 있다.

우리나라의 경우 방재리더라고 볼 수 있는 제도 운영은 다음 [표 5-8]에서 보듯이 '자연재해대책법'상의 지역자율방재단과 '의용소방대 설치 및 운영에 관한 법률'상 의용소방대 등 2가지가 대표적이다. 그러나 이 두 가지 모두 읍·면·동장이 아니라 시장·군수나 소방서장이 재난 시 소집권한이 있어 신속하고 효율적인 재난대피 유도 및 구조에는 한계가 많다. 그리고 이 두 단체도 순수 자원봉사 성격이 강하지만 훈련·출동수당을 주지 않으면 소집이 힘들고 그나마도 민선시대로의 이행에 따라 점점 이익집단화되는 추세가 강해 지역자율방재조직 운영에 애로가 많은 것이 현실이다. 특히 의용소방대의 경우 경상북도만 하더라도 한 해 운영 예산이 90억 이상이 지출되고 있는 것으로 파악되고 있다.

지금까지 일본과 달리 한국에서의 경우, 재난관리시스템의 지휘체계가 시장·군수·구청장까지만 되어 있다 보니 마을 차원의 커뮤니티 지구단위 방재와 안전관리에는 한계가 많다는 것을 여러 사례로 들어 살펴보았다.

우리나라 읍·면·동에는 지역주민들이 그 지역에서 가장 많이 일어나고 개연성이 많

표 5-8 경상북도의 지역자율방재단과 의용소방대 제도 현황(2018. 12. 현재)

구 분	지역자율방재단	의용소방대
근거 법령	• 자연재해대책법 제66조 • 경상북도 자율방재단연합회 구성 및 운영 등에 관한 조례	• 의용소방대 설치 및 운영에 관한 법률 • 경상북도 의용소방대 설치조례

구 성	• 시·군 지역자율방재단 23개 시·군 278단, 5,191명
	• 도 자율방재단 연합회(46명) 임원(회장1, 부회장
	  2, 감사2, 사무총장1)
	• 도연합회 구성일 : 2013. 2. 25.
	※ 자연재해대책법의 개정으로 수방단이 폐지됨에 따라
	  순수 민간 방재조직 구성(전국 5만7천여 명)
		• 400개대 11,025명
		  – 남성 295개대 7,935명
		  – 여성 105개대 3,090명
		• 구성일 : 의용소방대별 결성일자 다름

역 할	• 대피소, 안내간판 등 점검·정비·보완 • 재난위험시설 예찰 및 점검 • 자연재난 대비 활동계획 및 운영방안 마련 • 위험지역 재난안전선 설치 및 출입통제	• 화재 등 재난수습활동 보조 • 화재예방 홍보 • 기타 봉사활동 등 – 세계 소방관 경기대회 참석

은 재난에 대한 마을 단위의 빅 데이터 축적이나 유관기관 간 정보공유를 통한 피해예측지도(hazard map)의 체계적 관리, 주민들이 가장 가까운 곳에서 우선 대피를 하고 긴급구호를 받을 수 있는 생활거점형 방재공원인 대피소 지도(shelter map)의 관리, 재난취약계층의 관리와 더불어 이들을 우선 구조 및 평상시 훈련을 통한 지역 커뮤니티 지킴이 역할을 해야 하는 방재리더인 재난도우미의 위치도(helper map) 등을 관리하고 있는지 반문하고 싶다.

지속 가능한 안전마을을 만들기 위해서는 생활권, 마을 단위의 지구단위 방재계획의 수립이 선결되어야 하고, 이를 토대로 주민자치회 중심의 자주적인 재난관리나 주민중심의 방재활동이 있어야만 체계적인 재난대응이 된다는 것을 일본 사례를 통해 살펴보았다. 우리나라도 일본처럼 근본적인 재난관리시스템의 bottom-up 방식으로의 대전환이 필요한 이유이다. 그리고 이것이야말로 바로 읍·면·동 중심의 커뮤니티 방재론의 핵심이 되겠다.

구분	지역자율방재단	의용소방대
역할	• 읍·면·동사무소 비상근무 지원 • 피해발생지역 복구활동 지원 • 이재민 임시주거시설 장비·인력 지원	- 기술경연대회 참가 - 시·군연합회 체육대회 참가 - 의용소방대 연합회 지원 등
예산	• 2018년 예산 : 460백만원 　(도비 230백만원, 시·군비 230백만원) ※ 일부 시·군 예산 추가 편성 　(도비 50%, 시·군비 50%)	• 2018년 예산 : 9,210,039천원 ※ 도비 5,309,627천원, 시·군비 3,900,412천원 　(비율 : 도비 57.7%, 시·군비 42.3%)
소집 권한	• 단장 원칙(시장·군수 소집 시 단장과 사전 협의) • 임무 부여는 단장이 시장·군수와 사전 협의 　후 결정	• 소방서장(도지사 권한위임) - 개인별 활동 임무 부여 ※ 경상북도 23개 시·군 중 18개 소방서 　(포항시는 남부·북부 소방서 2개)

03

/

커뮤니티 방재활동의 3원칙과 PDCA

앞 절에서 지속 가능한 안전마을을 만들기 위해서는 읍·면·동 중심의 생활권 커뮤니티 단위로 지구단위 방재계획의 수립이 되어야 된다는 것을 살펴보았다. 그리고 지구단위 방재계획의 수립의 3요소라 할 수 있는 재난피해 예측지도(hazard map)의 체계적 관리, 생활 거점형 방재공원인 대피소 지도(shelter map)의 관리 및 방재리더인 재난도우미의 위치도(helper map)가 마을 자체적으로 관리되어야 한다는 것을 살펴보았다.

아울러 지구단위 방재계획이 아무리 잘 설계가 되고 관리가 된다고 하더라도 커뮤니티 방재에 있어 비상시에 스스로 자기를 지키고, 지역공동체와 함께 자기 지역을 지켜 나가기 위해서는 평상시에 자주적인 방재활동 노력들을 일상화하는 주민자치활동이 매우 중요하다고 본다. 이러한 지역 안전을 스스로 지키기 위한 주민자치활동이야말로 자치분권의 근간인 주민 자치의식을 높이는데도 크게 기여하기 때문이다.

비상시에는 누구든지 타인을 돕거나 타인의 도움을 받을 가능성이 있으므로 각 가정의 대비와 더불어 마을모임 또는 자치회 등의 공조 대비가 어디서 어떤 식으로 이루어지는지 확인하고 주도적으로 지역의 방재훈련에 참여가 필요한 것이다.

그리고 마을모임·자치회나 행정기관이 정한 피난소 등 어디로 피난할 것인지 확인하고 가족이 서로 연락이 되지 않는 경우 기다리기로 장소를 정하는 등 평소에 재난에 대비하는 생존훈련이 필요하다.

이처럼 커뮤니티 방재활동은 주민 스스로가 재난 대응력을 키우는 것이 원칙이고, 평상시에 지역주민 사람들과 함께 더불어 주민자치활동을 통해, 가장 가까운 단위인 읍·면·동 마을 단위에서부터 이루어지는 것이 가장 바람직하다.

이러한 주민참여형 현장 중심의 지역공동 방재활동이야말로 가장 바람직한 커뮤니티 방재활동이며, 필자는 ① 주민 스스로가 ② 가장 가까운 현장에서 ③ 지역공동체와 함께, 라는 3가지 기준으로 지속 가능한 안전마을을 만들어 나가고자 함께 노력하는 활동들을 커뮤니티 방재활동의 3원칙이라고 본다.

일본의 경우, 지역 실정에 맞는 자주방재조직의 활동이 일상화되어 있다.

자주방재조직이란 지역의 주민이 자주적으로 방재활동을 하는 조직을 말하며, 일상의 활동으로 방재지식의 보급이나 계발, 방재훈련, 방재 안전점검, 방재기자재의 비축이나 점검과 같은 활동들을 한다. 재해가 일어났을 때는 제일 먼저 초기 소화, 주민의 피난유도, 부상자의 구출, 정보의 수집이나 전달, 급식이나 급수활동 등을 전개하며, 지역의 특성을 잘 이해하고 있는 자주방재조직이므로 지역의 실정에 맞는 구조활동을 할 수 있다.

특히 대규모의 재해가 일어났을 때는, 전화나 전기, 가스, 수도 등의 라이프라인(life line)이 끊기거나, 도로교통망의 혼란에 의해 공적 기관의 구조대가 금방 오기가 힘든 상황에는 가까이에 있는 이웃주민으로 결성된 자주방재조직의 힘이 발휘된다. 지역의 주민들이 함께 힘을 모아 서로 협력함으로써 피해를 최소화할 수 있는 것이다.

예를 들어 1995년 한신·아와지 대지진 당시 무너진 가옥 등의 잔해 속에서 주민을 구조한 경우의 80%가 소방관이나 경찰관, 자위대가 아닌 이웃 주민들과 자율시민단의 활동 덕분이라는 언론 보도가 있었다. 실제 효고 현의 민간 자주조직 결성률은 96.3%로 전국 1위 수준이라고 한다. 민간자원을 활용한 지역사회 커뮤니티 방재능력을 키우고 대비하는 것이 얼마나 중요한 것인지를 보여주는 것으로 우리에게 시사하는 바가 많다. 우리나라의 경우 앞에서 살펴본 바와 같이 의용소방대나 지역자율방재단에 1년에 많은 운영경비를 보조하는데도 이러한 역할과 기능을 제대로 수행하고 있는지, 우리는 왜 안 되는지 시스템의 재정비가 필요하다고 본다.

일본의 자주방재활동에는 정해진 것은 없다. 각각의 조직에서 독자의 활동방법이나 수단이 있는 것이 당연하다. 다만, 널리 지역주민의 참가와 협력을 얻기 위해서 고려할 중요한 3요소를 다음과 같이 제시하고 있다.

방재활동 중요 3요소 🔔

① 즐겁게 참가할 수 있을 것 : 활동을 중압감으로 느끼지 않도록, 모두가 가볍게 참가할 수 있도록 즐거운 활동을 지향
② 정치색이나 종교색이 들어가지 않을 것 : 특정의 정치색이나 종교색이 느껴지면, 참가하는 주민은 일부로 한정되어 버림
③ 활동 목표나 내용이 명확·적절할 것 : 목표를 명확히 설정하고 달성을 향하여 적절한 활동을 해가는 것이 중요

아울러 커뮤니티 차원에서의 자주적인 방재활동과 훈련의 결과를 검증하고 개선하는 것과 동시에 PDCA(Plan-Do-Check-Act) 사이클에 따라 지구단위 방재계획을 끊임없이 계속 보완하고 재수정 해나가는 작업은 매우 중요하다고 본다. 지속 가능한 안전마을의 필요조건은 이러한 현장 중심의 방재계획을 함께 짜고, 서랍 속 매뉴얼로 1년 단위의 훈련에만 꺼내 보고 합동훈련 후 사진 찍고, 보고하고 끝내는 것이 아니라 지역주민들과 함께 PDCA 해 나가는 작업은 필수라고 본다.

2019년 콩레이 태풍으로 인명피해 1명을 포함하여 가장 많은 재산피해를 입은 영덕군 축산면사무소의 경우를 사례를 든다면, 주민생활지원담당, 재무담당, 산업개발담당, 민

원담당, 출장소 등 5개 팀의 조직으로, 면장을 포함하여 총 16명의 인력이 근무하고 있었는데, 지역 방재업무는 '산업개발담당' 소관으로 업무분장은 군 본청의 '안전재난건설과 업무'로 포괄적으로 규정되어 있었고, 토목직 9급 혼자가 담당하고 있었다.

일반적으로 기상특보가 발령되면 매뉴얼상 비상근무 체제에 돌입하고, 단계별로 군청 안전재난건설과의 지휘를 받아 비상근무조를 편성하여 상습위험지구 등을 예찰하고 현장 확인만 하는 정도로 본청 업무를 단순히 주민들에게 전달하고 상황을 관리하는 정도로 자주적인 면(面) 단위의 방재계획이나 주민방재활동을 진두지휘하기에는 인력구성과 권한에는 한계가 많은 것으로 나타났다.

그리고 군청에서 관리하는 재난관리지역 지침에는 축산면에는 특별하게 위험지역으로 지정된 곳이 없었다. 특히 이 지역은 바다와 민물이 만나는 기수역지역의 특성상 기습적인 국지적 폭우로 인해 하천의 물이 바다로 빠져나가지 못해 면(面) 전체가 침수되었는데도 불구하고, 법규상 관리되는 상습침수지역이나 홍수위험지도는 군청 본청에만 보관되어 있어 현지에서는 전혀 파악될 수도 없었고, 면 단위의 방재훈련은 단 한 번도 한 적이 없었다.

그리고 읍·면·동장은 취약한 재난위험지역에 대해 방재 예산을 편성할 권한도 없는 등 재난에 대해 책임만 있지 권한은 없는 것이다.

아울러 방재부서는 상황근무가 많고 재난대응에 대한 매뉴얼 숙지 미숙과 보고지연 등으로 인한 책임질 가능성이 많아 격무 기피부서로 인식되어 전국 어디서나 2년 미만의 잦은 인사이동으로 경험과 전문성이 결여되어 있고, 관련 커뮤니티 방재 전문교육*을 이수한 적도 없으니 결국은 지역주민들이 피해를 볼 수밖에 없는 것이 현실이다.

그리고 1967년 제정된 풍수해대책법에 따라 읍·면별로 홍수의 감시, 이재민의 구호, 위험지구에서의 대피 등 수재(水災)를 막기 위하여 지역의 지리와 실정에 밝은 이장·통장·민방위대원으

---

* '재난 및 안전관리 기본법 시행규칙' 제6조의2(재난 안전 분야 종사자 교육 종류 등)에 관리자 전문교육과 실무자 전문교육으로 구분, 교육대상자는 정기적으로 또는 수시로 교육을 이수하도록 하고 있다.

로 구성된 '수방단'이 자연재해대책법 개정에 따라 '지역자율방재단'으로 개편되면서 읍·면 단위별로 특성화된 실제 훈련은 이루어지지 않고 있다. 그리고 주민리더격인 이장·통장들도 각종 재난 시 자기 집부터 신경 쓰기 바빠 우왕좌왕하면서 주민대피 안내방송 등을 소홀히 하는 등 위기관리에 한계를 드러내고 있었다.

특히 실제 생활권인 읍·면·동 단위에는 대피훈련이 없어서 본격적인 침수가 되고 긴급대피상황이 되면 제일 먼저 이루어져야 되는 상황 전파에 있어 마을방송과 SMS 문자 발송을 해도 대부분 고령자가 집 안에 거주하고 있어, 상황공유에는 한계가 많은 것으로 나타났다.

지난해 9월 6일 새벽. 진도 7의 강진이 일본 홋카이도(北海道)를 덮쳤다. 지역 화력 발전소가 지진으로 타격을 입자. 일순간 홋카이도 전역에 전기공급이 끊기는 '블랙아웃'이 발생했다. 자체 발전시설을 돌린 NHK는 곧바로 재난방송 체제로 들어갔다. ……홋카이도 주민들은 '블랙아웃'으로 TV를 켤 수 없으니, 다른 지역에 있는 사람들이 SNS나 휴대전화 문자메시지로 정보를 전달해달라는 얘기였다. 재난방송은 피해지역주민 을 대상으로 한다는 상식을 깬 발상이었다. …………지난 주 강원도 지역에서 발생한 대형 산불에 대한 방송사들의 보도행태를 놓고 비판이 쏟아지고 있다. 소방당국이 대응 최고 수준인 3단계를 발령하고 전국의 소방차가 긴급 동원되고 있는 재난 상황에도 지상파 방송들은 한가롭게 드라마나 예능을 틀고 있었다는 지적이다(TV가 꺼져도 재난방송하는 NHK, 글로벌아이, 윤설영 특파원, 중앙일보, 2019. 4. 9. 29면 인용)

그리고 일반적으로 서울 중심의 광역권으로 지역 방송국들이 운영되고 있다 보니, 그 지역 특성에 맞는 재난안내 TV 방송은 전혀 안 되었고, 민방위 경보를 활용한 긴급대피를 발령할 수 있는 사이렌이 있었음에도 시·군에서 요청하지 않아 본청에서 발령할 수도 없는 상황이었다.

결국은 우리나라 지방자치의 규모나 면적은 다른 나라에 비해 상당히 큰데도 불구하고 시·군·구까지만 지역방재계획이 수립되어 있고, 시·군·구 본청에서 재난관리를 하다 보니 읍·면·동 지역 커뮤니티별로 다양한 재난상황에 대응하는 시스템은 전무하다. 즉, 읍·면·동 생활권 단위의 커뮤니티 방재계획은 아예 없다 보니 실제 커뮤니티에 맞는 맞춤형 재난대비훈련은 불가능하고 읍·면·동장은 그러한 상황관리와 위기대응을 할 만한 권한도 없는 것이다.

일본의 경우 우리나라의 읍·면·동에 해당하는 시정촌까지 지방자치를 하고 있다 보니 커뮤니티 단위별로 자주적인 재난대비훈련으로 대부분이 재난이 발생하면 집에 있는 것보다 시정촌에서 지정된 커뮤니티 방재공원에 빨리 대피하는 것이 가장 안전하다는 것을 이미 잘 알고 있었고, 재난 시에는 자기 역할에 맞는 긴급 커뮤니티 봉사활동을 하는 등 모범적인 재난대비와 대응시스템을 갖추고 있다. 우리의 경우 최근 지진이 일어난 경주나 포항시만 하더라도 제대로 방재시스템을 갖춘 근린공원은 아직 하나도 없으며, 맞춤형 주민 주도 참여형 방재자치활동은 지금도 찾아보기 힘들다.

〈그림 5-4〉에서 보듯이 필자가 방문한 효고 현 야오시의 경우 주택가 거주지 중심에 실내 커뮤니티 체육관에 딸린 근린생활공원에는 권역별 가장 가까운 주민대피소의 관리, 비상시 급수시스템과 취사도구 및 각종 구호물품을 구비하고 있었고, 지역주민 들이 참여하는 다양한 방재강좌와 함께 소방기구를 가지고 달리면서 활용법을 공유하는 방재운동회까지 현장 중심의 주민 자주적 방재조직을 운영 중에 있었다.

☂ 그림 5-4   효고 현 야오시 시립 방재공원체육관

시설 위치도

시설 안내

구호물품

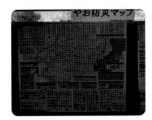
야오방재맵(대피소 위치도)

방재운동회 포스터

방재강좌 포스터

물론 이러한 자주적인 주민중심의 방재 자치활동이 가능한 것은 일본에서 본격적인 지방자치제도가 실시되기 1년 전인 1946년부터 운영하고 있는 문부성의 공민관(公民館)제도와 무관하지 않는다고 본다. 어릴 때부터 가족과 함께 교육, 오락, 체육, 지역 알기 등 공민관의 다양한 프로그램에 참여하면서 자기 고장을 알고, 내가 지역공동체 일원으로서 살아가기 위해서 무엇을 해야 되는지를 자연스럽게 학습하고 죽을 때까지 평생학습을 하기 때문에 가능한 일이다.

그리고 이런 공민관에서 제일 먼저 다루어지고 학습하는 것이 지역방재의 중요성을 공유하고 지역방재 훈련에 참가하는 것이다. 이런 공간이 우리나라로 말하면 읍·면·동에 거의 하나씩은 다 있다. 아무리 도시 방재 및 인프라의 구축이 잘 되어 있다고 하더라도 가장 중요한 것은 지역 커뮤니티에 직접 참가하는 주민들의 시민의식과 지역을 안전하고 아름답게 함께 가꾸고 만들어 가고자 하는 공동체 의식의 제고가 이루어져야 가능한 것이다.

즉, 지역 방재력은 그 나라의 자치경험과 주민들의 자치의식, 그리고 주민 평생학습시스템과도 밀접한 관련이 있는 것이다. 우리도 하루 빨리 가장 가까운 읍·면·동에서 재난에 대한 생존법을 숙지하고 주민들과 함께 공동재난 방재활동을 할 수 있도록 읍·면·동 단위의 평생학습시스템의 구축이 될 수 있도록 제도적 보완과 아울러 지역안전도를 높이기 위한 마을 방재 정책과 주민들의 삶의 질 향상을 위한 복지정책을 융합하는 복합적인 노력들이 이루어져야 한다고 본다.*

* 필자는 재난안전실장 시절 동해안 경계철책 철거를 포함한 미포미행(美浦味行)길 조성을 추진하였다. 노후된 군(軍) 해안경계철책 존치로 해안경관을 저해하고 주민 민원이 발생하는 지역의 철책을 철거한 후, 마을보행자 전용거리, 해안경비초소를 활용한 전망대 조성, 미포(美浦) 해안트레킹길 조성, 안전한 마을쉼터(shelter) 조성 등 안전한 어촌 커뮤니티 만들기 사업을 추진하였는데, 이러한 것이 마을방재 효과도 노리고 관광객 유치로 지역주민 들의 삶의 질을 높이는 일석이조(一石二鳥)로 좋은 사례라 본다.

04

지역 방재력 향상을 위한
읍·면·동의 역할

앞 절에서 한국과 일본의 지방자치의 역사와 경험, 그리고 제도의 차이로 인해 재난 안전관리시스템의 차이가 있으며, 지속 가능한 안전마을의 방재계획을 위한 커뮤니티 방재활동의 3원칙과 PDCA(Plan-Do-Check-Act)에 대해 살펴보았다. 일본의 경우 우리나라로 말하면 읍·면·동까지 지방자치제도를 실시함으로 인해, 주민 중심, 현장 중심의 지역 방재를 하고 있다는 점에서 많은 차이가 있음을 알 수 있었다.

참고로 일본 시정촌에 있어서의 방재대책에 대하여 내각부(방재담당) 자료를 참고해 보면, 지역 커뮤니티 방재대책에 대하여 시정촌장의 명확한 책무와 권한 그리고 재해의 사전단계부터 재해의 직전과 재해 후의 대응에 이르기까지 역할과 의무에 대해 다음과 같이 제시하고 있다.

〈방재 대응의 원칙〉

방재 대응의 3원칙 ◎,
1. 의심스러울 때는 행동하라.
2. 최악의 사태를 상정하고 행동하라.
3. 헛스윙은 허용되지만, 놓치는 것은 허용되지 않는다.

재해대응의 흐름과 포인트 ◎,

01
재해에 대한 사전대비
• 사전준비의 좋고 나쁨이 대응 성패의 최대 관건
• 현장을 보고 무슨 일이 일어날지 상상하고 정확하게 준비
  (평소에 할 수 없는 것은 실전에서도 할 수 없다)

↓ 위험을 감지

02
재난발생 직전의 대응
• 정확한 정보수집, 전달
• 선수를 친다.
  (헛스윙 OK, 놓치는 것 NG)

03
재난발생 후의 대응
• 인명 제일
• 주민을 안심시킨다.
  (쓸 만한 것은 무엇이든 사용한다)

시정촌의 책무 및 권한 ◎,
시정촌장은 재해의 대응에 있어서 최일선의 책임자

• 지역방재계획의 작성
• 재해대책본부 등의 설치
• 재해에 관한 정보의 수집 및 전달 등
• 거주자 등에 대한 대피 권고, 지시
• 도(都)도(道)부(府)현 지사나 다른 시정촌장 등에 대한 응원요청
• 도도부현 지사에 대한 자위대 재해 파견 요청 등

→ 광범위한
책무와 권한

대응을 잘못하면, 주민의 피해가 확대!!!

| 재해의 사전 준비 |

행정 간의 연계
- 평시부터 국가, 도도부현과 긴밀한 연계(정보 공유)
- 다른 기초자치단체와의 협력체제 구축(상호 협력)

시정촌 내부의 대응
- 시정촌장의 부재 시 책임자의 명확화(수장이 재해를 입은 사례 있음)
- 청사의 대체기능 확보(청사의 침수, 정전 등을 가정)
- 대피소·비축물의 확보(재난대책을 실시하는 데 있어서의 전제)
- 계속적인 인재육성이나 방재훈련 실시(방재는 「사람」)
- 주민들에 대한 자조·공조 호소(행정의 공조만으로는 한계)
- 피난권고 등의 발령에 대한 판단이나 지역의 재해 리스크 확인(관계기관의 조언을 얻어 충분히 확인)
- 거주지마다의 재해에 대한 리스크, 취해야 할 피난행동을 주민에게 주지(국토교통성 해저드 맵 포털사이트 (https://disaportal.gsi.go.jp/) 등의 활용)

> - 행정기관(국가, 지방공공단체, 소방단 등)
> - 지역(자주방재조직, 학교, 기업, 자원봉사 등)
> - 주민

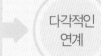

다각적인 연계

| 재해 직전의 대응 |

- 정확한 정보수집(최악을 이미지해서 선수)
- 주민과 위기감을 공유(SNS 등을 활용해서 시시각각의 정보를 발신)
- 피난권고의 정확한 발령(헛스윙 OK, 놓치는 것 NG)
- 국가와 도도부현에 조언 요청(주저없이 상담)
- 주민에 대한 대피 권고 등의 정보전달(모든 수단을 활용, 전달문은 간결하고 긴박감 있게 표현)
- 요 배려자, 피난행동 요 지원자에 대한 확실한 전달(확실하게 정보를 주지) '피난권고 등의 판단·전달 매뉴얼 작성 가이드라인(안)'(참조 2014년4월)
- 재해대책본부의 신속한 출범(초동대응이 관건)

국가, 지방공공단체, 주민 간의 정보공유(위기감의 공유)

〈재해 후의 대응〉

- 구급, 구명활동 등 정확한 지시(인명우선)
- 응원요청의 신속한 판단(사용할 수 있는 것은 뭐든지 사용한다)
- 직원을 총동원해서 재난대응(응원체제의 확보)
- 주민과 언론에의 정보발신(주민에게 안심감, 지원의 획득)
- 자원봉사자와의 연계(마을이 밝아진다)

인명구조를 최우선한 신속한 재난대응 / 적절한 정보발신

이러한 일본의 사례를 참고로 우리나라의 커뮤니티 방재에 대해 비교를 해 본다면, 일단 읍·면장이 일정 임기가 보장되는 선거제가 아니라 임명제이다 보니 잦은 인사이동과 함께 거의 퇴직을 앞두고 보임하고 있어 그 지역의 위험도를 잘 모를 뿐 아니라 재해와 관련되는 지형 지물의 파악 등 재해 정보 수집 및 대응에는 한계가 많다. 그리고 읍·면·동 단위의 방재상황실과 방재계획은 아예 없는 상황이고, 주로 시·군·구에서 지시하는 재난위기 상황을 전달하는 정도의 단순하고도 수동적인 방재활동을 주로 하고 있다.

그리고 마을 인근에 일본과 같이 제대로 방재기능을 가진 생활권 방재공원이나 대피소는 아예 없고, 응급구호물품도 시·군·구 본청이나 권역별 광역 응급구호물품 보관소에 보관 중이어서, 도로나 수도 등 라이프라인이 끊기는 대규모 재해 시에는 바로 구호물품들이 전달될 수 없는 취약성을 보이고 있다.

따라서 우리나라도 중앙정부, 그리고 광역시·도, 그리고 시·군·구의 3단계로 이루어지고 있는 재난대응시스템을 읍·면·동 중심으로 재편해 나가는 대전환이 필요하다. 왜냐하면 앞에서도 언급했듯이 도시나 농어촌 형태의 재난 유형이 다르고 마을 단위별로 재난의 이력도 많은 차이가 있기 때문이다.

예를 들어 경상북도의 경우 고층아파트나 주상복합 건물 등 31층 이상 고층 건축물의 경우 포항시, 구미시, 경산시에만 있는데, 최고층인 48층의 고층아파트가 있는 포항시의 경우, 도농통합시여서 주거여건이 산과 바다와 연접해 있는 농어촌 주거지역도 함께 입지하고 있다. 따라서 지역별로 국지성 호우나 태풍 해일이 있는 경우 같은 지역 내에도 편차가 매우 심해 시·군·구 중심의 본청 재난대응시스템으로는 한계가 있으며, 현장우선으로 읍·면·동 중심에서 재해대응이 바로 이루어져야 되는 이유이기도 하다.

그리고 무엇보다도 재해발생 시 신속한 의사결정으로 인명구호나 추가적인 피해를 막기 위해서는 현장을 잘 알고 있고 관리해 오고 있는 읍·면·동 지역 커뮤니티 중심으로 재편되어야 하는 것은 어떻게 보면 당연한 일이다.

우리나라의 경우 재난발생 시 중요한 의사결정과 판단을 위해서는 사고현장에 대한 파악과 관리가 제일 중요한데 의사결정 권한이 상향식으로 되어 있다 보니 상황을 보고하고 지침을 받기 위해 상급부서에 보고 하는 일이 제일 중요하고, 그마저도 위기 시에는 각종 언론사나 유관기관의 전화 폭증으로 인해 전화가 불통인 경우가 허다하다. 현 시스템은 다음 [표 5-9]와 같이 상황이 보고되면, 재난등급별 상급기관에서 상황판단회의 후, 유관기관 자원동원 및 대피 대응 등 지시를 통해 재난위기관리들이 이루어지고 있다.

표 5-9 경상북도 재난안전대책본부 구성 및 유형별 비상단계 기준

구분		비상단계기준
자연 재난	풍수해 (태풍, 호우, 대설)	• 비상단계 : 3개 시·군 이상 주의보, 1개 시·군 이상 경보, 태풍예비특보 • 비상1단계 : 3개 시·군 이상 경보, 태풍주의보 • 비상2단계 : 전 지역에 대규모 피해가 발생한 경우
	지진 지진, 해일 화산	• 비상단계 : 규모 4.0 이상(해역 4.5 이상), 주의보 • 비상1단계 : 규모 5.0 이상(해역 5.5 이상), 경보 • 비상2단계 : 대규모 피해 발생 및 발생 예상
사회 재난		• 재난분야 위기관리매뉴얼(표준)상 위험수준이 경계 또는 심각단계 시 • 중앙사고수습본부 또는 중앙대책본부가 운영되는 경우 • 상황판단회의 결과 도 대책본부 차원의 대응이 필요한 경우

※ 절차 : 재난발생 → 상황판단회의 → 재난안전대책본부 운영

그러나 일본은 재난이나 사고가 일어난 곳에서 1차적으로 커뮤니티 차원에서 시정촌에서 제일 먼저 대응하면서 피해규모나 상황에 따라 바로 광역자치단체나 중앙정부에 전파 및 유관기관에서 지원 협력이 이루어지는 시스템으로 운영되고 있다.

그럼 이러한 한국에서의 재난대응 문제점과 일본의 시정촌 사례를 참고로 지역 방재력을 높이기 위한 읍·면·동 중심의 재난대응시스템의 개편방향에 대해 제시하고자 한다.

'지역 방재력'이란 특별한 법적인 개념은 아니지만 소방기본법 제8조에 '소방력'이란 소방업무를 수행하는 데에 필요한 인력과 장비 등으로 규정하고 있는 것을 유추해 볼 때 '지역 방재력'이란 지역 공동체가 지속 가능하게 유지하고 발전하기 위해 재난을 예방하고 대응하기 위해 필요한 유·무형의 방재능력들을 의미한다고 필자는 정의한다.

이러한 '지역 방재력'을 향상하기 위해서는 앞에서도 살펴보았듯이 중앙정부나 광역단위에서의 방재력도 중요하지만 지역커뮤니티인 읍·면·동, 근린생활권, 마을 단위별로 가장 낮은 단위에서 주민 참여형으로 방재력을 향상하기 위한 노력들이 이루어져야 할 것이며, 한국에서는 가장 기초적인 생활권 중심의 법적 행정기관인 읍·면·동의 역할이 매우 중요하다고 본다.

따라서 우리나라의 지역 방재력 향상을 위한 읍·면·동의 역할을 제시해 보면, 첫째, 재난피해 예측지도(hazard map), 생활거점형 방재공원인 대피소의 지도(shelter map) 및 방재리더인 재난도우미의 위치도(helper map) 등이 구체적이고도, 세부적으로 파악한 지구단위별로 방재계획의 수립이 절실하다. 그리고 온·오프라인 모두 활용 가능한 커뮤니티 방재계획도를 상시 구비하고 있어야 하며, 읍·면·동사무소에 상시 재난상황실을 설치하고 읍·면·동 단위별로 전문화된 담당자가 배치되어 있는 '방재팀'의 신설이 꼭 필요하다고 본다.

예를 들어 구제역이나 AI가 많이 일어나는 지역은 수의사가, 화학공장이 많은 곳은 화학 방재 전문직, 원자력 발전소가 있는 마을에는 원자력 방재를 전공한 직원들이 배치되고 일정기간 이상 의무 근무하도록 하는 읍·면·동 단위별 '방재팀'의 신설이야말로 신속한 상황전파와 재난대응의 핵심이기 때문이다.

이러한 것은 2018년 유례없는 폭염으로 인해 주거취약계층 밀집지역(일명 쪽방촌)의 주거민들에 대한 정보를 거의 읍·면·동에서 자세히 파악하고 있는 사례에서도 잘 알 수 있다.[*]

* 경상북도의 경우 9개 시·군, 15개 읍·면·동, 302세대 417명이 쪽방촌에 거주하는 것으로 파악되고 있다.

둘째, 읍·면·동장은 순환보직이 불가피하다면 제일 먼저 지역주민 의 안전을 위한 업무카드를 숙지하고 수시로 안전한 방재마을 만들기 위한 주민활동을 계발하고 훈련하는 주민참여형 지역맞춤형 방재시스템을 갖추도록 노력하여야 한다. 지역별로 차별화된 상황에 맞는 위기관리 매뉴얼을 직접 마을사람들에게 공개하고 공유하면서 함께 수정해 나가는 노력이 있어야 한다. 일반적으로 전국 유사한 시·군·구청 표준 매뉴얼을 따라 가는 것이 아니라 마을방재단을 구성하여 마을특성을 고려하여 직접 참여하여 만드는 마을 방재지도를 마련하고 PDCA하는 노력이 제도화되어야 한다.

경기도 수원시는 2013년부터 주민참여형 마을계획단을 운영하고 있다. 40개 행정동을 하나의 마을단위로 규정하고, 행정동 단위로 마을협의회를 구성하여 마을계획을 수립하고 있다. 마을계획단은 각자 살고 있는 마을현장을 조사 분석하여 마을의 장단점을 세밀하게 파악하고, 마을별로 발전방향을 정하고, 주민들이 참여하여 수립한 마을기본구상을 주민 참여예산과 도시기본계획과 연동하는 상향식 민주적인 마을계획단을 운영하고 있는데 마을방재단 구성에도 큰 참고가 된다고 본다.

우리 가족 재난생존법과 우리 고장 방재마을 지도를 스스로 만들어 보고 관리하는 노력들이 함께 이루어지도록 독려하고 마을단위별로 재난대응에 대하여 공동학습하는 노력들이 이루어져야 복잡다기해지고 불확실한 기후변화에 따라 폭증하고 있는 재난에 대응할 수 있다고 본다.

〈고베시 방재마을 만들기 운영 사진〉

예를 들어 필자가 경주부시장으로 재직하던 2014~2015년의 경우 전국 1위가 아니라 OECD 국가 중 1위였던 교통사고 사망률의 개선을 위해, 횡단보도 정지선을 3m에서 5m로 늘이는 안전디자인의 도입과 함께 교통사고가 난 바로 직후 그 지역에 대해 경찰, 도로과, 교통과 등이 협업해서 바로 안전시설물 들을 복합적으로 개선해 나갈 수 있도록 교통안전 예산총괄제도의 도입 그리고 획기적인 안전 예산의 투입으로 3년만에 획기적인 감소율을 보였다.(표 5-10 통계 참고)

표 5-10 최근 5년간 경주시 교통사고 발생 및 안전예산 현황(2017.11월 현재)

(단위 : 건, 명, 백만원)

구분	2013년	2014년	2015년	2016년	2017. 11	비고
발생건수	2,154	2,101	2,022	1,692	1,503	'13년 대비 ▼ 651 감소(30.2%)
사망자수	79	64	65	56	38	'13년 대비 ▼ 41 감소 (51.9%)
안전예산 (도로+교통)	2,120	3,065	3,184	3,978	3,766	'13년 대비 ▲ 1,646 증가(77.6%)
순위(전국)	1	6	2	3	'미확인'	

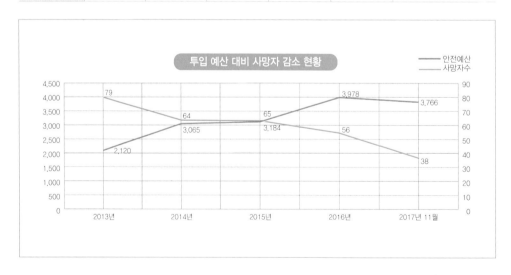

아울러 재난안전실장 근무 시 경상북도 재난관리기금의
사용에 있어 주로 급경사지, 소하천, 풍수해 위험 정비사업
등 자연재난 대응 개선에만 투자되던 것을 교통사고, 특히

노인교통사고 예방에 집중 투자하는 방식을 도입한 바가 있다. 그 이유는 경상북도 교통
사고 사망률이 경기도 다음으로 전국 2위이며, 교통문화지수가 전국 꼴지인 상황에서 노
인 교통사고 사망자는 도 전체의 48%를 차지하는 심각한 재난수준의 상황이었기 때문
이었다.

아울러 농기계 사망사고의 경우 매년 평균 50명씩 이상 사망하는 재난 수준의 취약성
을 보여준 재난 이력을 근거로 어르신들이 좋아하는 '품바 공연예술단'을 활용한 교통안전
교육을 하는 제도를 도입하였다. 결국은 지역안전의 빅 데이터를 통해 정확한 원인을 분
석하고, 사고를 막기 위한 수요자에 맞는 맞춤형 처방 안전교육의 도입 등 안전문화의 확
산과 안전 인프라들을 함께 집중적으로 투자해 나가는 노력의 병행이야말로 지속 가능한
안전마을 만들기의 기본이라고 본다.

다음 〈그림 5-5〉에서 보듯이 유럽 선진국들은 이미 오래 전부터 교통약자에게 취약한
생활권 중심에서의 생활도로에서의 각종 교통사고 증가로 인해 구역단위에 최고속도 규
제정책을 도입해 시행해 오고 있다. 일본의 경우에도 1996년부터 2000년까지 350개 지역
을 대상으로 이면도로 등에서 통과 교통 진입을 억제하여 보행자 및 자전거가 안전하고
쾌적하게 통행할 수 있도록 환경을 조성하는 Community Zone 사업을 통해 효과를 보
고 있으나, 우리나라의 경우에는 읍·면·동 커뮤니티 단위에서의 교통안전 디자인 도입을
위한 권한 자체가 없을 뿐 아니라 노력조차도 없는 것이 현실이다.

특히 동해안 유일의 섬인 울릉도 주민들의 응급의료 체계를 사례로 들어보면, 육지와
울릉도의 원거리 및 해상기상 악화에 따른 수시 고립으로 인해 응급환자가 사망하는 사
례가 늘고 있다. 2010년부터 2018년까지 응급환자는 연평균 235명이 발생하여 2,116명
이 발생하여, 여객선으로 1,566명, 헬기로 499명, 경비정으로 51명을 후송하였으며, 날씨

등으로 여객선 결항률도 높고 울릉도까지 닥터헬기를 운용할 수도 없어, 구조구급 헬기를 운영 중인 경북도 소방본부와 해군, 해경 등 다양한 기관과의 협업체계의 구축과 대응책이 절실하다.

이처럼 도서지역이나 오지지역에 거주하는 주민들에 대한 응급구조 및 의료지원사업도 재난대응 차원에서 접근하여 좋은 의료인력 확보를 위한 중앙정부의 제도적 개선과 아울러 '예방이 곧 치료'라는 원칙으로 울릉도를 포함한 도서 지역주민들의 건강돌봄사업과 재난대응 훈련 및 비상응급구조 훈련 등 주민 스스로가 자기 건강과 자기 지역을 지속 가능하게 만드는 데 함께 노력하여야 할 것이다.

☂ 그림 5-5 외국의 교통 정온화 기법 사례

국가	명칭	요지
네덜란드	Woonerf	: 보차도 구분 없이 차도를 곡선 설계
	ZONE30	: 최고속도 30km/h 규제
	Shared Space	: 보차분리보다는 노상공간 공동이용
영국	20mph Zone	: 속도규제 + Traffic calming
	Home Zone	: 주택가 생활도로의 통과차량 배제
독일	Tempo30	: 물리적 수법을 통한 속도규제
일본	Community Zone	: 면적인 지구 내 속도규제 + 물리적 수법

출처 : 농어촌 교통안전모델 도입을 위한 도로디자인 개발 용역, 경상북도, 2018

셋째, 주민참여형 지역맞춤형 방재시스템을 갖추는 데 있어 마을단위 방재공원의 확충과 마을 방재리더의 육성, 그리고 주민협력 지역방재 거버넌스 체계의 구축을 통해 '내 마을은 내가 지킨다'는 마을 방재에 대한 공동체의식을 갖기 위한 체계적인 교육프로그램의 도입과 함께 어릴 때부터 자기 몸은 스스로 자기가 지킨다는 안전의식을 확대하고 마을방재계획에 의무적으로 참여하도록 제도화한 것이 매우 중요하다.

예를 들어 필자는 그동안 '어린이제품 안전 특별법'상 안전인증제도에 따른 놀이기구 설치 및 검사제도에 따르다 보니 너무 천편일률적인 어린이놀이터가 많이 보급되고 있어 아이들로부터 놀이터가 외면되는 상황에서 오히려 스스로 위험을 자각하고 안전의식을 갖출 수 있는 '안전한 위험을 가진 어린이놀이터' 사업을 진행한 바가 있다.

민간 시민단체인 세이브더칠드런과 함께 모험성과 창의성을 가질 수 있는 어린이놀이터에서 스스로 안전의식을 갖추면서 지역 공동체 마을에 자연스럽게 관심을 가질 수 있도록 유도하기 위해 도심형에는 5억원을 반영한 야외 자연 놀이터, 농어촌형 지역에는 2억원을 들인 실내 놀이터 사업을 진행 중에 있다(신문 기고 참고).

아울러 아이들이 물놀이 등 각종 수난 사고에 대해 위험을 직접 경험하고 스스로 지킬 수 있는 능력을 높이기 위해 '낙동강 건너기 안전대회' 등 학교에서 배운 생존수영을 실제 필드에서 체득할 수 있는 제도를 도입한 바가 있다.

아쉽게도 우리나라의 경우 세월호 사고 이후 생존수영이 초등학교 2학년까지는 4시간, 3학년부터 6학년까지 총 10시간이 의무화되어 있지만, 다음 [표 5–11]에서 보듯이 경상북도의 경우 학교는 고사하고 지역 내 수영장이 없거나 많지 않아 민간시설들을 활용해야 겨우 법정 의무교육을 이행하는 수준이다. 특히 경상북도의 경우 23개 시·군 중 지금도 울릉군을 포함해 3개 시·군은 수영장 자체가 지역 내 하나도 없는 실정이다. 필자는 〈그림 5–6〉에서 보듯이 권역별로 청소년 수상안전교육 거점 구축을 계획·수립하였으나, 운영비 등으로 인해 장기간이 소요될 예정이다.

일본의 경우, 지역 커뮤니티뿐만 아니라 학교 자체에 생존수영을 배울 수 있는 수영장을 직접 갖추고 있다. 2017년 총무성 인터넷 공개 자료를 인용해 보면 공립학교 내 수영장 보유 학교의 비율은 총 22,593개소 중 19,595개로 86.7%를 차지하고 있으며, 중학교는 총 10,186개소 중 7,435개소로 73%, 고등학교는 총 4,039개소 중 2,609개로 64.5%를 차지하고 있어 우리나라와는 큰 차이가 있다.

표 5-11 도내 실내수영장 현황 및 2019년 교육인원

지역	수영장 개소	교육인원	비고
포항	5	22,693	지자체2, 사설3
경주	7	9,748	지자체1, 사설4, 대학1, 원자력1
김천	1	5,508	지자체1
안동	3	7,231	지자체2, 안동대학1
구미	5	23,272	지자체2, 사설3
영주	2	4,065	지자체1, 사설1
영천	1	2,952	지자체1
상주	1	3,293	지자체1
문경	1	2,401	지자체1
경산	3	10,949	경북체고1, 지자체1, 사설1
군위	1	410	지자체1
의성	2	954	지자체2
청송	1	519	지자체1
영양	0	437	이동식수영장 활용 ※ 지자체 수영장 추진 중(2019년 착공)
영덕	1	949	지자체1
청도	1	910	지자체1
고령	1	957	지자체1
성주	1	1,000	지자체1
칠곡	1	5,834	지자체1
예천	1	1,077	지자체1
봉화	0	803	이동식수영장 활용 ※ 지자체 수영장 추진 중(2018년 착공)
울진	2	1,690	원자력1, 지자체1
울릉	0	240	야외간이수영장 2곳
총계	41	107,892	

출처 : 경상북도교육청(2018년 2학기 기준 인원)

그림 5-6 경상북도 청소년 수상안전교육거점 구축 계획

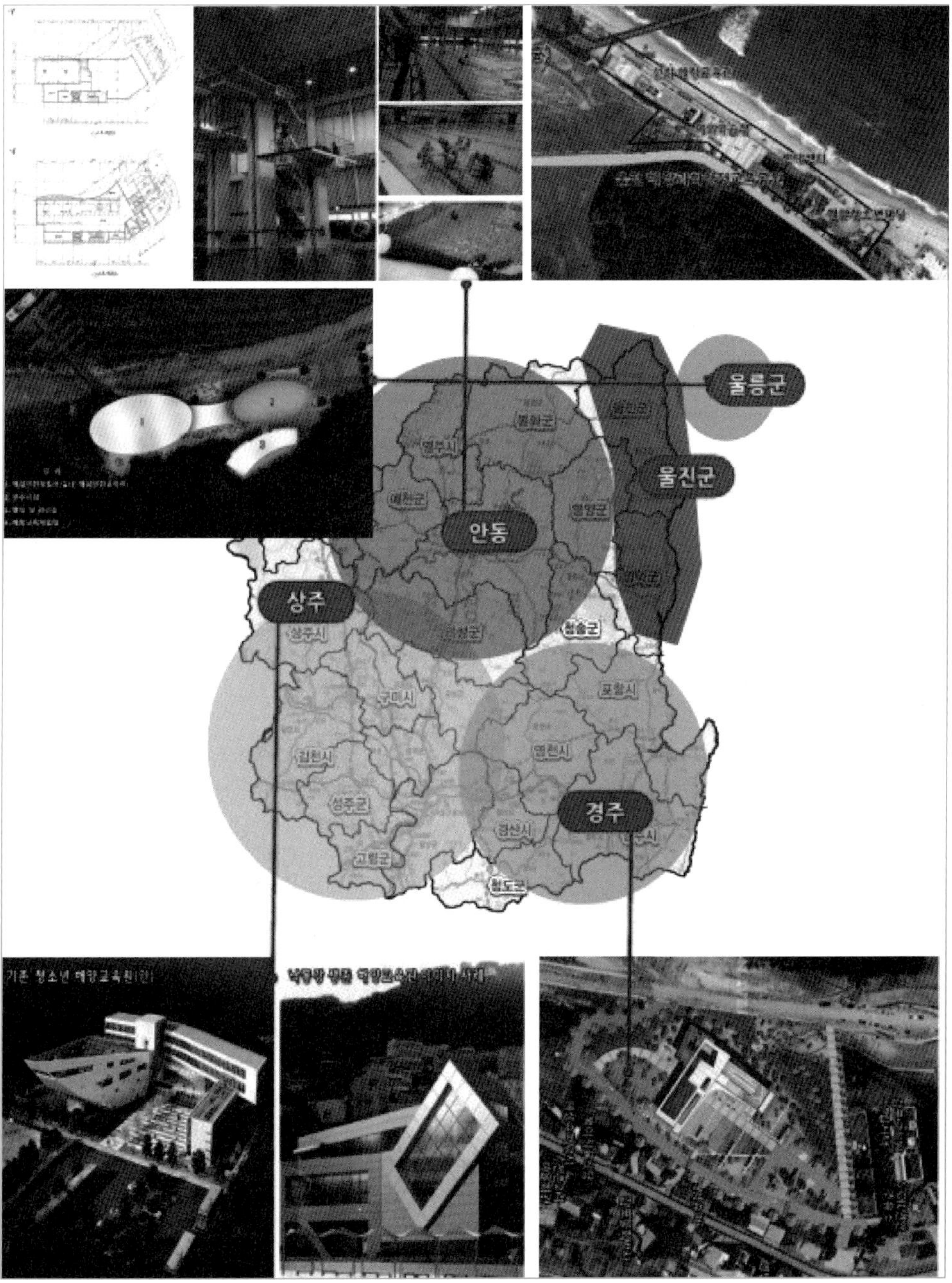

출처 : 경상북도 청소년 해상안전체험공원 조성 기본구상연구, 경상북도, 2018. 7.

어린이 안전과 함께 모험·창의성을 키워주는
경북형 놀이터 만들기 사업을 제안하며!

최근 우리 사회는 세월호 사고와 동해안 지진, 제천 화재사고에 이르기까지 각종 재난으로 인해 안전이 최고의 핵심 가치로 대두되고 있다. 그러나 안전한 사회를 만들기 위해서는 많은 비용이 수반되고 어릴 때부터 안전의식을 스스로 확립하기 위한 체계적인 예방교육이 무엇보다도 중요하다고 본다. 각종 수난사고로부터 기본적인 생명권을 확보하기 위해서는 어릴 때부터 생존수영의 교육이 의무화되어야 하고, 어린이부터 노인까지 생애주기별로 교통사고와 안전사고 예방을 위한 맞춤형 안전교육 프로그램 개발 또한 절실하다고 본다.

그러나 과연 우리는 어떠한가. 일본은 각종 초·중등 공립학교 내에 수영장이 거의 다 있어 어릴 때부터 수영을 배우고 있음에도 경북도의 경우 봉화군, 영양군, 울릉군의 경우, 학교 안에는 고사하고, 군 단위 전체에도 수영장이 하나도 없고, 어린이 교통안전 체험공원도 시·군마다 관심이 적어 많이 갖추지 못하고 있는 현실이다.

이처럼 안전한 지역사회를 만드는 데는 장기적인 계획하에 중앙정부와 지방정부, 그리고 민간부문 모두가 협력하에 어린이부터 안전의식을 높이기 위한 다양한 정책들을 체계적으로 추진할 필요가 있다.

경상북도 도민의 안전업무를 맡고 난 이후 가장 많은 관심을 가지고 고민하고 있는 일 중의 하나가 바로 어린이들의 안전교육 프로그램의 개발과 다양한 안전 체험시설의 확충이다. 그중에서도 우리 주변에서 흔히 볼 수 있는 어린이 공원과 놀이터이다.

선진 유럽 도시들의 어린이놀이터들을 보면 어른들도 같이 놀고 싶을 정도로 색다른 흥미를 유발하는 놀 것들이 즐비하고, 접근성이 좋은 도심 공원 어디에서나 반려동물들과 함께 아이들이 안전하고 재미있게 뛰어 노는 모습들을 볼 수 있다.

우리나라에서도 전남 순천시가 '기적의 놀이터 사업'을 추진하여 전국적으로 벤치마킹의 대상이 되고 있어 직접 가보았다. 2006년 전국에서 제일 먼저 시행한 '기적의 도서관 사업'의 후속사업이라고 할까, 어쨌든 주민들에게 호응이 좋아 다섯 번째까지 만들고 있었고, 세종시를 비롯한 타 자치단체까지 확장되고 있어 부러웠다.

어린이의 꿈과 상상력을 키울 수 있는 아이들의 공간으로 일정규모 이상의 공동주택을 지을 때 설치 안전기준에 맞게 의무화되어 있는 어린이 공원과 놀이터, 그럼 순천시는 무엇이 다를까.

가장 중요한 것은 다른 지역과 달리 어린이와 주민이 함께 만든다는 것이다. 즉, 공원을 설계 전부터 아이들이 직접 놀이터의 콘셉트에 대해 의견을 내고, 감리는 물론 놀이터 이름까지 직접 정하는 등 어린이들의 참여가 제도화되어 있었다. 어떻게 보면 당연한 거 같지만 지금까지는 아이들이 노는 곳을 어른들이, 그것도 공무원들이 관리하기 편한 곳에 구색 갖추듯이 만드는 것이 일반적이었다. 그리고 아이들이 다쳐 멍들 권리가 있고, 놀면서 자연스럽게 스스로 안전을 챙길 수 있도록 체득하도록 하는 도전과 모험·상상을 펼칠 수 있는 통합 놀이공간으로 만들고 있었고, 아이들이 놀 때 어른들이 감독하는 행태를 지양하도록 아이들 눈에 어른들이 안 띄게 공간을 배치하는 것도 참고할 만하였다. 그리고 어린이 공원 등의 조성·관리에 따른 기본 디자인 및 계획 수립에 '어린이 공원 총괄기획자'라는 민간 전문가를 두고 일관된 정책 방향을 유지하고, 어린이 공원 등에서 어린이가 안심하고 놀 수 있도록 지도하는 유급의 '공원 놀이터 활동가'를 두고 있었다.

일찍부터 실내에서 핸드폰 게임으로 혼자 놀기부터 배우는 시대적 상황에서 거창하게 아동 인권을 이야기하지 않아도 순천시의 사례는 우리 지역에도 시사하는 바가 많다. 특히 '어린이를 잘 자라게 하는 것이 곧 독립운동'이라며, 어린이날을 만든 소파 방정환 선생님은 동학운동의 3대 교주 손병희 선생님의 사위이고, 동학의 발상지가 바로 경상북도가 아닌가.

앞으로 경상북도는 시·군과 협력하여 경북만이 가지고 있는 스토리를 넣은 안전하고, 창의적이면서도, 아름다운 놀이터, 즉 안전성, 창의성, 심미성 등 3요소에 중점을 두면서, 미끄럼틀, 그네, 시소 등 3종 세트가 없는 '3無 경북형 놀이터 만들기 사업'을 중점 추진해 나가기 위해 기본적인 연구 작업을 진행 중이다. 우선적으로 백두대간, 낙동강, 동해안에 입지하고 있는 국립 백두대간수목원(봉화군), 국립 낙동강생물자원관(상주시), 국립 해양과학교육관(울진군)과 연계하여, 백두대간 어린이 도깨비놀이터, 낙동강오리알 모래놀이터, 동해바다 용궁놀이터를 만들어 보면 어떨까. 상상만 해도 즐겁다. 물론 순천시처럼 아이들이 아이디어를 내고 설계하고 만드는 것은 기본이다. 이를 위해 시·군마다 전담조직인 '어린이안전행복과'를 두고 장기적인 어린이 관련 안전교육과 창의적인 예술 문화시설에 중점 투자되기를 기대해 본다.

진정한 지방정부의 시대가 다가오고 있다. 어린이에게 관심을 가지고 보육하기 좋은 도시, 청년들이 찾아오는 도시를 만드는 것이 핵심과제이다. 이를 위해 어린이놀이터, 이제 아이들에게 돌려주자! 그리고 아이들이 만들도록 하자!

출처: 영남일보 2018.5.30.

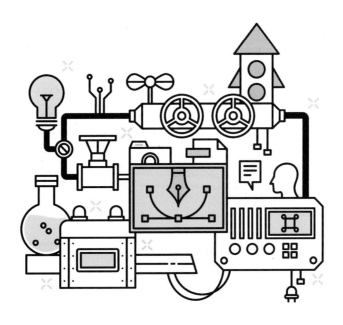

넷째, 원자력 발전시설이 인근에 있는 방사선 비상계획구역(EPZ : Emergency Planning Zone)에 있는 읍·면·동의 경우 지진 해일과 기타 테러, 사보타주* 등으로 일어날 수 있는 복합재난에 대응하는 특별한 맞춤형 대응전략과 행정구역을 달리하는 인근지역 간 협력 방재계획이 필요하다.

원전 사고는 방사성 물질의 확산 및 오염·피폭시 물리적 제거외에 원천적 제독 불가 특성으로 인해 오염지역 형성시 경제적·물적 피해가 매우 크고 장시간의 대응 및 복구 활동을 요한다. 특히 원전 사고·방사능 재난 발생시 피해범위가 매우 넓은 대형 복합재난으로 확대되어 전 국가적 역량을 집중하는 대응이 요구되지만, 우선적으로 인근지역주민 들에 대한 신속한 대피를 위해서는 평소에 체계적인 훈련과 방사능 방재에 맞는 대피소 관리가 절실하다.

* 원자력시설 등의 방호 및 방사능 방재 대책법 제2조(정의) : '사보타주'란 정당한 권한 없이 방사성물질을 배출하거나 방사선을 노출하여 사람의 건강·안전 및 재산 또는 환경을 위태롭게 할 수 있는 다음 각 목의 어느 하나에 해당하는 행위를 말한다.
가. 핵물질 또는 원자력시설을 파괴·손상하거나 그 원인을 제공하는 행위
나. 원자력시설의 정상적인 운전을 방해하거나 방해를 시도하는 행위

| 원자력시설 등의 방호 및 방사능 방재 대책법 |

제2조(정의) "방사선비상계획구역"이란 원자력시설에서 방사선비상 또는 방사능재난이 발생할 경우 주민 보호 등을 위하여 비상대책을 집중적으로 마련할 필요가 있어 제20조의2에 따라 설정된 구역으로서 다음 각 목의 구역을 말한다.
가. 예방적보호조치구역: 원자력시설에서 방사선비상이 발생할 경우 사전에 주민을 소개(疏開)하는 등 예방적으로 주민보호 조치를 실시하기 위하여 정하는 구역
나. 긴급보호조치계획구역: 원자력시설에서 방사선비상 또는 방사능재난이 발생할 경우 방사능영향평가 또는 환경감시 결과를 기반으로 하여 구호와 대피 등 주민에 대한 긴급보호 조치를 위하여 정하는 구역

제20조의2(방사선비상계획구역 설정 등) ① 원자력안전위원회는 원자력시설별로 방사선비상계획구역 설정의 기초가 되는 지역(이하 '기초지역'이라 한다)을 정하여 고시하여야 한다. 이 경우 원자력시설이 발전용 원자로 및 관계시설인 경우에는 다음 각 호의 기준에 따라야 한다.
1. 예방적보호조치구역: 발전용 원자로 및 관계시설이 설치된 지점으로부터 반지름 3킬로미터 이상 5킬로미터 이하
2. 긴급보호조치계획구역: 발전용 원자로 및 관계시설이 설치된 지점으로부터 반지름 20킬로미터 이상 30킬로미터 이하

2011년 3월 11일 발생한 규모 9.0의 동일본 대지진과 곧이어 들이닥친 거대한 쓰나미로 후쿠시마 제1원전에서 수소폭발과 방사능 유출사고가 발생하여 모두 2만여 명의 희생자가 양산됐고, 여전히 피난생활을 이어가는 사람은 전국적으로 17만여 명에 달한다. 후쿠시마 원전 폐로까지는 40년 가까이 걸릴 것으로 예상되는 사례에서도 잘 알 수 있다.

경상북도의 경우, 다음의 [표 5-12]에서 보듯이 전국 28개 원자력발전소 중 운영 중인 23개소 중 11기가 울진군(한울1~6호기)과 경주시(월성2~4호기, 신월성 1~2호기, 월성1호기 조기폐쇄)에 입지하고 있어 전국 대비 47.8%를 차지하고 있으며, 설비량도 45.7%(1,000만Kw)에 달하고 있어 국가 에너지 수급에 중요한 전략적 위치에 있으며, 그에 따라 '원자력시설 등의 방호 및 방사능 방재 대책법'상 방사선비상계획구역(EPZ) 내에 위치한 읍·면·동 지역이 많다.

표 5-12 경상북도 원자력발전소 현황 (2019년 1월 현재)

구분		발전용량 (Kw)	건설기간	설계수명 (수명연장)		원자로	연료
월성원전 (410만Kw)	월성 1호기	67.8만	'77.05~'83.04	'22.11.20	30	가압 중수로형 (PHWR)	천연 우라늄 (U-235, 0.72%)
	월성 2호기	70만	'91.10~'97.07	'26.11.01	30		
	월성 3호기	70만	'93.08~'98.07	'27.12.29	30		
	월성 4호기	70만	'93.08~'99.10	'29.02.07	30		
	신월성 1호기	100만	'05.10~'12.07	'51.12.01	40	가압 경수로형 (PWR)	저농축 우라늄
	신월성 2호기	100만	'05.10~'13.01	'54.11.13	40		
한울원전 (590만Kw)	한울 1호기	95만	'82.03~'88.09	'27.12.22	40	가압 경수로형 (PWR)	저농축 우라늄 (2-4%)
	한울 2호기	95만	'82.03~'89.09	'28.12.28	40		
	한울 3호기	100만	'92.05~'98.08	'37.11.07	40		
	한울 4호기	100만	'92.05~'99.12	'38.10.28	40		
	한울 5호기	100만	'99.01~'04.07	'43.10.19	40		
	한울 6호기	100만	'99.01~'05.04	'44.11.11	40		

※ 월성 1호기는 정부의 탈원전 정책에 따라 2018. 6. 15. 조기폐쇄 결정(정지) 중에 있다.

특히 [표 5-13]에서 보듯이 최근 동해안지역을 중심으로 지진이 자주 일어나고 있으며, 전국에서 지난 2009년부터 10년간 발생한 규모 4.0 이상 지진은 14회나 되고 있다. 이 중 8회가 포항, 경주, 울산 인근 앞바다에서 발생했다. 즉, 이 지역은 경주 월성원전과 울산 고리원전과 새울원전(고리2~4호기, 신고리1~3호기)이 인접하고 있어 만일의 사태에 대비해 자치단체 경계를 달리 하는 울산시와 경상북도(경주시, 울진군)의 광역적인 유기적인 공조 방사능방재체제가 필요한 것이다.

표 5-13 경상북도 내 발생한 주요 원전 경보발생 이상의 지진

시간	진앙지	규모	최대 지반가속도(g)	비고
'19.4.22. 05:45	경북 울진군 동남동쪽 38km	3.8	• 한울원전 : 미경보(0.0019g) • 한울원전 : 미경보 • 방 폐 장 : 미경보	진앙지는 한울원전으로부터 약 49.60km 지역에 위치
'19.4.19. 11:16	강원도 동해시 북동쪽 54km	4.3	• 한울원전 : 미경보(0.0018g) • 한울원전 : 미경보 • 방 폐 장 : 미경보	진앙지는 한울원전으로부터 약 88.38km 지역에 위치
'19.2.10. 12:53	포항시 북구 동북동쪽 50km	4.1	• 월성원전 : 경보(0.0134g) • 한울원전 : 미경보 • 방 폐 장 : 경보(0.0144g)	진앙지는 월성원전으로부터 약 62km 지역에 위치
'17.11.15. 14:29	포항시 북구 북쪽 9km	5.4	• 월성원전 : 경보(0.0134g) • 한울원전 : 미경보 • 방 폐 장 : 경보(0.0144g)	진앙지는 월성원전으로부터 약 48km 지역에 위치
'16.9.12. 20:32	경주시 남남서쪽 9km	5.8	• 월성원전 : 경보(0.0981g) • 한울원전 : 미경보 • 방 폐 장 : 경보(0.0714g)	진앙지는 월성원전으로부터 약 17km 지역에 위치

따라서 방사선비상계획구역(EPZ) 내에 광범위하게 걸쳐 있는 시·군 본청의 경우 '원자력안전과'가 설치되어 있지만, 예방적보호조치구역으로 우선적으로 주민들을 대피시키고 갑상선 구호약품의 배포 등 의료시설과의 유기적인 협조 및 관리가 되어야 하는 방사선비상계획구역 내에 있는 읍·면·동지역에도 '원자력방재팀'의 신설이 꼭 필요하다고 본다.

다음의 [표 5-14]의 EPZ 내 방사능 방재대상지역 읍·면·동 현황에서 보듯이 울진군의 경우 7개 읍·면에 38,073명의 주민이 있어 울진군 전체 인구의 76%를 차지하고 있으며, 경주시도 전체 인구의 21.3%, 울산광역시의 경우 행정구역이 다른 이웃 경주 월성원전으로 인해 EPZ 내 전체 울산 시민의 무려 90% 정도가 살고 있다.

그러나 우리의 현실은 어떠한가. 현재 전국적인 원자력안전은 중앙부처(원자력안전위원회)가 관장하고 있는 것은 일본과 유사하나, 비상사태 시 국가방사능방재 대응체계는 일본과는 다소 차이가 있다. 한국의 경우 중앙방사능방재대책본부(원자력안전위원회 위원장)와 현장방사능방재지휘센터(원안위 사무처장) 및 지역방사능방재대책본부(시·도방재대책본부, 시·군방재대책본부)를 구성하여 운영하는 시스템을 갖추고 있는데 비상시 지역방재대책본부의 역할이 모호하고, 유관기관 간 화상회의는 주관하나 실제 주민대피는 원안위가 결정, 시·군에 직접 시달하는 체계를 갖추고 있다(그림 5-7 참고).

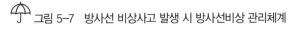 그림 5-7 방사선 비상사고 발생 시 방사선비상 관리체계

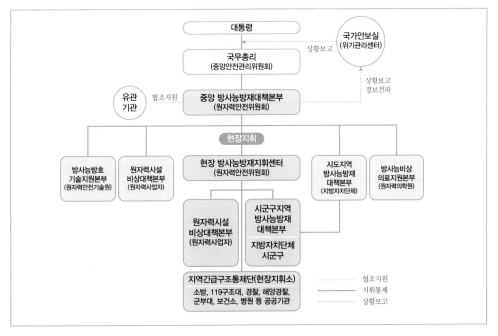

일본의 경우 우리와 같이 원전 소재 비상대응활동은 원자력규제청(NRA)에서 비상대
응활동을 총괄 규제 관리하나, 방사선비상대응 총괄지휘는 지방정부가 담당하는 체제
를 갖추고 있다. 즉, 방사능 방재의 특성상 광범위하고 전문적인 방재가 필요하여 중앙
부처 전문기관이 관장하면서 환경성 등 타부처와 원전시설사업자가 방재시스템을 갖
추는 것이 맞지만 주민대피 및 긴급구호 관리 및 교통통제 등 종합적인 지역주민 재난
대응은 우리나라도 일반 다른 재난과 같이 지방정부가 총괄 지휘하는 쪽으로 개편되
어야 된다고 본다.

방사선 비상발생 시 필요한 주민대피장소 및 구호소의 운영, 갑상선방호약품, 방사선측

표 5-14 EPZ 내 방사능방재대상지역 현황 (2019년 3월 현재)

구분	시·군	읍·면	인구수 (명)	지정 구호소 (개소)	수용인원 (명)	갑상선 방호약품 (정)	비고
한울원전 (울진)	합계		38,130	5	897	39,020	
	울진군 (7개 읍·면)	소계	38,073	3	300	37,020	울진군 전체 인구 4만 9,773명 대비 약 76% (38,073명)
		울진읍	14,528	–		14,420	
		북면 (원전지역)	7,164	–		7,120	
		죽변면	7,259	–		7,500	
		근남면	2,809	–		3,080	
		매화면	2,189	–		2,500	
		금강송면	1,405			1,620	
		기성면	2,719	3	300	780	
	봉화군	소계	57	2	597	2,000	
		석포면	57	2	597	2,000	
월성원전 (경주)	합계		1,211,322	389	777,648	3,131,500	경주시 전체 인구 25만 6,531명 대비 약 21.3% (54,673명)
	경주시 (9개 읍·면)	소계	54,673	40	99,339	187,500	
		감포읍	5,820	3	9,573	23,000	
		월성동	4,718	5	8,822	20,000	
		천북면	872	1	1,000	4,000	

정기, 주민보호장비의 지급, 교통통제 등을 감안할 때 원자력안전 관장부서에서만 아니라 지방정부 전 부서 차원에서 대응해야 하며 2015. 5. 비상계획구역이 10km에서 30km로 확대됨에 따라 행정구역을 달리하는 타 시·도와 시·군·구 그리고 제독차량을 보유하고 있는 군부대와도 유기적인 지휘체계 확립과 협력이 절실하다.

아울러 원전사고의 피해범위나 대응 수준을 볼 때 행정안전부가 주무부처인 시·도, 시·군·구의 전체적인 재난 컨트롤타워인 본청의 재난대책상황실과 방사능 방재상황실(원자력안전위원회 소관)과는 별개로 운영될 것이 아니라 체계적인 신속한 상황전파 및 비상대응태세 유지를 위해 통합할 필요가 있다.

구분	시·군	읍·면	인구수 (명)	지정 구호소 (개소)	수용인원 (명)	갑상선 방호약품 (정)	비고
	경주시 (9개 읍·면)	내남면	2,252	3	6,593	9,000	경주시 전체 인구 25만 6,531명 대비 약 21.3% (54,673명)
		불국동	10,129	6	15,386	32,000	
		보덕동	1,882	1	1,944	7,000	
		외동읍	17,898	12	33,096	54,000	
		양북면	4,535	4	10,768	14,500	
		양남면	6,567	5	12,157	24,000	
	포항시 (2개 읍·면)	소계 (원전지역)	2,914	2	3,443	70,000	
		장기면	2,776	1	3,000	45,000	
		오천읍	138	1	443	25,000	
	울산시 (시·군·구 총인구)	소계	1,153,735	347	674,866	2,874,000	울산시의 경우 전체 인구 1,153,735명 대비 약 90%가 EPZ 내 거주 주민으로 추정 (1,038,361명)
		중구	230,301	84	83,071	590,000	
		남구	329,765	83	231,078	833,000	
		동구	163,430	45	69,988	440,000	
		북구	208,378	49	171,012	474,000	
		울주군	221,861	86	119,717	537,000	

지방정부가 현장지휘센터 겸 구호소 역할을 겸비하고 있는 일본의 사례를 참고하여 방사능 사고의 특성상 초기대응본부와 지역방사능방재대책본부가 분리되어 있어 비상단계별 대응이 어려운 한국의 현실을 고려하여 총괄 컨트롤타워를 지방정부에 이관하는 것은 시급하다. 그래야만 주민 중심, 자립형 방사능방재체계의 구축이 된다고 보고, 방사능 방재훈련에도 일회성으로 동원된 훈련이 아니라 주민 스스로 자주적인 참여가 된다고 본다.

울진군의 경우 방사선비상계획구역(EPZ) 내 대피인원이 총 38,073명이나 되는데 지정 구호소는 3개소, 수용 가능 인원도 300명에 불과하고, 그나마도 노후된 초·중·고등학교에 지정되어 있고, 내진설계도 미적용되어 있어 논란이 많다.

아울러 비상시 현장지휘총괄을 할 한울원전 현장지휘센터도 방사선비상계획구역 안에 있어 밖으로 이전이 필요(IAEA 안전기준 권고)하고, 울진군청의 경우에도 내진설계가 되어 있지 않는 안전등급 미확보 건축물이며, 원자력발전소가 입지한 울진군, 경주시 두군데의 본청 소방서뿐 아니라 원전이 소재한 울진군북면과 경주시 양남면 지역 소방대조차도 내진설계가 되어 있지 않다(그림 5-8. 한국과 일본의 방사선 대응시설 현황 참고).

결국 방재대책과 인명을 구조할 양대 지휘소인 군청과 소방서가 그러니 혹시라도 원전 인근 지역에 대규모 지진과 해일이 복합적으로 일어나서 재난대응 총괄지휘자의 공백이 생긴다면 과연 누가 컨트롤타워로 주민을 지켜낼 수 있을지 너무나 허술하기 짝이 없다.

방사능 사고의 경우 위험성·대규모성·장기성·복합성 등을 고려할 때 원전이 소재한 지역 중심의 피폭대책을 마련하기 위해서는 주민에 의한, 주민을 위한 읍·면·동 중심의 방사능 방재대책을 강구하는 것은 너무나 당연하다고 본다.

앞으로 원자력 운영에 있어 원전이 소재한 지방정부가 철저히 소외되어 있는 만큼 원전 불시정지, 고장, 계획예방 정비 후 재가동 시 지방자치단체의 협의를 구하는 절차의 마련과 함께 원자력안전위원회 위원으로 원전소재 지방자치단체장의 참여와 함께 원자력 관련 사회적 이슈가 되는 사건에 대한 조사, 검증, 점검 및 평가 시 지역주민 대표들의 참여 등의 제도화가 되어야 할 것이다.

그림 5-7 한국의 방사선 대응시설 현황

구분	월성	영광	울진	고리	대전
센터구축비	25억	26억	25억	39억	25억
부지면적	9,888m²(2,996평)	14,034m²(4,245평)	10,602m²(3,207평)	7,830m²(2,372평)	9,888m²(2,996평)
건물면적	1,064m²(322평)	1,235m²(374평)	1,235m²(374평)	1,025m²(310평)	1,367m²(413평)
주소	경북 경주시 양북면 외읍리 394번지	전남 영광군 군서면 만곡리 3-38번지	경북 울진군 근남면 산포리 821-1 번지	부산광역시 기장군 장안읍 고촌리 670-0번지	대전광역시 유성구 구성동 19번지(한국원 자력안전기술원 내)
입지(하나로) 시설로부터의 거리	10km	14km	15km	14km	5km
완공일	2005. 2. 2.	2007. 10. 19.	2008. 1. 29.	2009. 12. 29.	2009. 12. 28.

출처 : 경상북도 내부자료

그림 5-8 일본의 방사선 대응시설 현황

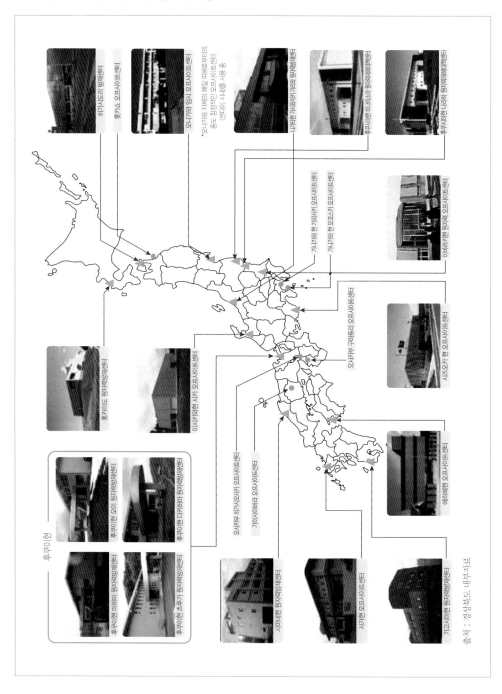

출처 : 경상북도 내부자료

05

맺는 말

　앞에서 한국과 일본의 지방자치제도와 운용의 차이에 따른 재난 대응과 관리시스템의 차이를 이해하고, 방재 안전선진국이라고 하는 일본 사례를 참고로 하여 지속 가능한 안전마을의 방재계획을 어떻게 수립해야 하는지, 그리고 자기가 사는 마을 공동체인 커뮤니티를 위해 방재활동의 3원칙과 PDCA와 함께 지역 방재력 향상을 위한 읍·면·동의 역할에 대하여 살펴보았다.

　기후변화에 따른 폭염과 혹한, 산업구조 변화에 따른 재난 유형의 복잡 다기화, 미세먼지나 쓰나미 등 재난대비의 국제공조 필요성, 고령화사회에 따른 재난안전 취약계층의 증가로 인해 신속한 재난 대응으로 피해경감을 위해서는 재난이 발생하는 최일선에서 현장 중심으로 다양한 관점에서 대응수준을 높여 나가야 한다. 필자는 경상북도 재난총괄 통제본부장인 재난안전실장과 아울러 원자력 안전도 총괄하는 환동해지역본부장으로 모두 근무한 경험을 바탕으로 앞으로 재난규모나 영향력이 점차 증가하고 있는 현실에서 현장 중심, 주민 중심의 지역 방재력 향상이야말로 안전한 도시를 만드는 선결과제임을 알게 되었다.

특히 2011년 기준으로 16개 부처 90여 개 법률에서 500여 개의 방재 및 안전관련 조항이 있는 것으로 조사되고 있고, 2018년에는 폭염이 자연재난으로, 2019년에는 미세먼지가 새로이 사회재난으로 분류가 되는 등 계속 안전규제 관련 조항들이 신설·증가되고 있다.*

그리고 중앙부처가 대형사고가 날 때마다 관련 안전규정을 신설하여 규제를 강화하다 보니 시·도나 시·군·구 할 것 없이 모든 지방행정기관에서는 다중밀집시설에 대한 화재사건, 각종 교통사고와 범죄, 자살, 산재사고 등 기본적인 도시의 안전관리 이외에도, 계절적 요인으로 봄철에는 미세먼지와 산불, 여름철에는 폭염과 전염병, 가을철에는 태풍과 집중호우 등 풍수해, 겨울철에는 구제역과 AI, 혹한과 대설 등 어느 부서 할 것 없이 1년 내내 재난관리가 일상화되어 버렸다.

그러나 아무리 법적·제도적으로 안전규정을 강화하고, 단속하고 예방 노력을 한다 하더라도 급속한 압축적인 경제성장을 위해 국가주도의 개발 정책을 우선시해 온 중앙집권적 행정문화와 안전을 무시하는 국민의식의 개선 없이는 언제 닥쳐올지도 모르는 각종 재난을 극복하고 재난 전처럼 원래대로 돌아가는 데는 사회적 비용이 너무나 많이 드는 것이 현실이다.

우리 지역 포항 지진의 경우 1년이 지난 지금도 불안해서 자기 집으로 돌아갈 수 없다고 무한책임을 요구하는 일부 이재민들의 요구가 있는 상황에서 일본 전문가가 대피소를 방문한 후 이해를 할 수가 없다고 한 얘기나 중국의 쓰촨성, 원촨지역 7.8 대지진으로 사망자만 4만 명 이상이 발생한 엄청난 피해를 입은 곳을 10년 만에 방문하였을 때, 행정당국은 지진과 같은 자연재난은 피할 수는 없지만 복구에 대해 최선을 다할 뿐이고 "국가나 행정기관은 무한책임을 질 수는 없다."라고 한 중국 공무원의 말은 우리에게 많은 것을 생각하게 한다.

* 대기관리권역 범위를 전국적으로 확대하는 '대기관리권역 대기질 개선 특별법'과 항만도시들의 대기질 개선을 위해 '항만 대기질 개선 특별법'을 신규로 제정 중에 있고, 다중이용시설의 미세먼지 측정망을 의무화하는 '실내 공기질 관리법'과 '수도권 대기환경 개선에 관한 특별법'도 개정 중에 있다.

재난을 대비하고 대응하는 주민들의 방재의식의 차이와 피해복구에 대한 무한책임을 요구하는 국민들의 정부 의존적인 주민의식 등을 고려해 볼 때 우리도 재난에 대응하는 방식이 지방자치단체의 크기나 공동체의 결속 응집도 등 지역 특성에 따라 다르므로 현장 중심·주민 중심·민관협력 중심으로 개편이 불가피하다.

특히 주민의 생명과 재산의 보호는 지방정부의 가장 기본적인 의무인 만큼 주민자치와 커뮤니티 방재의 상관관계를 볼 때 지역방재는 일상 민주주의와 주민자치 실현을 위한 출발점이며, 주민자치회 중심의 커뮤니티 방재계획을 수립하고 마을방재단의 운영을 통한 지속 가능한 안전마을 만들기를 위한 활동들을 확산하는 것은 성공적인 지방자치에도 크게 기여하리라 본다.

이를 종합해 보면, 우리나라 실정과 여건에 맞는 지역방재와 안전관리를 통해 지속 가능한 안전마을 만들기를 위해서는 첫째, 국가가 정한 재난위기관리 법령과 현장조치 매뉴얼을 참고로 예방·대비·대응·복구라는 법이 정한 절차대로 중앙집권적인 재난과 안전관리도 중요하지만 무엇보다도 주민 스스로, 지역 스스로 방재대응능력을 향상시키기 위한 지방 실정에 맞는 분권적·상향적·수평적 커뮤니티 지구단위 방재계획을 수립하고 집행하면서 PDCA하게 하는 근본적 재난안전관리시스템의 개선이 필요하다. 분권과 자치를 바탕으로 한 지속 가능한 공동체 발전을 위해서는 커뮤니티별로 차별화된 지역방재계획을 수립할 수 있도록 하고 협업하도록 하는 등 재난관리정책을 분산·분권화하는 읍·면·동 커뮤니티 방재로의 근본적인 변화가 선행되어야 한다.

둘째, 지역 실정에 맞는 재난안전관리시스템의 최소 단위가 현재는 시·군·구까지 되어 있어, 같은 풍수해나 지진해일에도 우리나라와 같이 자치단체의 크기와 유형이 다른 경우 재난대응 방식에는 큰 차이가 있다. 경상북도의 경우 23개 시·군 중 10개 시(市)가 모두 과거에 인접한 농어촌지역을 통합한 도농통합시라서, 포항시와 구미시의 경우 40층이 넘는 고층아파트 도심지역이 있는 곳도 있는가 하면 동해바다를 낀 어촌지역과 낙동강을 낀 농촌지역도 산재하여 읍·면·동 단위 안에서도 특성에 맞는 커뮤니티 방재계획을 수립할 필요가 있다.

아울러 이를 위해 앞에서도 언급했지만 읍·면·동별 커뮤니티 방재상황실을 직접 운영하고, 읍·면·동장이 지역방재의 1차적인 최일선 책임자로서 역할을 할 수 있도록 권한과 책임을 명확히 하고, '방재담당' 조직을 읍·면·동 내에 상설화할 필요가 있다. 아울러 방사선 비상계획구역(EPZ)에 있는 읍·면·동의 경우에는 '방사능방재팀' 전담조직이 있어야 하는 것은 어쩌면 당연한 일이라고 본다.

즉, 인구밀집도, 주거 형태, 지역의 자연환경, 주민연대 정도, 자주 발생하는 재난 유형과 빈도 등 재난이력의 차이를 감안할 때 누가 커뮤니티 공동체를 제일 잘 알고 관리가 가능한 것인가. 예를 들어 원자력발전소가 있는 지역방사능 누출사고에 대비해 설치되어 있는 지역별 5개 방사능방재센터장의 경우 중앙단위에서 5급 공무원 센터장이 중앙에서 임명되어 운영되고 있고, 지방자치단체에는 아무도 파견되어 협업하고 있지 않아 과연 그 책임자가 각종 방사능 사고 시 주민대피를 효율적으로 지휘하고 통제할 수 있을지 의문이다.

그리고 커뮤니티 방재상황실에는 재난피해 예측지도(hazard map), 생활거점형 방재공원인 대피소의 지도(shelter map) 및 방재리더인 재난도우미의 위치도(helper map) 등이 필수로 관리되어야 하며, 각종 도시계획 단계부터 방재계획이 함께 연동되도록 의무화되어야 할 것이다.

셋째, 재해는 항상 우리 곁에 있고 재난은 우리 생활의 일부라는 인식하에 어릴 때부터 안전교육을 의무적으로 받고, 스스로 안전을 챙길 수 있는 안전생활의 일상화가 될 수 있도록 일본처럼 학교에서 생존수영을 배울 수 있는 수영장을 비롯한 안전교육시설의 인프라※, 그리고 근린생활권 중심으로 방재공원과 권역별 특화된 안전체험교육장이 마련되어 방재활동 그

* 일본에서는 1955년 배 침몰 사고로 수학여행 가던 학생 168명이 숨지자 모든 초등학교에서 운동이 아닌 생존 수단으로서 수영을 가르치고 있다. 독일 역시 수영교육의 목표는 '생존'이며 모든 학생이 인명 구조 자격증을 딸 때까지 수영을 배운다. 프랑스 학교는 '6분간 쉬지 않고 수영하기' 같은 테스트를 하고, 스웨덴과 네덜란드는 아예 옷 입고 신발 신은 채 수영하는 법을 가르친다. 실제 상황을 상정하고 교육하는 것이다. 갑자기 사고나 재난이 닥쳤을 때 빠르고 정확히 판단해 생존하기 위해선 집중적이고 반복적 교육만이 해답이다. 그래야만 '근육기억(muscle memory)'이 생겨 반사적으로 행동할 수 있다는 게 전문가들의 지적이다.(조선일보. 2019. 6. 3. 만물상. 생존 수영법 일부 인용)

자체가 지역 공동체 일원으로서 활동하는 주민자치교육이 되도록 하여야 한다. 가정에서 학교, 그리고 지역 커뮤니티별로 자연스럽게 어릴 때부터 안전교육을 받고 지역 방재활동에 참여하는 것이야말로 방재 선진국으로 가는 가장 중요한 일일 것이다.

다음 〈그림 5-9〉에서 보듯이 지진이 일어난 포항, 경주시를 포함해 경북도 내 전체에는 지진안전체험교육장이 없어 설립 중에 있고, 필자가 재난안전실장 시절 '백두대간 산수권역', '동해안 해양 방재권역', '도심생활 방재권역' 등 3개 권역별로 특화된 방재권역을 설정하여 관련 안전체험시설 확충을 위해 노력하였으나 국비지원이 안 되어 광역적 방재교육시스템을 갖추는데는 많은 시간이 소요될 예정이다. 아울러 우리나라의 경우 다음 [표 5-15]에서 보듯이 지진관련 연구기관이 각 부처별로 산재되어 있어 이를 종합 컨트롤타워 기능을 할 수 있는 국립 지진방재연구원의 설립을 제안했으나, 아직도 국가에서 수용되지 않아 일본 효고 현이 설립한 '인간과 방재 미래센터*'처럼 지방정부가 직접 설립하는 방법을 강구 중에 있다.

* 총 예산 약 600억 원(60억 엔)으로 중앙정부와 효고 현이 5:5 재정부담으로 설립되었다.

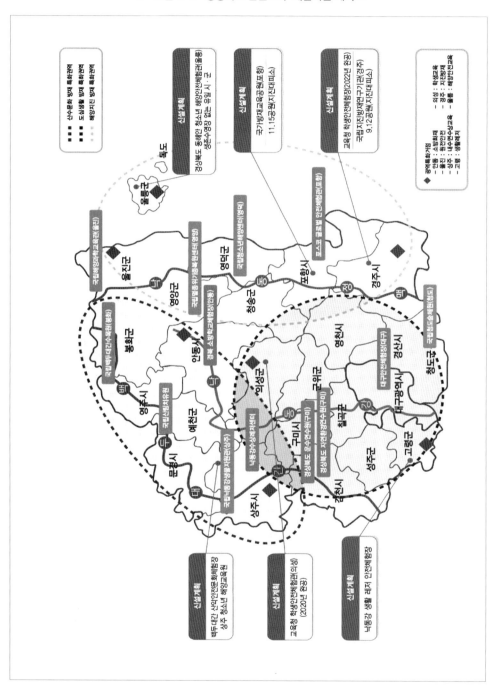

그림 5-9 경상북도 안전교육·체험시설 계획도

표 5-15 지진 관련 연구기관 비교 (2018. 2. 23. 기준)

기관 내용	국립재난안전 연구원	한국지질자원 연구원	한국건설기술 연구원	지진방재 연구센터	한국시설 안전공단
위치	울산(중구)	대전(유성)	경기(고양)	부산(금정구)	경남(진주)
설립	1997	1948	1948	2009	1995
소속	행정안전부	과학기술정보 통신부	과학기술정보 통신부	국토교통부	국토교통부
설립 목적	• 실용적 재난관리기술 연구 • 재난 및 안전관리 정책 개발 지원	• 국내·외 육상/해저 지질조사 • 지하자원 탐사/개발 활용 등	• 국토관리기술 개발 및 활용 • 재해·재난 발생의 최소화 위한 안전 기술 확보	• 건축물 등 시설물 내진실험 및 연구	• 시설물 안전·유지 관리 • 주요시설물의 안전 진단 및 사고 예방
주요 기능	• 풍수해 등 재난 관련 정책연구 및 기술개발 • 재난안전정보 DB 구축 및 국제협력 (종합연구기관)	• 지질 조사 및 지진 원인 분석 • 광물자원 등 지하에너지원 개발 및 지하수 자원 개발 (종합연구기관)	• 건설 및 국토관리 분야(도로, 하천, 건축 등)의 원천기술 개발 (종합연구기관)	• 시설물 지진 안전성 평가를 위한 준실규모 실험 수행 (전문실험기관)	• 시설물 안전 진단 및 보수 • 시설물 및 소규모 취약시설 안전확보 (종합연구기관)
지진 업무	• 지진대응 및 재해 대비 정책 연구 • 지진 관련 정보 수집 및 관리(컨트롤타워 역할)	• 지질(단층) 조사 및 지반정보 구축 • 지진 관측 등 지진 연구	• 건축물 내진 확보 및 구조물 안전성 관련 연구	• 지진대비 시설물(건축물) 안전성 실험 및 평가	• 건축물 안전 진단 및 평가 • 시설물 내진성능 평가 및 관리
인원 (비정규직 포함 시)	78명 (170명)	457명 (500여 명)	429명 (700여 명)	24명	434명
담당부서 (인원)	지진대책연구실 (9명)	지진연구센터 (20명)	건축도시연구소 (95명)	지진방재 연구센터(24명)	건축생활시설 안전실(44명)
예산	203억	1,317억	1,457억	20억	920억
기타	• 공무원 조직 • 9. 12. 경주지진 후 신설	• 포항지질자원 실증연구센터 (32명) • 정부출연연구원	• 정부출연연구원	• 대부분 실험 및 과제비로 운영 • 준정부기관	• 준정부기관

출처 : 경상북도 내부자료(지진 관측은 '지진·지진해일·화산의 관측 및 경보에 관한 법률'에 따라 기상청에서 수행하고 있고, 기상재해에 대한 총괄 연구기관인 국립기상과학원은 별도로 있다)

넷째, 앞으로 재난의 불확실성과 복잡성에 노출될 가능성이 더욱 커지고 있는 상황에서 국가나 공공기관의 힘만으로는 다양한 재난에 대응하는 데는 한계가 있으므로, 지역 내 일어났던 각종 재난사고에 대한 재난이력 등 빅 데이터와 사고 위험성이 있는 도심 시설과 하천물길, 해안선의 바닷길, 그리고 산사태 위험성이 있는 산길 등에 대해 주민들이 언제든지 정보공개를 열람할 수 있도록 하는 데이터의 분권화와 민간 주민자율방재조직의 활성화가 필수적이다.

앞의 일본 사례에서도 보았지만 제일 먼저 재난에 대응해 구조활동을 하고 이재민을 돕는 활동은 바로 이웃주민들로부터 진행되는 것처럼 도시의 커뮤니티 재난대응을 위해 민관협력 시스템을 강화하고 국가나 지방, 공공기관, 민간단체 등 유기적이고 유연한 재난대응 거버넌스 체제를 구축할 필요가 있다.

이를 위해서는 우리나라의 경우 읍·면·동장에게 의용소방대와 자율방재단의 소집과 동원 권한을 부여하여 정기적인 교육훈련과 지역별로 주민 눈높이에 맞는 맞춤형 방재훈련을 할 수 있는 제도적 개선이 필수적이라고 본다. 그리고 계획된 민관합동의 방재훈련을 통해 훈련결과를 검증하고, 커뮤니티 방재 위기관리매뉴얼을 개선하는 것과 동시에 PDCA(Plan-Do-Check-Act) 사이클에 따라서, 정기적으로 민관합동으로 지역방재계획을 재검토하는 것은 어쩌면 당연한 일일 것이다.

다섯째, 미세먼지의 경우 중국 정부의 협력 없이는 해결이 불가능하고, 국제적으로 이슈화되고 있는 해양 플라스틱 오염에 대한 국제적인 공동대응의 필요 등 앞으로 재난에 대한 예방과 성공적 재난 대응 경험에 대한 국제적인 협력을 통한 국가 간 광역적 거버넌스 체제의 구축이 필요한 시대이다.

일본의 경우 쓰나미에 대한 국제사회의 인식을 고취시키기 위해 11월 5일을 '세계 쓰나미의 날'로 제정하는 UN 결의안을 과거에 쓰나미 피해를 입은 남미 칠레와 동남아시아 등 60개국들과 공동 제안하여 통과되어 중앙정부나 지방정부, 그리고 민간협력 단체가 협업하여 국제적인 쓰나미 방재를 위한 연구 노력들을 주도적으로 해나가는 것은 좋은 사례라고 본다.

필자는 우연히 들린 예천군 용궁면사무소 면장님 방에 걸려 있는 거안사위(居安思危)라는 액자를 보고 느끼는 것이 많았다. '편안하게 살고 있을 때 위태로움을 생각한다',

편안할 때 그 편안함에 안주하지 말고 나중에 있을지도 모르는 위험에 대비하라는 뜻이다. 생각하면 대비를 할 수 있고, 대비가 있으면 걱정할 것이 없다.

우리나라 읍·면·동장님 모두가 지역주민 입장에서 안전을 먼저 생각하고, 국가는 읍·면·동 현장 중심의 주민 우선의 방재계획이 될 수 있도록 분권화된 재난안전시스템을 도입한다면 안전한 마을과 도시가 많아지면서 당연히 방재선진국이 되리라 본다.

아울러 재난이나 재해로 인해 발생하는 피해를 최소화하고 효율적이고 신속한 복구가 진행되어 재난 이전의 상태로 빠르게 돌아가기 위해서라도 모든 재난은 행정기관이 책임져야 하고, 피해에 대한 무한책임을 져야 한다는 행정기관 의존문화를 탈피하는 주민 자치의식의 제고와 함께 주민 중심 위주로 재난을 극복해 나가고자 하는 방재문화의 선진화가 함께 이루어져야 된다고 본다.

"국력(國力)은 방재력(防災力)에 있고, 그 방재력(防災力)은 주민들의 자치력(自治力)으로부터 나온다."라는 철학 속에 우리나라도 하루빨리 주민 중심·현장 중심의 생활밀착형 읍·면·동 방재계획으로 안전한 도시, 그리고 방재선진국으로 거듭나기를 기대해 본다.

〈초등학교 교통안전 가방커버 제공 등 찾아가는 어린이 안전교육 현장〉

자연재해와
관련한
지구과학의 본질

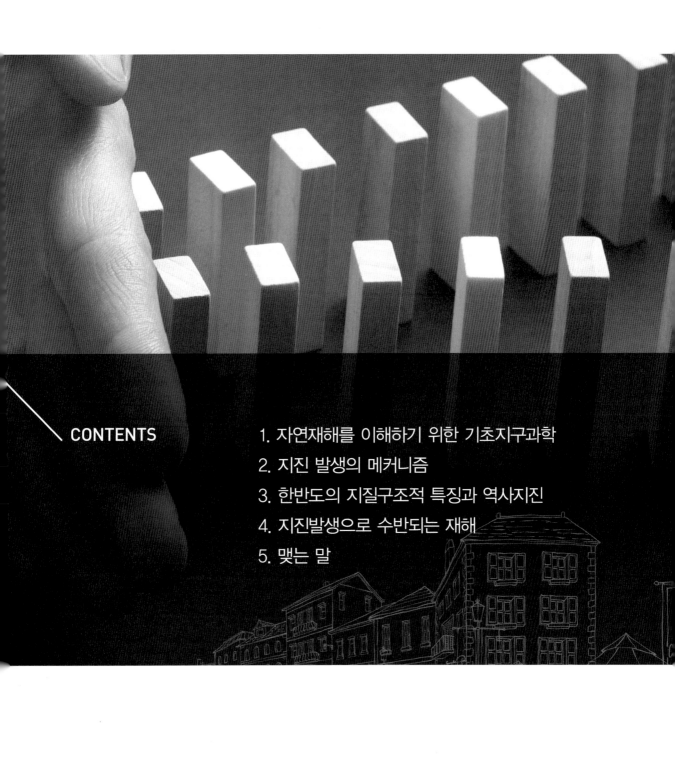

CONTENTS

01

자연재해를 이해하기 위한 기초지구과학

지구상에 삶을 영위하고 있는 우리 인간은 기록으로 남아있든 남아있지 아니하든 이미 오래전부터 자연의 혜택을 받음과 동시에 한편으로는 수많은 다양한 자연 재해를 겪어왔다. 현재 우리가 경험하고 있는 자연재해의 형태를 크게 분류하면 [표 6–1]과 같다.

최근 들어 자연재해에 방재라는 개념을 도입하여 재해로 인한 피해를 최소화하기 위해 많은 노력과 연구를 하여왔다. 특히 지(地)권에 해당하는 자연재해는 지구표면의 지반의 변위, 지질의 물리·화학적 변화의 영향에 의한 것으로, 보다 적극적인 방재계획과 활동을 위해서는 지구과학의 기초적 본질을 이해할 필요가 있다고 생각된다.

1 우주 속의 지구

현재 우리가 생활의 터전으로 하고 있는 지구는 비교적 정확한 시간을 두고 공전과 자전을 반복하며 태양계를 떠도는 하나의 행성이다. 밤하늘의 은하계를 포함하여 수많은 천체들을 올려다 보면 우리는 오늘도 저 멀리 반짝이는 지구 별이라는 우주선을 타고 여행을 하고 있다. 즉, 우리 지구와 같이 무한의 우주공간을 떠도는 소위 별들의 수는 수억을 넘어 경, 거의 무한의 것이라고 추측되지만, 현재까지 우주과학이나 천문관측을 통하여 살펴보면 우리가 활용할 수 있다고 여겨지는 자원 외에, 지구와 같은 생물이 살 수 있는 환경은 발견되지 않고 있다.

역설적으로 지금까지의 연구성과로 보면, 우주공간에는 인간을 포함한 생물체의 서식환경은 지구 외에는 존재하지 않는다는 사실이다.

이러한 지구는 원시우주 공간에서의 대폭발(Big bang) 이후 1억년 이후에 형성되기 시작하였고, 이후 지구는 46억년 동안 수많은 지질학적, 지구물리학적, 지구화학적 변화 과정을 거치면서 오늘에 이르게 되었다.

이러한 상기의 다양한 변화는 지질의 다양함과 지질구조상의 복잡 다양함을 동시에 내포하고 있다. 이들 지구환경의 변화과정은 오늘 날에 있어서도 현재 진행형이라 할 수 있다.

2 지구 내부 구조의 특성

현재의 지구 내부 구조는 전술한 지구 탄생에서부터 46억년간의 변천 과정을 거치며 형성되어 있는 결과물이다. 지구상에 모든 동식물이 서식하고 있는 대륙은 원시지구-Pangea ultima(3억2천년~2억5천년 전)의 시작으로 판게아의 분리, 현재까지 대륙이 이동하면서 오늘

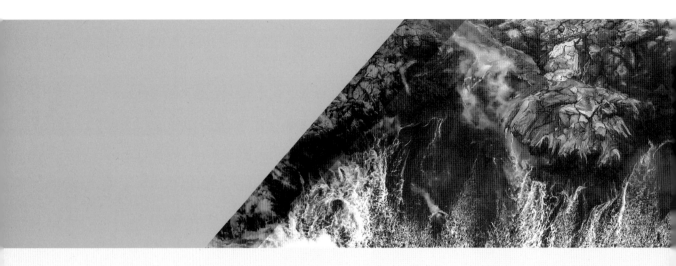

☁ 표 6-1   자연재해의 분류 및 발생원인, 예측가능성

대분류	소분류	발생의 원인	재해 내용	예측가능성	비고
공(空)권	태풍	• 열대성 저기압 발생(9~10월) • 북위 5° 주변 해역에서 발생 • 해수온도 27℃ 이상의 해역 • 해면(고온 다습)에서의 수증기 공급 • 해수온도의 상승	• 인명 피해 발생 • 폭우를 동반한 강풍에 의한 가옥, 시설물 피해 • 농작물 피해(침수, 낙과) • 산사태 및 도로, 제방 피해	가능	• 사라호(1959.09) • 루사(2002.09) • 매미(2003.09) • 메기(2004.08)
	집중 호우	• 고, 저기압의 충돌에 따른 대기불안정 • 공업화·대도시화 – 국지적 대기변화 • 찬 기단과 더운 기단의 정체 및 충돌	• 가옥 및 시설물 침수 • 도로 및 지하공간 침수 • 토사유출, 교량, 축대 붕괴	가능	• 30mm/1h 이상 • 1일 80mm 이상 • 연강수량의 10% 이상
	폭염	• 지구(해양)온난화에 따른 평균기온 상승 • 대도시화에 따른 열섬효과 • 대기불안정에 의한 더운 기단의 정체	• 고령자 인명 피해 • 가축의 폐사 • 블랙아웃(순간 전력사용량 증가)	가능	• 대구(1942.08): 40℃ • 의성(2018.07): 39.6℃
	폭설	• 한랭 기단과 고온다습 기단의 충돌 • 해양의 엘니뇨 현상(고온다습) • 상층(찬 기단)과 하층(더운 기단)의 충돌	• 눈사태로 인한 인명 피해 • 가옥 및 시설물 손실 • 교통 두절 및 사고 증가 • 농가 비닐하우스 붕괴	가능	• 2005 호남권 폭설 • 2010 중부권 폭설 • 2014 동해안 폭설
	오존층 파괴	• 4염화탄소(CCL4) 증가 • 프레온가스 증가	• 태양 방출 자외선 차단 • 인체 피부암 등 유발 • 기후 변화에 영향을 줌 • 농작물 피해 – 수확량 감소	가능	• 최근 원인물질 배출 규제 등으로 개선 중

수(水)권	홍수	• 태풍에 동반 다량의 강우
		• 제방의 붕괴
		• 내수처리 미흡
		• 무계획적인 도심의 형성
			• 가옥, 도로, 농경지 침수
			• 인명, 가옥 및 가축의 피해
			• 전염병 발생
			• 산업, 생산시설 마비
				가능	• 2000.08. 태풍 프라피룬(전국, 흑
					  산도)
					• 2002.08. 태풍 루사(전국, 강릉)
					• 2003.09. 태풍 루사(영동지방, 경
					  남지역)

대분류	소분류	발생의 원인	재해 내용	예측가능성	비고
수(水)권	해일, 해수 범람	• 해상의 국지성 기압(저기압) 발생 • 강한 지속성 바람 등에 의한 발생 • 태풍(저기압)의 진로를 따라 진행 • 해상의 만조 시간대	• 해안가 저지대 주택, 시설물 침수 • 인명피해 발생 • 선박의 파괴 및 유실 • 해변 침식	가능	• 너울: 2009.01. 주문진항 2015.08. 강원 양양 • 해수범람: 1987.01. 전남 서해안 1997.01. 서해안 전역
	쓰나미	• 지진에 의한 대규모 붕괴(정단층, 역단층) • 해산, 대규모 섬 사면의 붕괴 • 해저 플레이트 경계면의 변위(지진 영향) • 해저면 화산의 대규모 분출	• 인명 손실 발생 • 해안가 저지대 주택, 시설물, 선박 유실 및 파괴 • 선박의 손실 및 파괴 • 해안시설(방파제, 계류시설 피해 발생)	가능하나 경우에 따라 시간적 여유 없음	• 1983.05. 동해안 • 1983.07. 동해안
지(地)권	지진	• 지각의 압축·인장력 등의 단층작용 • 지각 응축에너지의 순간적 방출 • 대규모 지층의 함몰 작용 • 지각 내부 대규모 마그마의 이동 활동(화산성 지진)	• 도시직하형 지진발생 시 심각한 피해 발생 • 심각한 인명 피해 • 대형 화재 발생(라이프라인 손상 : 가스관 파괴, 전선스파크) • 구조물, 시설물 붕괴, 파괴 • 라이프라인 손실 • 산사태, 토사류(화산재) 발생	불가능	• 한반도 형성부터 ~ • 최근 2016.09.12. 경주지진(M5.8) • 2017.11.15. 포항지진((M5.4)
	산사태, 낙석, 낙반	• 지층의 불연속면에서 발생 • 급경사면에서 암반층과 퇴적층 사이 • 급경사지에서 대규모 절토작업 • 암반의 물리적·화학적 풍화작용	• 호우, 지진 시 대규모 산사태 발생 • 인명, 가옥 논경지 피해 • 도로, 철도망 차단, 마을의 고립 상태 발생	경우에 따라 가능	• 2011.07.27. 서울 우면산 • 2011.07.27. 강원 춘천
	지반 침화, 액상화	• 신제3기 및 제4기 퇴적층의 미압밀층 • 매립 지반(특히 모래 치환)의 침하 • 지진의 진동으로 인한 순간 압밀	• 구조물의 전도 및 파괴 • 라이프라인 손상 • 지반의 부등침하 발생	가능	• 2017. 포항지진 • 1995.1. 고베 포트아일랜드
	화산 분화	• 활동성 마그마 작용 – 활화산 • 화산재의 퇴적	• 화산재 비산 – 호흡기 질환 • 강우·호우 시 토사류 발생 • 초 고온의 마그마 유출 • 대규모 분출 시 생태계 피해	경우에 따라 가능	• 국내 현재 비 활동 (백두산 제외)

날의 지구의 형태를 갖추어 왔다.

　이러한 현상을 〈그림 6-1〉에 나타낸 바와 같이 대륙이동이라 하는데 이들 대륙을 이동하게 하는 에너지원은 아래에서 서술하는 맨틀의 대류작용에서 그 원인을 찾을 수 있다(그림 6-3 참조).

　그림 6-1 대륙의 이동(지구의 역사 46억년 중에서 3억2천만년~현재의 지구대륙의 모습)

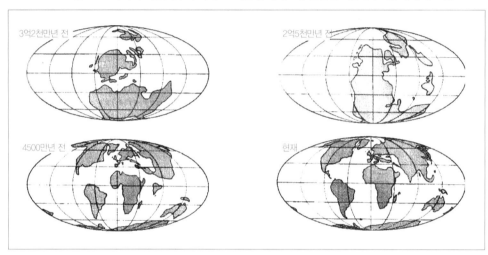

　그림 6-2 전 지구 탄성파 토모그래피 계산에서 얻어진 지구의 단면구조도

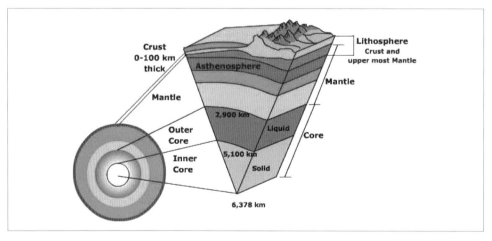

이것은 범 지구적인 개념으로 두고 보면 현재까지도 지구는 끊임없이 변화를 하고 있으며, 이로 인해 경우에 따라 예측 불가능한 지진이나 쓰나미, 대규모 산사태 등의 자연재해가 지속적으로 발생되고 있다. 이러한 재해와 관련된 상황을 이해하기 위해서는 우선 지구의 내부구조를 이해하면 도움이 될 것이다.

〈그림 6-2〉는 지구의 단면구조에 대한 것으로 지진 탄성파의 속도구조를 분석, 지구 내부를 통과할 수 있는 지진파(P Wave) 토모그래피를 구형의 지구 전체에 적용하여 모델화한 것이다.

지구의 단면을 간단히 설명하면 심부로부터 내핵과 외핵, 맨틀이라고 불리는 아세노스층, 리소스층 최상부는 지각(지표면)으로 형성되어 있다. 즉, 내핵(Inner core)의 부분은 철 성분과 일부 방사능 등의 물질로 구성되고, 용융(6000℃)상태로 층의 두께는 약 5,100~6,378km이고 이러한 고온 특히 고압의 환경에서는 용융의 액체 상태라기보다, 용융고체의 상태로 분석되어지고 있다. 다음의 상부층을 구성하는 외핵(Outer core)층은 내핵과 같이 철 성분과 일부 방사능 물질로 이루어져 약 5,000℃의 초고온 용융상태로 층의 두께는 2,900~5,100km로 알려져 있다. 이는 상부에 분포하는 맨틀부분에 고온의 열을 공급하는 역할을 하게 된다.

맨틀층은 물질의 물리적 특성에 의해 2개의 층으로 나누고, 하부의 아세노스층(Asthenos phere)은 고온, 높은 점성을 가지는 액체의 특성을, 이들 상부의 리소스층(Lithos phere)은 암석과 같은 고체로 형성되어 있다. 이들은 2,900km의 두께로 분포하며, 지열 분포는 약 800~4,000℃이다.

지구 표면에서 삶을 영위하는 인간의생활에 있어 다이내믹한 지구의 활동, 즉 재해(지진-쓰나미 등)와 관련이 있는 지표(지각)부분은 평균 지표면(0km)에서 최대 50~100km(해저면: 5km, 대륙: 50~100km)의 두께를 나타낸다. 지각 운동의 대부분은 맨틀의 부분에 의해 지배되고 있다.

이러한 지각의 움직임에 수반되어 산맥, 평야, 해양이 형성되고, 지금 현재도 이러한 운동이 계속됨으로 인하여, 경우에 따라 자연재해로 나타나게 된다.

02
/

지진 발생의 메커니즘

1 전 지구적 지진발생의 특징

전 지구적 지진활동의 역사는 이미 초기 지구의 탄생으로부터 46억 년간 지구상에 대륙이 형성(3억2천년 이후)되고 이들의 이동이 시작된 때부터라고 보아도 된다.

전술한 바와 같이 대륙(지각)의 이동은 전술한 지구 내부 맨틀의 대류작용으로 맨틀 상부에 놓여진 지각의 움직임으로 인하여 대륙이 분열되고, 때로는 서로 충돌하여 산맥이 형성(예 인도대륙이 유라시아 대륙에 충돌 – 히말라야 산맥형성)되고, 해저지각이 해구로 섭입, 해저 해령부에서 새로운 해저지각이 생성되는 등 이들 작용에 따라 크고 작은 지진이 발생되게 된다(그림 6-3 참조). 〈그림 6-4〉에 나타낸 바와 같이 지진의 발생은 지각(지층) 내부에 비교적 장시간에 축적된 국지적 응력에 의해 대규모 단층운동이 순간적으로 발생하여 대규모의 탄성파 에너지가 탄성체(암반) 내부로 전반되는 현상이다.

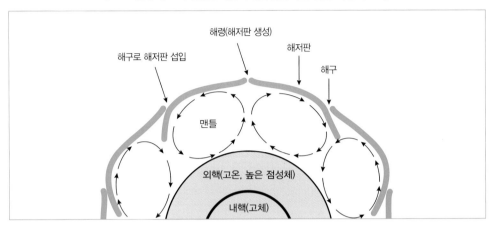

그림 6-3 지각판을 이동시키는 원동력인 맨틀 대류의 모식도

지진이 발생하는 지역의 특성에 따라 〈그림 6-4〉와 〈그림 6-5〉에서 보는 바와 같이 첫 번째, 해구성 지진은 태평양 동부 해령에서 해저지각이 생성부터 약 1억5천년에서 2억년에 걸쳐 일본열도 쪽으로 서진을 하고 캄차카 해구, 일본 해구, 마리아나 해구로 섭입되는 과정에서 대륙성 지각판과 해저판의 충돌이 발생하게 된다. 특히 해저지각의 두께 약 5km, 연간 약 10cm±0.5cm의 속도이동에 의해 해구축 부분에 누적·응축된 에너지의 순간적 발산을 일으키는 역단층과 횡단층성의 해구성 지진이 발생되고 이로 인해 대규모 쓰나미도 동반하게 된다. 2011년 11월 3일 동일본대지진, 1995년 1월 17일 효고 현 남부지진, 2004년 12월 26일 남아시아 대지진 등이 이에 속한다. 두 번째, 내륙성 지진의 특징은 대륙지각판 간의 충돌(예)인도대륙지각판과, 중국대륙지각-유라시아 지각판)에서 형성된 응축에너지의 순간 방출 현상이 있고, 한편 해구성 에너지의 간접 영향과 대륙지각판(유라시아 지각판)의 비교적 장기간의 응축에너지의 방출이 원인이 될 수 있다. 중국내륙에서 2008년 5월 12일 오후 2시 28분에 발생된 쓰촨성 대지진, 2017, 2018, 2019년 수차례 발생한 티베트 지진은 전자에 속하며, 우리나라의 경주지진(2016년 9월 12일), 포항지진(2017년 11월 15일)등은 후자에 속한다. 또한 북남미지역에서의 미국 샌프란시스코-산안드레아스 단층대지진과 페루, 칠레, 멕시코 지진 등이 대표적이라 할 수 있다.

☂ 그림 6-4   지진의 발생에 따른 재해 전개 양상 및 세계 지진의 고리, 지진단층

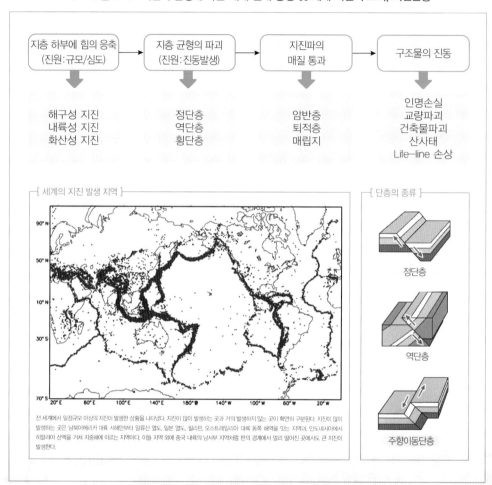

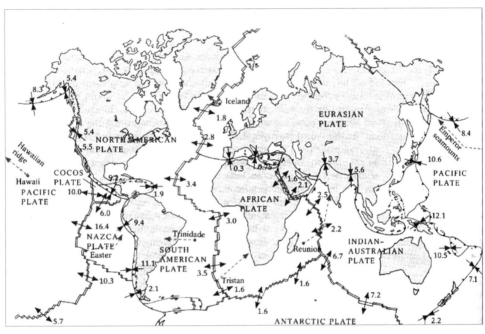

그림 6-5 현재 지구 지각판의 분포 및 해저판의 연간 이동속도

　세 번째, 화산성 지진의 특징은 지각 심부에 분포하는 비교적 대규모 마그마의 수평적 이동, 경우에 따라 지층의 상부로 상승에 의해 국지적으로 발생하게 되며 진원지에서의 지진에너지의 규모는 해구성 지진, 내륙성 지진 등과 비교하면 소규모의 지진활동(진원 강도)으로 나타나는 특징이 있다. 하지만 장기간 분화활동으로 화산 정상부, 주변에 화산분출물이 다량 쌓여있을 경우, 소규모의 지진이나 호우 등의 영향으로 대규모 화산분출물 등에 의한 토사류가 발생할 가능성이 크다.

2 지각을 진동·파괴시키는 지진파의 특징*

* 지진파의 주기적(전반 시간) 특성
파형에 있어 산과 마루가 1왕복하는데 소요되는 시간을 파동의 1주기라 한다.
시간의 간격이 짧으면(1초이하) 단 주기파, 주기가 2초이상 느리게 진행되는 파형을 장 주기파라고 한다.
일반적으로, 장 주기파의 특성은 단 주기파에 비해 에너지의 감쇠가 적으며, 지진발생 규모가 클 때, 진원지에서 비교적 거리가 멀 때 형성된다.
특히, 장 주기파는 고층 건물 등에 있어 내진설계가 미흡하거나, 비 내진설계의 구조물 등은 심각한 피해가 발생 될 수도 있다.

진원지에서 지진이 발생되면 지각을 진동시키는 지진파는 크게 2개의 파형으로 나타난다. 즉, 〈그림 6-6〉에 나타낸 바와 같이 종파(P: Primary wave – 관측지점에 먼저 도착하는 파)와 횡파(S: Secondary wave – 관측지점에 두 번째로 도착하는 파)로 구분하게 된다. 〈그림 6-7〉에 나타낸 종파(P)는 지진파(탄성파)에너지가 탄성체(지각의 암반) 내부를 통과하는 과정에서 순간적인 속도로 수축과 팽창을 반복함에 따라, 탄성체의 체적 변화로써 대부분 상하운동으로 감지되는 지진파이다.

그림 6-6 지진의 발생 시 지진계에 기록되는 P파와 S파의 파동 형태

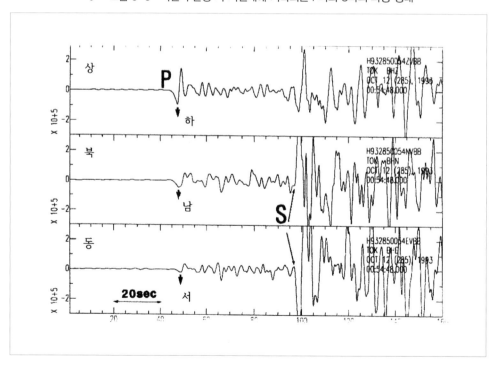

그림 6-7 지진의 발생에 의해 나타나는 탄성체 내부를 통과하는 P파와 S파의 거동 특성
(뉴톤 하이라이트 106 참조, 편집)

또한 횡파(S)는 동일 탄성체(지각의 암반)를 통과하는 과정에서 수평면에 대하여 좌우로 괘적을 남기면서 진행되고, 지진계에 관측된 진동을 유발하는 에너지의 크기는 P파에서 보다 크게 관측이 된다.

실제로 지진이 발생되었을 시 우리가 느끼는 지진동의 느낌도 처음에는 진동주기가 비교적 빠르면서 '덜컹덜컹'하는 상하의 움직임이 감지되다가 잠시 후 신체가 좌우로 움직임을 느끼게 되기도 한다. 이러한 현상은 S파에 비해 상대속도가 빠른 P파의 영향이라고 할 수 있다. 그리고 일반적으로 P파의 진동과 S파의 진동이 시간적인 간격이 길면 관측지와 진원지 간의 거리가 멀게 되는 것이고, 반대로 P파와 S파의 간격이 짧다고 하면 진원지가 상대적으로 가깝다고 보아도 무방할 것이다.

여기서 진원지에서의 지진의 규모와 깊이는 지진파의 전달속도에 많은 영향을 주기도 하는데, 가령 동일 암반 상태에서 진원지가 깊은 심부에서 발생된

* 지진 발생 시 진도(震度)와 규모(M) 란

- 진도

진도는 진앙지를 중심으로 어느 지역에 어느 정도의 흔들림이 발생하였는가를 나타내는 수치로 나타낸 값이다.
진도의 크기에 영향을 주는 인자는 진원지로부터의 거리, 지진에너지가 전반되는 매질(지반 구성물질)등에 따라 차이가 발생한다.
한국기상청의 진도구분은 흔들림이 약한 1단계부터 진동이 최대로 강한 12단계로 되어있다.
진도의 값은 재난발생 시 필요한 긴급대책 수립에 우선적으로 활용할 수 있는 최우선 정보이다.

- 규모(M: Magnitude)

진원지에서 지진의 힘(응축에너지의 순간 발산)을 절대적 크기로 나타낸 값이다.
규모의 값이 1. . 4. 5. 6. . . 9 등에 있어, 1단계 상승 하면 실제 에너지는 32배 증가하게 된다.
즉 3단계 때와 5단계 때의 지반 등에 작용하는 에너지의 크기는 1024배로 증가하게 된다.
규모에 영향을 주는 지질학적 요인은 탄성체(암반 등)가 강성(딱딱함)일 경우, 탄성체의 두께가 두꺼울 수록, 단층의 규모가 클(낙차, 길이 등)수록 응축에너지의 발산(규모:M)이 크게 발생된다.

경우는 일반적으로 지중 압력의 증가로 인해 암석 내부의 밀도가 증가되어 지진파(탄성파)의 속도가 증가되게 된다.

그리고, 지표를 포함한 지각 구성 암반(암석)은 각자가 가지는 광물의 조성, 밀도의 차이 등에 의해 지진파의 전반 속도가 다르게 나타나는 특성을 가지고 있으며 이들은 매질의 변환부에서 탄성파 굴절현상을 나타내며 진행하게 된다. 즉, 일정규격의 시험자료를 만들에 실험실에서 지질연대에 따라 형성된 암석의 종류에 대하여 물리적인 P파의 속도를 구하여 보면 〈그림 6-8〉에 나타낸 바와 같이 대부분 암석의 밀도가 높을수록 탄성파의 속도가 증가되는 것을 볼 수가 있다. 이것은 심성암 쪽에 속하는 화강암, 섬록암 등의 것은 평균속도가 초속 4~5km로 빠른 양상을 나타내고, 화산암인 현무암, 안산암, 일반 화산암 등은 최대 3.2~3.7km이고, 고생대(4억년 전후) 퇴적암의 응회암, 차트, 사암 등의 경우는 3.8~4.7km로 나타난다. 제3기(3천200만년 전후)에 형성된 퇴적암들은 지질시대가 젊을수록 이들의 속도가 상대적으로 느려지는 것을 볼 수가 있다. 특히 상대적으로 현재와 비교적 가까운 지질연대인 신제3기(520만년 전후) 지층에서 형성된 퇴적암(사암, 응회암 등)은 지진파 P파의 평

그림 6-8 암석 시험편을 이용한 지질 연대별 암석의 P파의 속도 분포도
(물리탐사 핸드북, 1998, 편집)

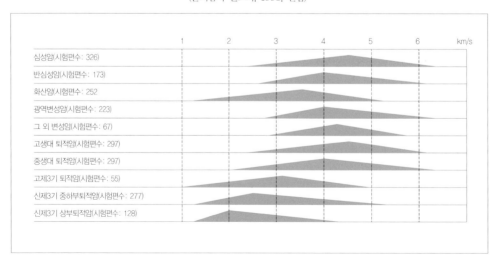

균속도가 초속 1,700~2,300km로 더욱 느려지는 것을 볼 수가 있다(참고로, 수중에서의 음파의 전반 속도는 1,480km/sec, 공기의 기온 0℃에서는 331km/sec).

이러한 추세로 본다면 현재 우리의 삶의 환경과 밀접한 관계가 있는 신생대 제4기(신제3기 말~최근)층의 퇴적층과 최근 매립된 매립 지반은 지진파(P파)의 속도가 더욱 느려질 것으로 추정할 수 있다. 지금까지 국내외의 수많은 지진 재해지의 피해상황을 관찰하여 보면 지진발생 시 도심 등의 퇴적 분지나 매립 지반 등에서 지진의 피해가 상대적으로 크게 발생하는 것을 볼 수 있는데, 이는 위에서 설명한 바와 같이 매질을 통과하는 지진파의 속도와 밀접한 관계를 내포하고 있다고 생각된다.

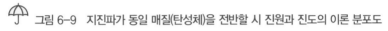

그림 6-9   지진파가 동일 매질(탄성체)을 전반할 시 진원과 진도의 이론 분포도

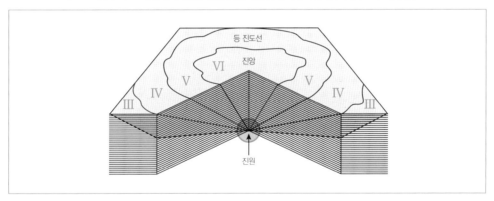

〈그림 6-9〉에서 보는 바와 같이 진원에서 발생된 탄성파 에너지(P파, S파)가 탄성체(암반층 등)의 물성이 동일한 경우에는 지진에너지의 공간적인 분포(진도)가 거의 일정 거리에 비례하여 나타나며, 〈그림 6-10〉과 같이 지진파가 통과하는 매질의 차이에 의해 진앙에서 거리에 비례하지 않은 각기 상이한 진도를 나타낸다.

지구 지각을 구성하는 지각 구조의 형태는 매우 복잡하여 밀도가 높은 암반층에서는 파괴력을 가진 지진파가 지진에너지의 전반 속도를 빠르게함에 따라 이에 수반하여 에너지 증폭현상이 비교적 낮게 진행된다. 반면 제4기 지층이나 매립 지반과 같이 지반의 밀도가 낮은 경우 지구물리학적으로 지진파의 속도는 상대적으로 느려지면서 에너지의 축적현상이 발생, 동시에 지진동의 진폭과 에너지가 증가하게 됨에 따라 예상을 뛰어 넘는 피해가 발생하게 된다.

그림 6-10 일본 오사카도에서 지진규모 5(M)의 지진이 발생되었을 시 각 지역의 진도 분포

(각 지역에 나타나는 진도는 하부 지반 구성물질의 차이에 의해 진앙과의 거리에 비례하지 않음을 보여줌)

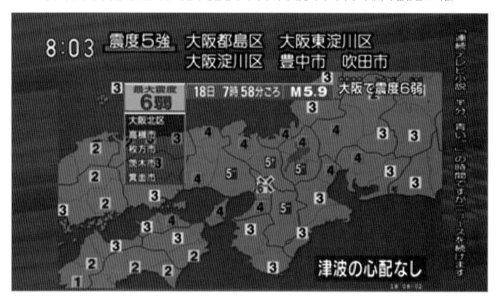

3 한반도 지진발생과 관련한 지각구조(단층) 운동

오늘날 우리가 삶을 영위하는 터전이 되고 있는 지구는 전술한 바와 같이 오랜 기간에 걸쳐 수많은 지질학적 변천(대륙이동), 조산운동 등의 과정을 겪어왔고, 특히 5천600만년 이후부터 동해의 확장으로 일본열도가 분리, 오늘날의 한반도가 형성된 과정도 이와 유사한 예로 볼 수 있다.

　지각구조 운동에 수반되는 지진발생에 대하여 간단히 기술하면, 한반도의 서쪽(중국-유라시아판)의 북중한지괴와 탄누지층대, 남중한지괴의 거대한 지괴와 동해의 확장은 현재 한반도 지질구조 형성에 많은 영향을 가져왔다고 볼 수 있다. 한반도의 대표적인 지각구조는 북쪽에서부터 낭림지괴, 평남분지, 추가령구조대, 경기지괴, 옥천습곡대, 영남 지괴, 경상 분지라 할 수 있다. 특히 한반도 동쪽의 동해안의 확장은 한반도의 주요 산맥의 형성과 더불어 동고-서저의 지형을 형성하는 데 기여하였고, 이러한 지각구조의 운동으로 수많은 지진단층이 형성되고 크고 작은 지진활동이 수반되었다고 본다.

　이러한 과정 속에서, 본 장에서는 자연재해와 관련된 지진단층의 개념에 대해서 간단히 기술하기로 한다.

　단층과 지진의 상관관계에 대해서는 과거부터 현재까지 여러 지진학자들 간에 논쟁의 대상이 되어왔다. 즉, 1891년 일본에서 발생한 농미지진(濃尾地震, 발현 지진단층의 길이 약80km)과 미국 샌프란시스코지진(발현 지진단층의 길이 약450km / 산안드레아스단층대)을 계기로 단층과 지진과의 인과관계를 밝히기 위해 논쟁이 지속되어 왔다. 예를 들면 당시 지진학자 藤文次郎씨와 Reid씨의 "지진의 원인은 단층운동에 기인한다."라는 주장에 대하여, 1930년대 일본의 일부 지진학자들은 "지진의 원인은 지하 마그마의 급격한 관입이 원인이다."라고 주장하였다.

　결국 지진의 원인에 대한 현재까지의 결론은 1963년 연속유체역학에 근거하여 丸山卓男(도쿄대학 지진연구소 교수)가 발표한 "지진의 원인은 단층운동에 기인한다."라고 결론지워졌다.

　이러한 지진의 원인인 단층은 심부 암반 등에 가하여지는 힘(응축에너지)의 순간적인 방출과 이들의 방향성에 따라 형성되며, 이에 수반되어 형성되는 단층의 형태는 정단층, 역단층, 횡단층(우수향 횡단층, 좌수향 횡단층)으로 크게 3개의 형태로 분류된다. 여기서, 전술한 〈그림 6-4〉에 나타낸 바와 같이 정단층은 암반에 대하여 좌, 우측에서 에너지 인장상태에 인해 기존 암반에 전단파괴가 발생되면 한쪽이 아래로 밀려 내려앉은 형태가 되며, 역단층은 정단층과 반대로 암반에 대하여 좌, 우측에서 에너지 압축상태에 의해 기존 암반에 전단파괴가 발생, 한쪽이 밀려 올라간 형태로 나타난다. 횡단층의 경우는 암반에 대하여 수

평적 에너지의 압축에 의해 형성되며, 실제 지진단층의 형성에는 에너지의 횡적인 크기와 종적인 성분이 대등하게 작용할 때 발생(우수향 역횡단층, 좌수향 역횡단층 등)되는 것으로 알려져 있다.

여기서 〈그림 6-11〉의 자료를 보면, 최근에 2016년 9월 12일 발생한 경주지진(규모:5.8, 진원깊이:36km)과 2017년 11월 15일 발생한 포항지진(규모:5.4, 진원깊이:7km)은 경상분지에 속한 지역으로 횡단층과 역단층 활동에 의한 지진으로 분석된 바 있다. 이 지역에 분포하는 지진단층의 방향성은 특이하게도 대부분 북동-남서 방향을 나타내는 단층대로써 현재까지 밝혀진 대표적 단층은 양산단층, 자인단층, 밀양단층, 동래단층 등이고, 좀 더 확장하여 현재 알려진 동해안 해저 단층을 살펴보면 쓰시마-고토 단층, 후포 단층대 등이 분포한다.

이 지역에 현재 분포하는 단층대의 방향은 북동-남서의 방향성을 나타내고 있고, 당시 지진단층을 형성하였을 시 에너지의 역학적 방향성을 나타내는 결과로 보여진다. 아직 규명되지 않은 수많은 단층들에 대하여 향후 지진 활동성을 판가름하기 위해 우선 대도시와, 국가 중요시설들이 분포하는 지역을 우선 대상으로 활단층 조사(정밀 탄성파 탐사, 트렌치 조사, 연대 분석 등)를 통하여 단층의 활동연대, 활동규모, 단층의 형태 등이 밝혀지면 향후 지진활동의 예측, 방재와 관련한 대응방안 등의 구축에 도움이 될 것으로 생각된다.

그림 6-11 한반도의 지질지체구조와 경주·포항 인근의 주요 단층 분포도

(한국지질자원연구원 자료)

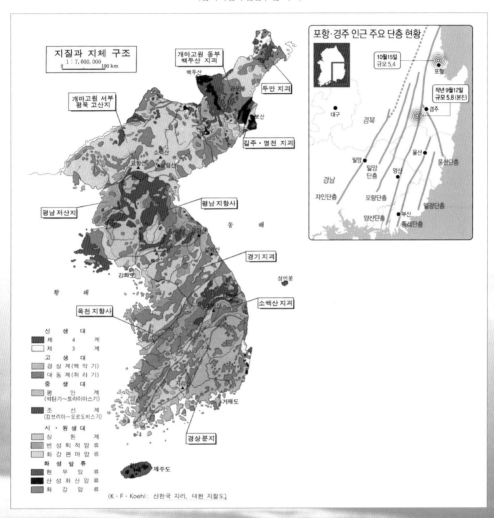

03
/
한반도의 지질구조적 특징과 역사지진

1 한반도의 지질구조적 특징

한반도는 지금의 일본열도와 대만, 필리핀, 인도네시아, 중국 등의 나라들과 비교하면 체감 지진의 발생빈도가 낮은 지역으로 나타나 있다. 이는 일본열도의 경우 전술한 바와 같이 치시마 캄차카 해구, 일본 해구, 이즈오가사와라 해구를 축으로 하여 동서방향의 압축작용을 아주 많이 받고 있으며 대만과 필리핀의 경우는 필리핀 해저판의 류큐해구축 내부로 침강에 의한 압축현상이 현저하기 때문이다. 따라서 이 지역에는 크고 작은 지진의 발생이 하루에도 수차례 발생하고 있다(해구축에서 발생하는 지진은 지진규모가 매우 큼). 여기에 비하여, 현재 유라시아판과 아무르판의 동단에 위치하는 한반도는 지리적으로 보아 필리핀 해구와 일본의 태평양 연안을 에워싸고 있는 해구(캄차카 해구, 일본 해구)로부터 상당한 거리를 두고 있기 때문에 해구축(海溝軸)과 유라시아판에서의 단기간의 압축현상에 의한 지진의 발생률이 적었다고 보아 왔다.

그러나 한반도가 형성되면서 특히 동해안의 확대 과정과 과거 200만년(제4기) 전의 조산

(造山)운동에 따른 압축운동에 의해 다수의 단층 및 구조대는 한반도 각지에 산재되어 있다고 생각된다. 지금도 태평양판과 필리핀판이 일본 해구와 류큐 해구로 섭입되고 있고, 유라시아판의 느린 동진으로 인하여 한반도를 포함한 유라시아 주변 지역에는 장기간의 압축작용에 의해 진원심도가 비교적 얕은 10km 내외, 지진의 규모 5 미만의 지진이 발생되고 있다(과거 역사적 지진기록에는 진도 6, 7의 지진도 다수 발생된 것으로 나타남). 동해 해저면 하부 300~500km에는 최근에도 태평양판의 일본 해구로의 섭입과정에서 심부 마그마 거동에 따른 심발(深發) 지진 등이 발생되고 있다고 연구, 보고되고 있다.

그림 6-12 태평양판의 일본 해구로의 섭입에 따른 주변 지역의 지진 규모와 진원의 심도 분포도

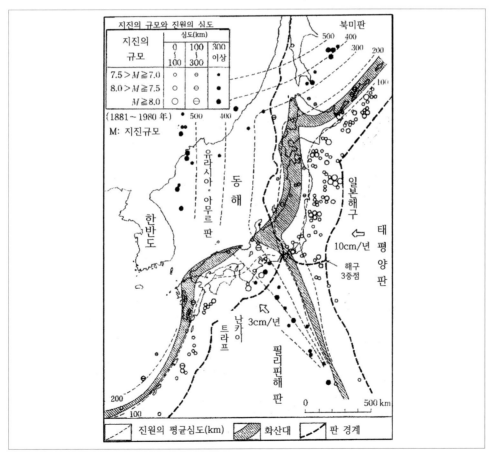

특히 최근 경주와 포항, 울진 등지에서 종전에 비해 지진의 규모가 크고 지진활동이 빈번히 발생되고 있는 상황인데, 사실 유라시아 대륙에 자리하는 한반도는 지진의 발생 위험도 면에 있어 비교적 안정지대로 여겨지지만, 실제로는 지각 구조상 매우 복잡한 지역에 속하고, 지진의 발생 면에 있어 결코 안심할 수 없다는 것이 여실히 나타나고 있다.

즉, 〈그림 6-12〉에서 보는 바와 같이 한반도를 중심으로 동쪽에는 지진활동의 규모가 크고 활발한 해구와 접해 있는 태평양 지진대(일본열도), 한반도와 보다 가까운 남동 해역에는 일본 난카이 트라프(Trough)에서 대만, 필리핀으로 이어지는 류큐·필리핀 해구 등이 분포한다. 한편 일본의 오쿠시리 해령에서 일본열도의 중간부로 이어지며 일본 해구와 만나는 북미판도 분포한다. 이들은 유라시아 대륙을 향해 직·간접적으로 동에서 서쪽으로 압력을 가하고 있다고 생각된다. 향후 이들과 관련한 지진학적 역학관계가 밝혀질 것으로 생각되지만, 우선 본인의 생각으로는 이전의 홍성지진, 최근의 경주지진(횡단층운동), 포항지진(역단층운동), 울진지진 등은 대부분 이들의 직·간접적 영향에 의한 것일 것이라고 생각한다.

그림 6-13   1978년부터 2018년까지 한반도에서 발생한 지진규모 2 이상~6 이하의 분포도
(기상청 자료에 의함)

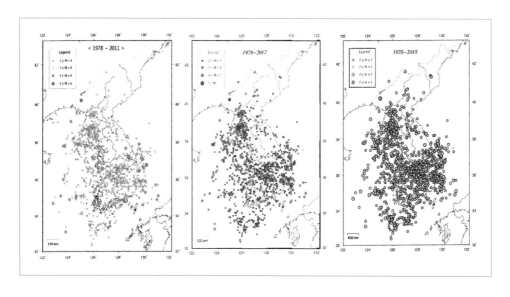

여기서 〈그림 6-13〉은 한국기상청에서 지진계에 의한 1978년부터 2018년까지의 지진 규모 2~6까지의 지진발생 규모를 나타내고 있고, 지진의 발생 건수가 증가하며, 특히 종전의 지진규모에 비해 커지고 있다는 데 주목할 필요가 있다.

2 서기 27년부터 역사적 지진의 특징과 한반도 지진상황

한반도에서의 지진발생 역사를 간단히 살펴보면, 〈그림 6-14〉에서 보는 바와 같이 1500년에서 1700년까지 약 200년 동안에는 약 M6 이상의 지진이 10여 차례 발생되었고 1700년부터 약 200년 동안은 규모가 큰 지진이 발생하지 않았던 공백 기간이 있었고 1900년 이후로 M5 이상 되는 지진의 발생이 기록되고 있다. 이러한 지진의 발생 양상은 서해 건너 중국의 동북지역과 남북 지진대(중국 중북부 지역)의 지진 양상과 거의 같은 동서방향의 압축현상을 나타내고 있어 중요한 의미를 가지고 있을 것이다.

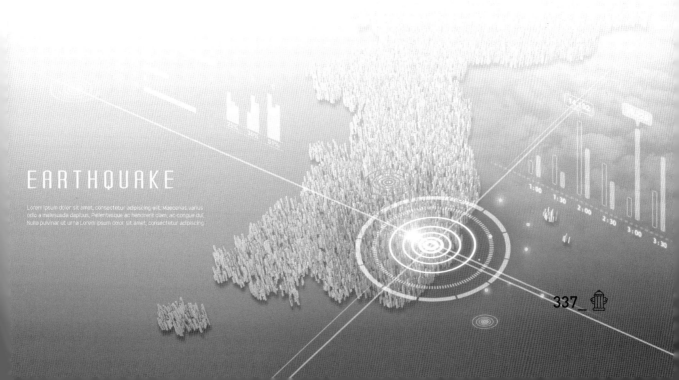

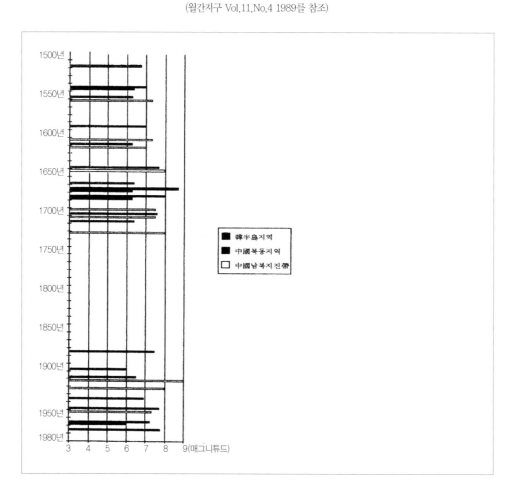

그림 6-14   1500년 이후 한반도 주변 지역에서 발생된 매그니튜드 6 이상의 지진

(월간지구 Vol.11,No.4 1989를 참조)

그리고 한반도 지진의 역사에서 본 피해상황과 지진의 진도를 각종 고문헌을 통해 살펴보면, 〈그림 6-15〉에 나타낸 바와 같이 백제의 온조왕(서기 27년)부터 최근까지 인간이 느낄 수 있는 유감지진(진도 3 이상)의 횟수는 약 400여 건에 달하며 피해상황도 상당한 것으로 알려져 있다. 현재 남아있는 역사기록의 지진이 최근의 관측 상황이라면 이들의 발생 건수를 능가할 것으로 본다.

그리고 한반도 지진의 발생분포를 살펴보면, 지진은 한반도 전역에서 발생되었으며 조선의 현종 9년(1668년)과 숙종 7년(1681년)에는 서해와 동해에서 해저 지진에 의해 쓰나미*가 발생되었던 것으로 보여진다.

* 지진발생 시 해저지각의 변동에 의해 발생되는 파장이 긴 파도

그림 6-15   서기 27년(백제 온조왕)부터 1800년까지 한반도에서 발생한 역사 지진 발생 건수와 1982년까지 진도 3 이상의 발생 건수

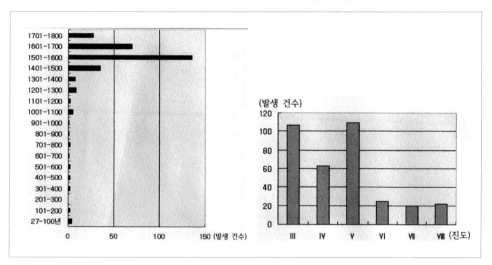

특히 연산군, 중종, 명종시대(1500~1600년)에 지진의 발생 횟수는 본진 후에 발생되는 여진을 포함하여 무려 307건이나 되었으며 지진 발생 시 우레와 같은 소리와 함께 집이 흔들리고 무너져 내려 사망자와 재산의 손실이 있었고, 경우에 따라 가옥과 성벽들이 위로 번쩍 들려져 심한 진동을 가져오는 지진도 있었다고 기록되어 있다.

또한 기록에 나타난 지진의 파급상황이 대부분 남북 방향인 것으로 보아 현재의 지진 메커니즘과 같은 동서 방향의 압축작용에 의한 횡방향 단층운동일 것이다.

또한 최근 1978년부터 1994년 사이에 한반도에서 발생한 M3~M6 정도의 지진은 100여 회에 달하며, 상기 그림에서 나타낸 것과 같이 지진 발생의 메커니즘은 중국지역과 일본열도와 비슷한 동서 방향의 압축에 의한 횡방향 단층운동이 지배적일 것으로 풀이된다.

기상청의 1978~2018년까지 한반도의 지진발생 규모 분포(그림 6-16)를 보면 평양을 중심으로 하는 반경 50km지역(평남분지), 감포, 포항, 영덕, 동해지역으로 이어지는 경상분지 그리고 영남육괴와 옥천습곡대가 분포하는 소백산맥(태백산, 소백산, 속리산, 덕유산)지역 등에서 비교적 지진의 발생빈도가 높은 것으로 기록되어 있다.

그림 6-16 한반도 계기지진계에 의한 1978년부터 2018년까지의 규모(M) 2~6의 분포도
(기상청 자료에 의함)

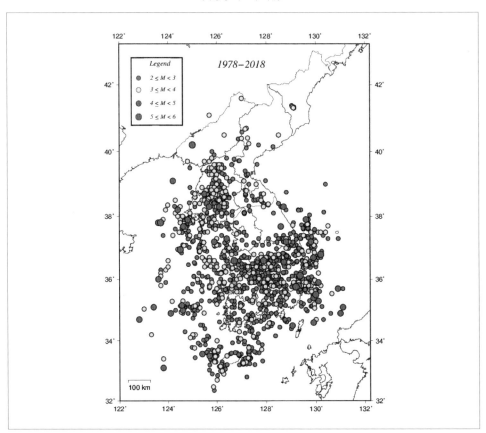

상기의 발생빈도에 비해 유감지진이 비교적 적은 것은 진원지가 비교적 깊거나 발생 규모가 적은 것이 원인일 수 있고, 한편으로는 지질학적으로 한반도의 형성과정과 한반도(유

라시아판)를 둘러싼 태평양판(일본 해구), 필리핀판(류큐 해구)의 상호 역학적인 상황에서 현재도 한반도 지진 발생과 관련된 지진에너지가 축적되는 과정에 있을 것으로도 생각된다.

3 한반도 동해의 지질구조적 특징

한반도 동해안의 형성은 현재의 한반도 형성과 더불어 지각 구조의 형성에 있어 중요한 의미를 가지고 있다. 여기서 동해바다의 형성시기는 지질학적인 Time scale로 보면, 〈그림 6-17〉에서 보는 바와 같이 지금부터 5,600만년 전(신생대 후3기~시신세)에 한반도 인근에서 일본열도가 분리되면서 시작되었고, 이후 여러 상황을 거쳐 지금의 위치에 자리잡고 있다. 동해 해저면의 확장의 원인은 현재는 일본열도 태평양 연안에 남북으로 발달된 일본 해구가 시신세에는 지금의 한반도와 인접한 부분에서 태평양판이 섭입되었고, 이로 인해 동해는 Back-arc basin의 전형적인 해저면이 형성되었으며 이에 따라 해저지각면 등에는 지금까지의 탐사와 조사에서 후포 해저단층, 쓰시마-고토 해저단층 등 북동 남서 방향의 단층 등이 다수 분포하고 있다고 본다. 또한 이에 수반하여 〈그림 6-18〉에 나타낸 바와 같이 해저판의 해구로 섭입과정에서 동해 바다가 점차 동-서로 확대됨에 따라 일본열도가 동쪽으로 밀려나고, 서쪽에 위치하는 한반도의 동쪽에는 심한 구조운동(조산작용)에 의해 산지·산맥 등이 발달된 원인이기도 하다. 이러한 해저면에서 전형적으로 나타나는 특징은 횡단층(주향단층), 정단층, 역단층에 의한 다양한 단층들이 분포할 것으로 생각되며, 또한 크고 작은 규모의 화산활동(열점 분화) 등을 통하여 해수면 아래의 해산이나 육지로까지 발달하는 섬(울릉도, 독도)이 형성되었다. 이로 인하여 한반도 주변의 지질구조는 비교적 다양한 지질구조운동 등으로 활발한 것이었다고 추정이 되며, 특히 전술한 신생대 이후 동해의 확장 시에는 지진의 활동이 매우 활발하였을 것이다(표6-2 참조).

그림 6-17 지질연대별 동해 해저의 확장 과정

(한반도「유라시아판」와 일본열도의 상호 관계)

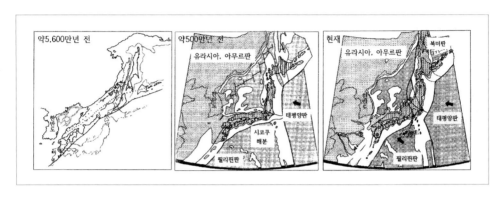

그림 6-18 태평양판의 일본 해구로의 섭입과정 및 동해의 확장, 심발지진의 발생 모식도

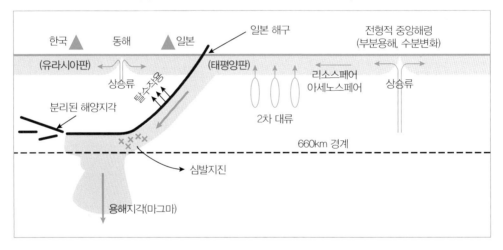

더욱이 〈그림 6-19〉에 나타낸 바와 같이 동해안에는 현재까지도 해저지각 내의 마그마 기원으로 여겨지는 지열의 온도 분포가 비교적 높게 나타나며, 지각 심부에서 발생하는 심부지진이 관측되기도 한다.

그림 6-19 일본 해구 주변 해저지역의 진원, 지열 분포 및 동해안 심발지진, 지열 분포도

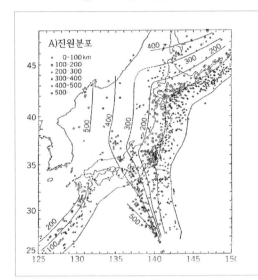

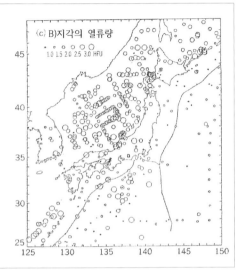

표 6-2 한반도의 지질학적 이벤트와 관련한 지질연대표

대	기		지질연대 (단위: 백만년)	한반도 지질학적 이벤트
신생대	제4기	충적세(홀로세)	~00.1	암석화되지 않은 퇴적층, 인류 출현
		홍적세(플라이스토세)	00.1~1.6	제주도, 울릉도(화산섬)형성, 해수면 변동
	전 제3기	선신세(플라이오세)	1.6~5.3	독도(화산섬) 형성, 해수면 변동
		중신세(마이오세)	5.3~23.7	지각구조 운동 활발 – 한반도 구조선 발달 – 알프스, 히말라야 산맥 형성
	후 재3기	경신세(올리고세)	23.7~36.6	지각구조 운동 활발 – 한반도 구조선 발달 – 백두산 형성 – 동해확장
		시신세(에오세)	36.6~56.8	동해 확장, 지각구조운동 활발, 해수면 변동
		효신세(팔레오세)	56.8~66	지각구조·조산운동 활발
중생대	백악기		66~135	화산활동, 불국사 화강암 관입, 조산운동
	쥐라기		135~190	지구 규모의 조산운동, 한반도 형성
	트라이아스기		190~245	공룡 서식 초기
고생대	페름기		245~260	
	석탄기		260~345	석탄 형성
	대본기		345~395	지구 대륙 형성, 판게아의 분리
	실루리아기		395~435	지구 규모의 조륙운동 개시
	오르도비스기		435~505	
	캄브리아기		505~570	삼엽충 출현, 무 척추 동물 번성
원생대 시생대	선 캄브리아기		570~4600	편마암, 화강암 70% 이상 형성

04

지진발생으로 수반되는 재해

이전, 30~40년 전까지만 하여도 한반도는 비교적 지진의 안전지대일 것이라는 막연한 기대심리 등으로 인하여 지각구조운동(지진 등)에 기인하는 자연재해에 대해서는 알게 모르게 관심도가 낮았던 것이 사실이다. 하지만 전술한 한반도를 포함하는 주변의 지구과학적 특징과 특성을 살펴보면 자연재해와 관련하여 한반도가 매우 취약하다는 사실을 새삼 인식할 수가 있을 것이다. 특히 최근 몇 년 동안 우리 한반도를 포함하여 주변에서 지진 발생과 관련한 자연재해가 비교적 규모가 크게 발생되면서 동시에 발생 건수도 증가함을 볼 수 있다.

[표 6-3]에서 보는 바와 같이 최근 한반도에서 발생되고 있는 지진은 2000년대에 들어와서 진원지의 지진규모가 크게 나타나며, 인체가 느낄 수 있는 유감지진과 인명과 재산, 산사태 등에 피해를 미칠 수 있는 지진의 발생 횟수도 증가하고 있는 경향이 있다.

표 6-3 최근 한반도에서 발생된 지진규모의 순위(기상청 자료)

No.	규모 (Ml)	발생연월일	진원시	진앙(Epicenter)		
				위도(°N)	경도(°E)	발생지역
1	5.8	2016. 9. 12.	20:32:54	35.77	129.18	경북 경주시 남남서쪽 8.8km 지역
2	5.4	2017. 11. 15.	14:29:31	36.12	129.36	경북 포항시 북구 북쪽 9km 지역
3	5.3	1980. 1. 8.	08:44:13	40.2	125.0	평북 서부 의주-삭주-귀성 지역 (북한 평안북도 삭주 남남서쪽 20km 지역)
4	5.2	2004. 5. 29.	19:14:24	36.8	130.2	경북 울진군 동남동쪽 74km 해역
4	5.2	1978. 9. 16.	02:07:06	36.6	127.9	충북 속리산 부근 지역 (경북 상주시 북서쪽 32km 지역)
6	5.1	2016. 9. 12.	19:44:32	35.76	129.19	경북 경주시 남남서쪽 9km 지역
6	5.1	2014. 4. 1.	04:48:35	36.95	124.50	충남 태안군 서격렬비도 서북서쪽 100km 해역
8	5.0	2016. 7. 5.	20:33:03	35.51	129.99	울산 동구 동쪽 52km 해역
8	5.0	2003. 3. 30.	20:10:52	37.8	123.7	인천 백령도 서남서쪽 88km 해역
8	5.0	1978. 10. 7.	18:19:52	36.6	126.7	충남 홍성군 동쪽 3km 지역
11	4.9	2013. 5. 18.	07:02:24	37.68	124.63	인천 백령도 남쪽 31km 해역
11	4.9	2013. 4. 21.	08:21:27	35.16	124.56	전남 신안군 흑산면 북서쪽 101km 해역
11	4.9	2003. 3. 23.	05:38:41	35.0	124.6	전남 신안군 흑산면 서북서쪽 88km 해역
11	4.9	1994. 7. 26.	02:41:46	34.9	124.1	전남 신안군 흑산면 서북서쪽 128km 해역

1 도시직하형 지진재해

도시직하형 지진의 정의는 인간이 생활하는 공간 중 대도시나, 대규모 산업시설이 분포하는 지역의 직하 땅 속에서 발생하는 지진의 형태를 말한다. 비교적 얕은(심도 10km 전후)진원지로부터 이들 지역이 매우 근접하거나 직하에서 지진이 발생할 경우에는 앞서 설명한 P파의 탄성에너지와 S파의 탄성에너지의 특성상 2개의 다른 에너지의 형태가 거의 동시에

도달하며, 이때 지진파에 의한 파괴에너지가 공간적인 차원에서 거동되며 주택과 구조물 등이 심각한 피해를 입게 된다. 이와 유사한 예로는 일본의 1923년 관동대지진, 1985년 멕시코지진, 1995년 한신·고베지진이고, 최근 우리나라의 경우 2016년 경주지진, 2017년 포항지진을 들 수 있다.

그림 6-20 　활단층 분포 및 판별을 위한
지표면 하부의 트렌치 조사 및 지진단층과 관련한 활단층 판별 개념도

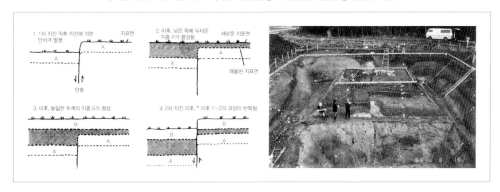

현재까지는 지진에 대한 예지는 불가능한 상황이어서 재해, 감재대책을 위해 지질구조 조사, 대도시 주변에 분포하는 활단층대의 분포를 조사(그림 6-20), 그리고 퇴적·매립 지반 의 보강 등을 실시하여야 한다.

특히 다음의 〈그림 6-21〉에서 보는 바와 같이 지역 특성에 맞는 해저드 맵 등을 작성, 관리하는 방재저감조치 등이 필요하고, 이들의 연구결과를 토대로 재해 발생에 대비하여 도시 건축물 등에 대한 충분한 내진보강과 내진설계도 필요하다.

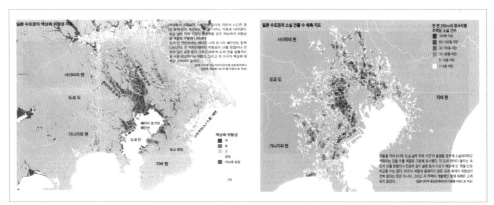

그림 6-21 일본 수도권의 액상화 해저드 맵과 난카이 지진 발생 시 예상 해저드 맵의 예

2 지진으로 인한 지반 침화 및 액상화 재해

전술한 바와 같이 지진에 의한 급격한 지반 침하 및 지반 액상화 현상은 지진파에너지의 전반과정에서 에너지의 속도가 느려짐에 따라 에너지 증폭현상과 진동의 증가에 영향을 받게 된다. 이때 충분히 압밀되지 않은 제4기 지층(퇴적층)이나 해양 항만의 매립지, 택지 조성을 위한 매립 지반 등은 지진 시에 발생하는 진동으로 토질 자체의 밀도(압밀)가 낮아 점착력과 전단강도를 비교적 쉽게 상실하여 지반의 침하가 발생하기도 한다. 최근 신도시 택지 조성과, 산업단지 등의 조성에 있어 경우에 따라 취약한 지반상태에 직면하게 될 수 있는데 사전에 신중한 입지선정과 지반 개량공법이 선행되어야 한다. 또한 항만의 매립지를 구성하는 모래 지반은 순간적인 거대한 진동에너지를 받아 순간적인 압밀작용을 하게 된다. 이때 모래나 토사의 공극에 내포된 수분은 순간적 압밀에 의해 수분이 상부로 유출, 분출되고 이곳에 설치된 구조물 등은 많은 피해를 입게 된다(그림 6-21). 원지반의 분포 형상에 따라 부등침하를 일으킬 수도 있다.

이러한 입지에 구조물, 시설물 등을 설치할 경우는 가능하다면 원지반을 구조물의 기초로 한다든지, 라이프라인 등을 설치할 때는 이러한 사전 정보를 충분히 검토한 내진 구조가 되어야 할 것이고, 해저드 맵 등을 작성, 관리하여 방재저감조치 등을 강구하여 야 할 것이다.

3 지진과 관련한 쓰나미 재해

해저 지진에 의한 쓰나미 발생은 대부분 해저 지각의 순간적인 변화(거대 단층운동)에 기인하게 되며, 경우에 따라 해저 지각 운동(지진, 화산 분출, 마그마 이동 등)에 의해 해산의 붕괴, 도서(섬)의 순간적 붕괴(정단층형) 등에 기인하게 된다. 일반적으로 지진에 의한 경우 규모가 큰(공간적 단층의 규모) 지진에서 쓰나미가 발생되며, 진원의 심도 10~40km, 지진규모 6.3 이상일 때 쓰나미 발생가능성이 높게 나타난다. 또한 위와 같은 심도에서 규모 8.0 이상일 때 대규모 쓰나미가 발생된다고 알려져 있다. 쓰나미의 파고는 지진에 의해 발생된 해저면의 낙차(단층)에 의하여 결정되며 이때의 낙차가 쓰나미의 파고(높이)로 나타나게 된다. 파장은 발생지점의 수심과 단층 형성 시의 상태에 의하지만 대개 수km에서 수십km로, 이들의 속도는 약 700km/hr이다. 그리고 쓰나미는 단층의 형성

▲ 2011년 3월 11일, 일본 동일본 대지진(M:9) 시 발생한 거대 쓰나미 재해 현장(일본, NHK 재난속보영상)

▲ 2011년 3월 11일, 일본 동일본 대지진(M:9) 시 발생한 거대 쓰나미 재해 현장(일본, NHK 재난속보영상)

상태와 규모에 따라 한 번의 진행 파고로 종식되지 않고 수차례(1파, 2파, 3파, ~)의 강력한 파도가 내습한다. 쓰나미가 해안의 경사면이 느슨한 경우는 얕은 해저면의 저항을 받아 원래의 파고보다 낮아지고 속도가 늦어질 수 있지만, 수차례의 파고가 겹쳐짐으로 쓰나미 에너지가 증폭되어 해안 내부로 밀려들 수 있고 경우에 따라 사진과 같이 동일본 대지진 시 발생된 쓰나미와 같이 해안내륙 깊숙이 밀려들어와 심각한 피해를 입을 수가 있다. 한편 한반도 동해안과 같은 경우 해안의 수심이 급격히 깊어지는 급경사 해저면 지역에는 해수의 솟구침 현상이 발생될 것이고 인명과 건물, 도로유실 등의 손실이 예상된다.

한편, 동해의 전체의 지형적 상태를 감안하면 이전 해저의 확장이 있었고, 당시 천발지진이 다수 발생되었을 것이고 현재도 심부 지진이 발생되고 있다. 〈그림 6-22〉에 나타낸 바와 같이 현재에도 지진이 발생되고 있는 북미판의 경계면은 일본열도 서편 해저(동해)에 분포하며, 이는 유라시아판(Plate)의 아주 느린 동진과 태평양판의 밀림현상의 영향 등으로 북미판의 서진에 의해 압축 경계면(북미판)에서 발생하는 역단층형의 지진발생이 예상되는 곳이다. 이에 따라 이 지역에서 큰 규모의 지진이 발생된다면 일본열도 서측 연안과 한반도의 동측 연안은 쓰나미의 영향권에 속하게 되어 피해 발생이 예상되기도 한다.

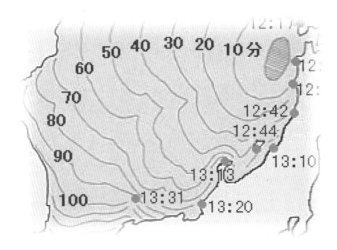

그림 6-22　한반도 동해 해저면을 중심으로 한 주변 지각판의 운동 예상 모식도
(북미 판 경계축에서 지진발생 시, 쓰나미 발생과 동해주변 도서 등에 영향이 예상)

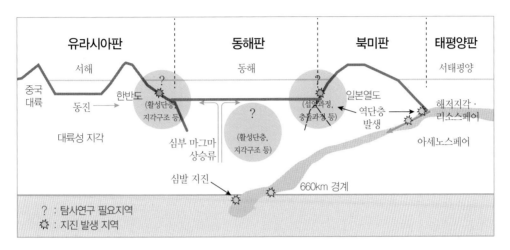

실제로 북미판 경계에서 발생되었다고 생각되는 지진 발생의 예로는 1964년 니이가타 지진[*1]과, 1983년 동해 지진[*2], 1993년 홋카이도 지진[*3] 등이 발생되어 수많은 지진재해가 발생되었다.

전술한 바와 같이 동해의 해저면에는 다수의 미확인 단층(활단층)이 분포할 것으로 사료되고, 울릉도와 독도 등의 도서와 해수면 하부에 분포하는 해저산(해산)들은 언제라도 지진이나 중력 슬라이딩 등에 의해 도서(섬)와 해산을 받치고 있는 기저부

[*1] 1964년 니이가타 지진
 • 진원 심도: 34km, 지진규모(M):7.5
[*2] 1983년 동해(일본해) 지진
 • 중부지진(진원 심도: 80km, 지진규모(M):7.7, 쓰나미 최대 파고:14m, 한국 동해 임원항 – 쓰나미 파고 7m – 3명 사망
[*3] 1993년 홋카이도 지진
 • 오쿠시리 해령 지진, 진원 심도: 35km, 지진규모(M):7.8, 발생 단층 길이 120km

의 취약부분(절리, 균열면, 파쇄대, 소규모 부분 단층 등)의 사면 붕괴에 의해 쓰나미(경우에 따라 메가 쓰나미) 발생 등이 예상되는바, 사전에 정밀한 해저면 조사(탐사)와 도서의 지반구조(단층, 활단층, 해저면 지질조사 등) 조사가 수행되어야 할 것이다. 따라서 해안 저지대 주거지 등에 대하여 방재대책의 일환으로 해안선의 정비, 비상사태 시 피난대책, 거주지 및 생활기반시설의 정비 등을 고려한 해저드 맵 등을 작성하고 관리하여 쓰나미, 해일 등에 대한 방재저감조치 등을 강구함도 고

려해 보아야 할 것이다.

4 지진과 관련한 산사태 재해

한반도에는 국토의 약 70%를 차지하는 산지가 분포하고 있다. 전술한 바와 같이 한반도의 지각구조는 이곳 산지에 대하여 산간마을이나 농경지가 형성되어 있고, 최근에는 지방자치마다 지방재정 확보 차원에서 경쟁적으로 새로운 산업단지의 조성이나 택지 조성 등이 활발히 일어나고 있다. 여기서 문제점은 단지 조성을 수행할 때 사전에 주변 산지의 자연재해로부터의 지형적 안전성과 지반 안정성을 충분히 검토하지 않는다는 점에 있다. 이러한 결과로 인하여 집중호우나 지진에 의한 토석류 재해, 산사태(사면붕괴) 등에 의해 해마다 인명과 재산, 논경지 손실 등을 겪어오고 있다.

여기서 토석류나 산사태를 발생시키는 주요 원인은 집중호우, 지하수 유입, 사면에 대한 인위적인 토목공사 등 다양하나, 지진이 발생 되었을 경우에는 규모를 짐작할 수 없는 산사태, 산지 사면의 붕괴, 토석류, 액상화 등이 발생할 수 있다. 가령 지진발생 시 진원지 부근의 지반이 양호할 시는 산사태 및 사면 붕괴 측면에서의 피해는 적지만, 산지의 급경사면(경사각도 30도 이상)에서 하부 단단한 암반층 위에 분포하는 풍화토, 토사와 급경사면, 절벽에 걸쳐 있는 풍화와 균열에 의한 독립적 암석 덩어리 등은 순간적으로 사면을 따라 하부로 밀려 내려오고, 마을의 주택과 산업단지시설, 도로 차단 등의 피해가 속출한다. 여기에는 대부분 소중한 인명의 피해가 수반되는 불행한 사태가 발생한다.

위에서 말한 바와 같이 지진 등에 관련한 산사태 재해를 최대한 줄이기 위해서는 사전에 산지 사면의 안전진단*을 수행하여, 급경사면과 계곡부 등에 쌓여있는 상부 토사와 하부 암반의 건전성, 쇄설물 토적층 분포 정도, 단층, 암반의 절리면 유무를 판단한 후, 이러한 결

---

* 지표면 답사, 수직적 지반분포 조사, 전기 비저항 탐사, 탄성파 토모그래피 탐사, 탄성과 탐사 등

과에 준하여 기존의 마을에 대해서는 주민의 안전을 위한 이주, 혹은 토목보강 대책(사방댐 등)을 실시하고, 새로운 택지의 선정과 산업단지 조성이 이루어져야 할 것이다.

▲ 2011년 7월 27일 집중호우로 인한 서울 우면산 산사태의 피해 현장

▲ 2018년 9월 홋카이도 치토세 지진과 2010년 대만에서 발생된 산사태 현장

05

/

맺는 말

"대부분의 재해는 기억에서 사라질 때 쯤 찾아온다."

"소 잃고 외양간 고친다."

"사후 약방문"

이라는 말들이 있다.

　방재계획론 – 교토대학 방재연구소편은 자연재해가 많이 발생하기로 이미 잘 알려진 일본에서 실제 발생된 각종 재해에 관련하여 심도 깊게 분석하고 이들에 대하여 기존의 방재계획에서 보다 현실에 충실하고 보완된 방재계획, 방재·감재대책 등에 대하여 서술하고 있다.

　본 방재계획론은 우리나라에서 거의 매일과 같이 발생되고 있는 자연재난과 재해 등에 대하여 도움이 될 서적을 물색하던 중 본 서적을 입수, 저자분들의 동의를 얻어 번역하게 되었다.

이 책을 번역하면서 우리가 흔히 방재에 대한 감재(減災)를 논할 때, '유비무환'이라는 문장으로 표현되곤 하는데 사실 유비무환을 실질적으로 구축함에 있어, 지금까지 행정 중심의 방안·운영이 주가 되어 왔다고 볼 수 있다. 특히 재해지 주민 중심의 방재대책의 운영은 소홀히 되어왔고, 특히 관계기관의 전문성 미흡으로 지금도 많은 시행착오를 겪고 있는 실정에 있다고 생각된다. 본 방재계획론은 자연재해 발생이 빈번한 일본에서의 방재와 감재의 사례가 기술되어 있어, 우리나라의 자연재해에 대비한 방재계획의 수립과 운영에 많은 도움이 될 것으로 생각되며, 방재업무의 전문가 양성과 교육, 방재 상식의 배움 등에도 도움이 될 것으로 생각된다.

따라서, 이 책은 국가방재계획과 대책 수립을 위한 관계자분들은 물론이고, 각 시·군·읍·면의 재난안전업무를 수행하는 분들, 민간 재난 전문가분들, 국공립 방재연구소 연구원 분들 특히 동 단위의 통장·이장분들에게도 좋은 참고자료가 될 것으로 생각된다.

특히, 6장은 자연재해 발생원인 중 비교적 큰 비중을 차지하는 지진의 메커니즘을 설명하였고, 이러한 지진의 메커니즘을 이해하기 위해 큰 틀의 지구과학적 개론의 성격으로 서술하였다.

'도랑치고 가재 잡는다'에서 알수 있듯이, 이제는 유비무환, 일석이조 나아가서 일석삼조의 자세로서, 보다 현명한 방재·감재 국가가 되었으면 하는 바람이다.

끝으로

이 책이 우리나라의 방재업무 전반(계획 수립, 운용)에 조금이나마 도움이 되었으면 하는 바람이다.

그리고 이 책이 출간됨에 있어 다망하신 업무임에도 많은 도움과 성원을 보내주신 한올출판사의 임순재 대표님과 편집실 최실장님, 임직원 여러분께 감사의 말씀을 드린다.

📖 원저자소개

著 者 一 覧

今本 博健（いまもと　ひろたけ）
京都大学防災研究所（京都大学　名誉教授）

岡田 憲夫（おかだ　のりお）
京都大学防災研究所　教授

河田 惠昭（かわた　よしあき）
京都大学防災研究所　教授

林 春男（はやし　はるお）
京都大学防災研究所　教授

📖 저자소개

신기철(申起澈)

신기철(申起澈)은 1954년 대구에서 출생하였다.

1987년 일본, 도까이대학교 해양자원학과를 졸업, 그곳에서 석사(1989), 1992년 이학박사(지구물리:해양지질구조)학위를 받았다.

일본 가와사키지질㈜와 연구기관 등에서 다년간 조사 연구활동과 "해양조사기술학회 편집위원–일본" 편집위원, "중·저준위 방사능 폐기물 입지선정위원회"위원 등의 활동을 하였다.

1996년 한국으로 귀국 후 현대건설 기술연구소, 한양대학 지구해양학과 강의(지질구조학), 관동대학겸임교수(해양공학과), ㈜오양엔지니어링 대표이사, 해양수산부 항만설계자문위원회 위원 등의 활동을 하였다.

최근에는 경상북도 정책자문위원(안전정책분과 위원장)과 지하안전위원회 위원, 경운대학교 재난안전연구센터 전문연구원(수석) 등의 활동 을 하고 있다.

다수의 연구논문과 저서로는 방재공학(森北出版株式會社) 역저가 있다.

📖 저자소개

김남일(金南鎰))

김남일(金南鎰)은 1967년 경상북도 상주(尙州)에서 태어났다. 고려대학교 국어교육학과를 졸업했고, 서울대학교 행정대학원을 거쳐, 2013년 경북대학교에서 행정학 박사학위를 받았다.

1989년 재학 중 제 33회 행정고시에 합격, 공직자의 길로 들어섰다. 공보처 장관 비서관, 국무총리실 행정쇄신위원회를 거쳐, 1995년 경상북도로 옮겼다. 경상북도에서는 새경북기획단장, 환경해양산림국장 겸 독도수호대책본부장, 일자리투자유치본부장 겸 코리아실크로드 프로젝트 추진 본부장, 문화관광체육국장, 경주부시장, 재난안전실장 등을 역임했다.

현재 경상북도 환동해지역본부장으로 일하고 있다. 정부에서도 2002년 근정포장을 시작으로 홍조근정훈장, 장보고대상 본상, 울릉군민대상 특별상 등을 수여하여 공적을 치하했다. 울릉군 명예군민(2008)이기도 하다. 저서에 『독도, 대양을 꿈꾸다』(휴먼앤북스, 2015), 『마을, 예술을 이야기하다』(워치북스, 2017), 『독도 7시26분』(휴먼앤북스, 2018) 등이 있다.

방재계획론

초판 1쇄 인쇄 2019년 8월 5일
초판 1쇄 발행 2019년 8월 10일

역·저자 신기철·김남일
펴낸이 임순재
펴낸곳 (주)한올출판사
등록 제11-403호
주소 서울시 마포구 모래내로 83(성산동 한올빌딩 3층)
전화 (02) 376-4298(대표)
팩스 (02) 302-8073
홈페이지 www.hanol.co.kr
e-메일 hanol@hanol.co.kr
ISBN 979-11-5685-788-4